茶艺培训教材 Ⅱ

周智修 江用文 阮浩耕 主编

首批全国优秀出版社
中国农业出版社
农村设物出版社
北京

图书在版编目（CIP）数据

茶艺培训教材. Ⅱ / 周智修, 江用文, 阮浩耕主编. —北京: 中国农业出版社, 2021.9（2023.6重印）
ISBN 978-7-109-28039-7

Ⅰ. ①茶… Ⅱ. ①周… ②江… ③阮… Ⅲ. ①茶艺－中国－职业培训－教材 Ⅳ. ①TS971.21

中国版本图书馆CIP数据核字（2021）第047508号

茶艺培训教材 Ⅱ
CHAYI PEIXUN JIAOCAI Ⅱ

中国农业出版社出版
地址：北京市朝阳区麦子店街18号楼
邮编：100125
策划编辑：李　梅　　责任编辑：李　梅
版式设计：水长流文化　　责任校对：吴丽婷
印刷：北京中科印刷有限公司
版次：2021年9月第1版
印次：2023年6月北京第3次印刷
发行：新华书店北京发行所
开本：889mm × 1194mm　1/16
印张：16.5
字数：412千字
定价：98.00元

“茶艺培训教材”编委会

顾　问

周国富　中国国际茶文化研究会会长

陈宗懋　中国工程院院士，中国农业科学院茶叶研究所研究员、博士生导师，中国茶叶学会名誉理事长

刘仲华　中国工程院院士，湖南农业大学教授、博士生导师

主　编

周智修　中国农业科学院茶叶研究所研究员，国家级周智修技能大师工作室领办人，中华人民共和国第一届职业技能大赛茶艺项目裁判长

江用文　中国农业科学院茶叶研究所党委书记、副所长、研究员，中国茶叶学会理事长

阮浩耕　点茶非物质文化遗产传承人，《浙江通志·茶叶专志》主编，中国国际茶文化研究会顾问

副主编

王岳飞　浙江大学茶叶研究所所长、教授、博士生导师

于良子　中国茶叶学会茶艺专业委员会秘书长、高级实验师，西泠印社社员

沈冬梅　中国社会科学院古代史研究所首席研究员，中国国学研究与交流中心茶文化专业委员会主任

关剑平　浙江农林大学茶学与茶文化学院教授

段文华　中国农业科学院茶叶研究所副研究员

刘　栩　中国农业科学院茶叶研究所副研究员，中国茶叶学会茶叶感官审评与检验专业委员会副主任兼秘书长

编　委（按姓氏笔画排序）

于良子　中国茶叶学会茶艺专业委员会秘书长、高级实验师，西泠印社社员

王岳飞　浙江大学茶叶研究所所长、教授、博士生导师

方坚铭　浙江工业大学人文学院教授

尹军峰　中国农业科学院茶叶研究所茶深加工与多元化利用创新团队首席科学家、研究员、博士生导师

邓禾颖　西湖博物馆总馆研究馆员

朱家骥　中国茶叶博物馆原副馆长、编审

刘　栩　中国农业科学院茶叶研究所副研究员，中国茶叶学会茶叶感官审评与检验专业委员会副主任兼秘书长

刘伟华　湖北三峡职业技术学院旅游与教育学院教授
刘馨秋　南京农业大学人文学院副教授
关剑平　浙江农林大学茶学与茶文化学院教授
江用文　中国农业科学院茶叶研究所党委书记、副所长、研究员，中国茶叶学会理事长
江和源　中国农业科学院茶叶研究所研究员、博士生导师
许勇泉　中国农业科学院茶叶研究所研究员、博士生导师
阮浩耕　点茶非物质文化遗产传承人，《浙江通志·茶叶专志》主编，中国国际茶文化研究会顾问
邹亚君　杭州市人民职业学校高级讲师
应小青　浙江旅游职业学院副教授
沈冬梅　中国社会科学院古代史研究所首席研究员，中国国学研究与交流中心茶文化专业委员会主任
陈云飞　杭州西湖风景名胜区管委会人力资源和社会保障局副局长、副研究员
陈　亮　中国农业科学院茶叶研究所茶树种质资源创新团队首席科学家、研究员、博士生导师
李　方　浙江大学农业与生物技术学院研究员、花艺教授，浙江省花协插花分会副会长
周智修　中国农业科学院茶叶研究所研究员，国家级周智修技能大师工作室领办人，中华人民共和国第一届职业技能大赛茶艺项目裁判长
段文华　中国农业科学院茶叶研究所副研究员
徐南眉　中国农业科学院茶叶研究所副研究员
郭丹英　中国茶叶博物馆研究馆员
廖宝秀　故宫博物院古陶瓷研究中心客座研究员，台北故宫博物院研究员

《茶艺培训教材 II》编撰及审校

撰　　稿　于良子　尹军峰　刘　栩　江用文　许勇泉　阮浩耕　邹亚君　应小青　陈云飞　李菊萍　周智修　袁　薇　廖宝秀　潘　蓉　薛　晨

摄　　影　俞亚民　爱新觉罗毓叶等

绘　　图　陈周一琪

茶艺演示　丁素仙　齐何龙　爱新觉罗毓叶　梁超杰　薛　晨

审　　稿　朱家骥　江用文　阮浩耕　周智修　鲁成银

统　　校　朱永兴　周星娣

Preface

序一

中国是茶的故乡，是世界茶文化的发源地。茶不仅是物质的，也是精神的。在五千多年的历史文明发展进程中，中国茶和茶文化作为中国优秀传统文化的重要载体，穿越历史，跨越国界，融入生活，和谐社会，增添情趣，促进健康，传承弘扬，创新发展，演化蝶变出万紫千红的茶天地，成为人类仅次于水的健康饮品。茶，不仅丰富了中国人民的物质精神生活，更成为中国联通世界的桥梁纽带，为满足中国人民日益增长的美好生活需要和促进世界茶文化的文明进步贡献着智慧力量，更为涉茶业者致富达小康、饮茶人的身心大健康和国民幸福安康做出重大贡献。

倡导“茶为国饮，健康饮茶”“国际茶日，茶和世界”，就是要致力推进茶和茶文化进机关、进学校、进企业、进社区、进家庭“五进”活动，营造起“爱茶、懂茶、会泡茶、喝好一杯健康茶”的良好氛围，使茶饮文化成为寻常百姓的日常生活方式、成为人民日益增长的美好生活需要。茶业培训和茶文化宣传推广是“茶为国饮”“茶和世界”的重要支撑，意义重大。

中国茶叶学会和中国农业科学院茶叶研究所作为国家级科技社团和国家级科研院所，联合开展茶和茶文化专业人才培养20年，立足国内，面向世界，质量为本，创新进取，汇聚国内外顶级专家资源，着力培养高素质、精业务、通技能的茶业专门人才，探索集成了以茶文化传播精英人才培养为“尖”、知识更新研修和专业技能培养为“身”、茶文化爱好者普及提高为“基”的金字塔培训体系，培养了一大批茶业专门人才和茶文化爱好者，并引领带动着全国乃至世界茶业人才培养事业的高质量发展，为传承、弘扬、创新中华茶文化做出了积极贡献！

奋战新冠肺炎疫情，人们得到一个普遍启示：世界万物，生命诚可贵，健康更重要。现实告诉我们，国民经济和国民健康都是一个社会、民族、国家发展的基础，健康不仅对个人和家庭具有重要意义，也对社会、民族、国家具有同样重要的意义。预防是最基本、最智慧的健康策略。寄情于物的中华茶文化是最具世界共情效应的文化。用心普及茶知识、弘扬茶文化，倡导喝好一杯茶相适、水相合、器相宜、泡相和、境相融、人相通“六元和合”的身心健康茶，喝好一杯有亲情和爱、情趣浓郁的家庭幸福茶，喝好一杯邻里和睦、情谊相融的社会和谐茶，把中华茶文化深深融进国人身心大健康的快乐生活之中，让茶真正成为国饮，成为人人热爱的日常生活必需品和人民日益增长的美好生活需要，使命光荣，责任重大。

培训教材是高质量茶业人才培养的重要基础。由中国茶叶学会组织编撰的《茶艺师培训教材》《茶艺技师培训教材》《评茶员培训教材》，在过去的十年间，为茶业人才培训发挥了很好的作用，备受涉茶岗位从业人员和茶饮爱好者的青睐。这次，新版“茶艺培训教材”顺应时代、紧贴生活、内容丰富、图文并茂，更彰显出权威性、科学性、系统性、精准性和实用性。尤为可喜的是，新版教材在传统清饮的基础上，与“六茶共舞”新发展时势下的调饮、药饮（功能饮）、衍生品食用饮和情感体验共情饮等新内容有机融合，创新拓展，丰富了茶饮文化的形式和内涵，丰满了美好茶生活的多元需求，展现了茶为国饮、茶和世界的精彩纷呈的生动局面，使培训内容更好地满足多元需求，让更多的人添知识、长本事，是一套广大涉茶院校、茶业培训机构开展茶业人才培训的好教材，也是一部茶艺工作者和茶艺爱好者研习中国茶艺和中华茶文化不可多得的好“伴侣”。

哲人云：茶如人生，人生如茶。其含蓄内敛的独特品性、品茶品味品人生的丰富内涵和“清、敬、和、美、乐”的当代核心价值理念，赋予了中国茶和茶文化陶冶性情、愉悦精神、健康身心、和合共融的宝贵价值。当今，我们更应顺应大势、厚植优势，致力普及茶知识、弘扬茶文化，让更多的人走进茶天地，品味这杯历史文化茶、时尚科技茶、健康幸福茶，让启智增慧、立德树人的茶文化培训事业繁花似锦，为新时代人民的健康幸福生活作出更大贡献！

中国国际茶文化研究会会长 周国富

2021年2月 于杭州

Preface
序二

中国茶叶学会于1964年在杭州成立，至今已近六十载，曾两次获“全国科协系统先进集体”，多次获中国科协“优秀科技社团”“科普工作优秀单位”等荣誉，并被民政部评为4A级社会组织。学会凝心聚力、开拓创新，举办海峡两岸暨港澳茶业学术研讨会、国际茶叶学术研讨会、中国茶业科技年会、国际茶日暨全民饮茶日活动等；开展茶业人才培养；打造了一系列行业“品牌活动”和“培训品牌”，为推动我国茶学学科及茶产业发展做出了积极的贡献。

中国农业科学院茶叶研究所是中国茶叶学会的支撑单位。中国农业科学院茶叶研究所于1958年成立，作为我国唯一的国家级茶叶综合性科研机构，深耕茶树育种、栽培、植保及茶叶加工、生化等各领域的科学研究，取得了丰硕的科技成果，获得了国家发明奖、国家科技进步奖和省、部级的各项奖项，并将各种科研成果在茶叶生产区进行示范推广，为促进我国茶产业的健康发展做出了重要贡献。

自2002年起，中国茶叶学会和中国农业科学院茶叶研究所开展茶业职业技能人才和专业技术人才等培训工作，以行业内“质量第一，服务第一”为目标，立足专业，服务产业，组建了涉及多领域的专业化师资团队，近20年时间为产业输送了5万多名优秀专业人才，其中既有行业领军人才，亦有高技能人才。中国茶叶学会和中国农业科学院茶叶研究所凭借丰富的经验与长久的积淀，引领茶业培训高质量发展。

“工欲善其事，必先利其器”。作为传授知识和技能的主要载体，培训教材的重要性毋庸置疑。一部科学、严谨、系统、有据的培训教材，能清晰地体现培训思路、重点、难点。本教材以中国茶叶学会发布的团体标准《茶艺与茶道水平评价规程》和中华人民共和国人力资源和社会保障部发布的《茶艺师国家职业技能标准》为依据，由中国茶叶学会、中国农业科学院茶叶研究所两家国字号单位牵头，众多权威专家参与，强强联合，在2008年出版的《茶艺师培训教材》《茶艺技师培训教材》的基础上重新组织编写，历时四年完成了这套“茶艺培训教材”。

中国茶叶学会、中国农业科学院茶叶研究所秉承科学严谨的态度和专业务实的精神，创作了许多的著作精品，此次组编的“茶艺培训教材”便是其一。愿“茶艺培训教材”的问世，能助推整个茶艺事业的有序健康发展，并为中华茶文化的传播做出贡献。

中国工程院院士、中国农业科学院茶叶研究所研究员、中国茶叶学会名誉理事长

陳宗懋

2021年6月

Preface

序三

中国现有20个省、市、自治区生产茶叶，拥有世界上最大的茶园面积、最高的茶叶产量和最大消费量，是世界上第一产茶大国和消费大国。茶，一片小小树叶，曾经影响了世界。现有资料表明，中国是世界上最早发现、种植和利用茶的国家，是茶的发源地；茶，从中国传播到世界上160多个国家和地区，现全球约有30多亿人口有饮茶习惯；茶，一头连着千万茶农，一头连着亿万消费者。发展茶产业，能为全球欠发达地区的茶农谋福利，为追求美好生活的人们造幸福。

人才是实现民族振兴、赢得国际竞争力的重要战略资源。面对当今世界百年未有之变局，茶业人才是茶产业长足发展的重要支撑力量。培养一大批茶业人才，在加速茶叶企业技术革新与提高核心竞争力、推动茶产业高质量发展与乡村人才振兴等方面有举足轻重的作用。

中国茶叶学会作为国家一级学术团体，利用自身学术优势、专家优势，长期致力于茶产业人才培养。多年来，以专业的视角制定行业团体标准，发布《茶艺与茶道水平评价规程》《茶叶感官审评水平评价规程》《少儿茶艺等级评价规程》等；编写教材、大纲及题库，出版《茶艺师培训教材》《茶艺技师培训教材》及《评茶员培训教材》，组编创新型专业技术人才研修班培训讲义50余本。

作为综合型国家级茶叶科研单位，中国农业科学院茶叶研究所荟萃了茶树育种、栽培、加工、生化、植保、检测、经济等各方面的专业人才，研究领域覆盖产前、产中、产后的各个环节，在科技创新、产业开发、服务“三农”等方面取得了一系列显著成绩，为促进我国茶产业的健康可持续发展做出了重要的贡献。

自2002年开始，中国茶叶学会和中国农业科学院茶叶研究所联合开展茶业人才培训，现已培养专业人才5万多人次，成为茶业创新型专业技术人才和高技能人才培养的摇篮。中国茶叶学会和中国农业科学院茶叶研究所联合，重新组织编写出版“茶艺培训教材”，耗时四年，汇聚了六十余位不同领域专家的智慧，内容包括自然科学知识、人文社会科学知识和操作技能等，丰富翔实，科学严谨。教材分为五个等级共五册，理论结合实际，层次分明，深入浅出，既可作为针对性的茶艺培训教材，亦可作为普及性的大众读物，供茶文化爱好者阅读自学。

“千淘万漉虽辛苦，吹尽狂沙始到金。”我相信，新版“茶艺培训教材”将会引领我国茶艺培训事业高质量发展，促进茶艺专业人才素质和技能全面提升，同时也为弘扬中华优秀传统文化、扩大茶文化传播起到积极的作用。

中国工程院院士 湖南农业大学教授

刘仲华

2021年6月

Foreword

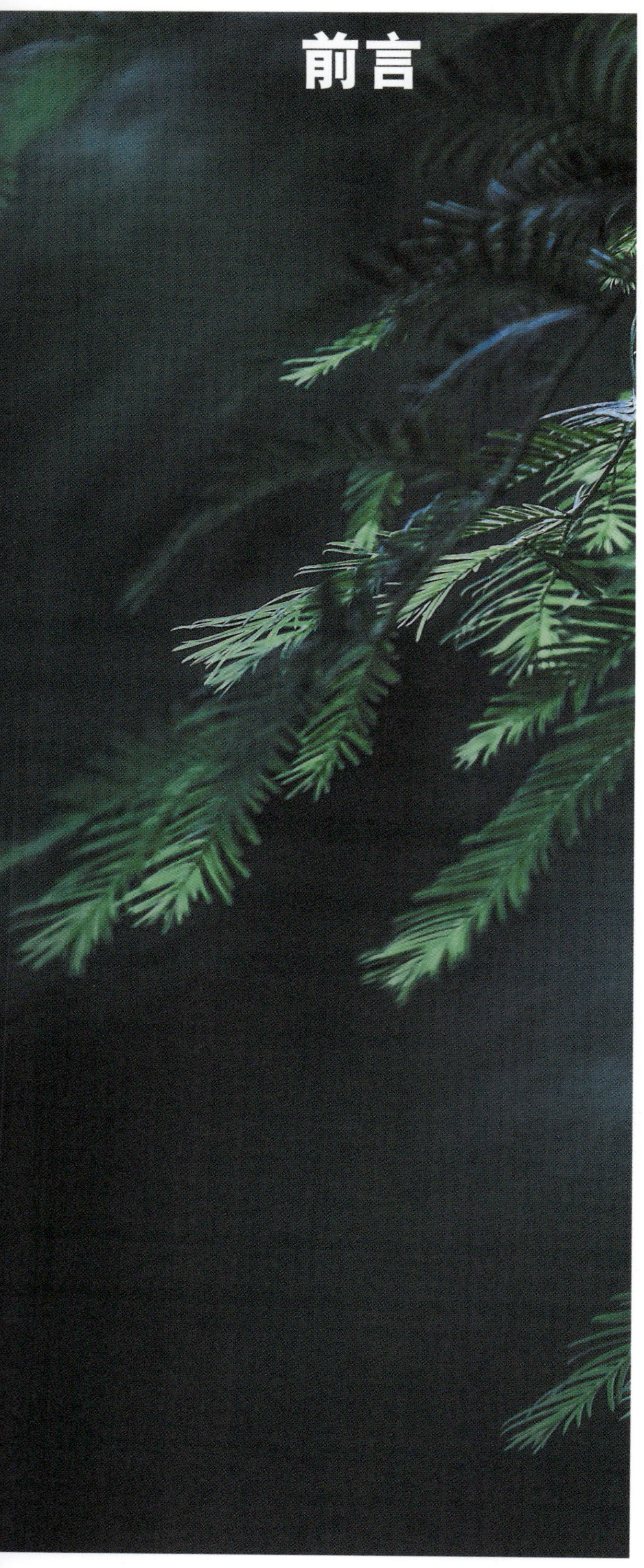

前言

中华茶文化历史悠久，底蕴深厚，是中华优秀传统文化的重要组成部分，蕴含了“清”“敬”“和”“美”“真”等精神与思想。随着人们对美好生活的需求日益提升，中国茶和茶文化也受到了越来越多人的关注。2019年12月，联合国大会宣布将每年5月21日确定为“国际茶日”，以赞美茶叶的经济、社会和文化价值，促进全球农业的可持续发展。这是国际社会对茶叶价值的认可与重视。学习茶艺与茶文化，可以丰富人们的精神文化生活，坚定文化自信，增强民族凝聚力。

2008年，中国茶叶学会组编出版了《茶艺师培训教材》《茶艺技师培训教材》，由江用文研究员和童启庆教授担任主编，周智修研究员、阮浩耕副编审担任副主编，俞永明研究员等21位专家参与编写。作为同类教材中用量最大、影响最广的茶艺培训参考书籍，该教材在过去的10余年间有效推动了茶文化的传播和茶艺事业的发展。

随着研究的不断深入，对茶艺与茶文化的认知逐步拓宽。同时，中华人民共和国人力资源和社会保障部2018年修订的《茶艺师国家职业技能标准》和中国茶叶学会2020年发布的团体标准《茶艺与茶道水平评价规程》均对茶艺的相关知识和技能水平提出了更高的要求。为此，中国茶叶学会联合中国农业科学院茶叶研究所组织专家，重新组编这套“茶艺培训教材”，在吸收旧版教材精华的基础上，将最新的研究成果融入其中。

高质量的教材是实现高质量人才培养的关键保障。新版教材以《茶艺师国家职业技能标准》《茶艺与茶道水平评价规程》为依据，既紧扣标准，又高于标准，具有以下几个方面特点：

一、在内容上，坚持科学性

中国茶叶学会和中国农业科学院茶叶研究所组建了一支权威的团队进行策划、撰稿、审稿和统稿。教材内容得到周国富先生、陈宗懋院士、刘仲华院士的指导，为本套教材把握方向，并为教材作序。编委会组织中国农业科学院茶叶研究所、中国社会科学院古代史研究所、北京大学、浙江大学、南京农业大学、云南农业大学、浙江农林大学、台北故宫博物院、中国茶叶博物馆、西湖博物馆总馆等全国30余家单位的60余位权威专家、学者等参与教材撰写，80%以上作者具有高级职称或为一级茶艺技师，涉及的学科和领域包括历史、文学、艺术、美学、礼仪、管理等，保证了内容的科学性。同时，编委会邀请俞永明研究员、鲁成银研究员、陈亮研究员、关剑平教授、梁国彪研究员、朱永兴研究员、周星娣副编审等多位专家对教材进行审稿和统稿，严格把关质量，以保证内容的科学性。

二、在结构上，注重系统性

本套教材依难度差异分为五册，分别为茶艺Ⅰ、茶艺Ⅱ、茶艺Ⅲ、茶艺Ⅳ、茶艺Ⅴ，逐级提升，分别对应《茶艺师国家职业技能标准》要求的五级至一级，以及《茶艺与茶道水平评价规程》要求的一级至五级。为了帮助读者更快速地建立一个较为完善的知识框架体系，每一册又按照领域和学科特点分成科学篇、文化篇、艺术篇、技能篇、礼仪篇、服务篇、管理篇、休闲产业篇等若干板块。这些板块相对独立又相互关联，同一板块的知识要点在各个等级中层层递进，而目录中的三级提纲恰似一张逻辑严谨清晰的思维导图，将知识点巧妙地串联在一起，便于读者阅读和学习，更有利于知识的梳理与记忆。此外，与旧版教材相比，本套教材延展了茶学专业知识和茶文化知识的深度和广度，增加了茶事艺文、传统礼仪、美学等方面的内容，使内容更为丰富。

茶艺培训教材与茶艺师等级、茶艺与茶道水平评价等级对应表

教材名称	茶艺师等级	茶艺与茶道水平等级
茶艺培训教材Ⅰ	五级/初级	一级
茶艺培训教材Ⅱ	四级/中级	二级
茶艺培训教材Ⅲ	三级/高级	三级
茶艺培训教材Ⅳ	二级/技师	四级
茶艺培训教材Ⅴ	一级/高级技师	五级

三、在形式上，增强可读性

参与教材编写的作者多是各学科领域研究的带头人和骨干青年，更擅长论文的撰写，他们在文字的表达上做了很多尝试，尽可能平实地书写，令晦涩难懂的科学知识通俗易懂。教材内容虽信息量大且以文字为主，但行文间穿插了图、表，形象而又生动地展现了知识体系。根据文字内容，作者精心收集整理，并组织相关人员专题拍摄，从海量图库中精挑细选了图片3000余幅，图文并茂地展示了知识和技能要点。特别是技能篇，对器具、茶艺演示过程等均精选了大量唯美的图片，在知识体系严谨科学的基础上，增强了可读性和视觉美感，不仅让读者更快地掌握技能要领，也让阅读和学习变得轻松有趣。茶叶从业人员和茶文化爱好者们在阅读本书时，可得启发、收获和愉悦。

历时四年，经过专家反复的讨论、修改，新版“茶艺培训教材”（Ⅰ～Ⅴ）最终成书。本套教材共计200余万字。全书内容丰富、科学严谨、图文并茂，是60余位作者集体智慧的结晶，具有很强的时代性、先进性、科学性和实用性。本教材不仅适用于国家五个级别茶艺师的等级认定培训，为茶艺师等级认定的培训课程和题库建设提供参考，还适用于茶艺与茶道水平培训，为各院校、培训机构茶艺教师高效开展茶艺教学，并为茶艺爱好者、茶艺考级者等学习中国茶和茶文化提供重要的参考。

由于本套教材的体量庞大，书中难免挂一漏万，不足之处请各界专家和广大读者批评指正！最后，在本套教材的编写过程中，承蒙许多专家和学者给予高度关心和支持。在此出版之际，编委会全体同仁向各位致以最衷心的感谢！

茶艺培训教材编委会

2021年6月

Contents

目录

科学篇

第五章
陆羽和《茶经》

第六章
古代茶类与饮茶方式的演变

第七章
茶事艺文的表现形式

文化篇

第八章 泡茶用具

第九章 泡茶用水

第十章
绿茶审评

第十一章
五套修习茶艺

第十二章 茶的调饮

第十三章 生活茶艺

第十四章 茶空间与茶席布置基础

服务篇

第十五章 服务接待礼仪

第十六章 茶点的种类及搭配

科学篇

第一章
茶树的适生环境

茶树与其他植物一样，其生长状况与周围的环境条件有着密不可分的关系。这些环境条件主要包括周边的气象条件、土壤条件、地形与地势因子、生物因子等，它们在时间和空间上会给茶树的生长带来不同的影响。

第一节　气象条件

影响茶树生长的气象条件主要包括光、热、水等。良好的气象条件有利于茶树的生长发育、茶叶高产及茶叶品质的形成。

一、光照

茶树喜光耐阴，忌强光直射。光质、光照强度、光照时间等都对茶树的生长发育以及茶叶的产量和品质的形成具有显著的影响。通过光合作用转化的有机物占茶树生物产量的90%以上。

1. 光质

光辐射是植物进行光合作用的关键因素，按照其波长可以分为紫外光区、可见光区和红外光区。我们通常说的红、橙、黄、绿、青、蓝、紫等七色光就属于其中的可见光（波长360～760纳米），这部分光也是对植物地上部分生长发育影响最大的光源。可见光是茶树进行光合作用、制造有机物质的主要光源。茶树中主要的光合色素为叶绿素，包括叶绿素a和叶绿素b，它们偏爱七色光中的红、橙光以及蓝、紫光。

科学研究表明，不同品种的茶树对不同光质的吸收能力有差异，但其叶绿素选择性吸收的规律基本相似。成熟的茶树鲜叶对波长较短的蓝、紫光（波长380～470纳米）具有较强的吸收能力，这也使得茶树能够在漫散射光中较好地生长。蓝、紫光对茶树氮代谢、蛋白质的形成有积极的作用，同时紫光还与一些含氮的品质成分（如氨基酸、维生素、香气成分等）的形成有直接关系。其次，在红光波段（波长660～680纳米）也存在一个相对较强的吸收峰，说明茶树鲜叶也可以较好地利用自然界中的红、橙光。红、橙光下茶树的光合作用速率要高于蓝、紫光，对于茶树机体的碳代谢、碳水化合物（如茶多酚、咖啡因等）的形成有积极作用。这就能很好地解释为什么“高山云雾出好茶”。在一定海拔高度的茶树种植区，降水量相对较为充沛，云雾多，空气湿度大，阳光折射形成漫射光，有利于茶树保持良好的持嫩性，鲜叶中的氨基酸和含氮芳香物质多，同时茶多酚的合成相对较少，使得制成的绿茶品质较佳。

2. 光照强度

光照强度与茶树光合作用的强弱有着很大的关系。弱光条件下，茶树光合作用的速率随着光照强度的增加而逐渐增加，当达到一定的值后，光合作用的速率不再受光照强度的影响而逐步趋向稳定，光合作用基本达到饱和，此时的光照强度为光饱和点。研究表明，茶树的光饱和点最高可以达到55000勒克斯。茶树喜光，同时也具有较强的耐阴性。即使在光照强度只有300～500勒克斯时，茶树仍然可以通过光合作用制造足够的有机物质来补充自身呼吸作用对体内养分的消耗。

光照强度是影响茶树进行光合作用合成并积累有机物质的重要因素，进而影响到茶树的生长发育。研究表明，在空旷区域生长的茶树，接受阳光的直射，光照强度大，叶片相对较小较厚，节间较短，并且叶质脆硬；而生长在林冠下的茶树，部分阳光受到遮挡，光照强度相对减弱，茶树叶片则相对大而薄，节间较长，叶质柔软。类似这种适度遮阴的做法，也会影响茶树体内的物质代谢。遮阴条件下，茶树鲜叶中的含氮化合物（如氨基酸等）含量明显增加，含碳化合物（如茶多酚、还原糖等）含量相对降低，并且新梢的含水量有所上升，持嫩性更好。故对制作绿茶、乌龙茶的茶园等进行适当的遮光处理（尤其是在夏秋高温旱季）有利于降低碳氮比、改善茶汤滋味。而就红茶而言，遮光处理虽然能够增加含氮化合物，有利于香气和鲜爽度的提升，但过度遮阴会降低儿茶素等多酚类物质的形成，还不利于茶黄素等物质的形成。

3. 光照时间

光照时间的长短直接关系到茶树营养生长与生殖生长之间的平衡，从而影响茶叶品质的形成。一般来说，光照的时间越长，茶树叶片能够接受光能的时间越长，光合作用积累的有机物越多，越有利于茶树生育和茶叶产量的提高。研究表明，越冬芽的萌发时间与日照时数呈正相关。茶树生长季节，南方的日照较北方长，因此南方茶区的茶叶产量也往往较北方茶区高。山区茶园由于受山体、林木的遮蔽，日照时数比平地茶园短，尤其是生长在谷地和阴坡的茶树日照时数少，加上山区多云雾等因素，实际光照时数更少，往往产量也相对较低。

茶树是一种短日照植物，也就是说茶树只有在日照长度短于其临界日长时才能开花，当日照时间超过其临界日长时，茶树只进行营养生长。实践证明，在光照时间较短的季节或地区，茶树的开花时间往往较早，花量较大，而新梢的生长则较为缓慢，有的提早进入了休眠期。相反，在光照时间较长的季节或地区，茶树的营养生长旺盛，新梢生长加快，休眠期和花期推迟，花量减少，甚至出现不开花的现象。营养生长与生殖生长本身就是一对矛盾体，因此，若要提高茶叶的产量，则需要利用足够的光照时间来促进茶树的营养生长，抑制生殖生长。科学研究也已表明，适当的人工延长日照时间，可以达到打破茶树冬季休眠、促使茶树生长并抑制茶树开花的效果（图1-1）。

图1-1　高山茶园

二、温度

茶树喜温怕寒。温度不仅制约着茶树的生长发育速度，而且影响着茶树的地理分布，是茶树生命活动的必要因素之一，也是茶树高产优质的最基本环境因子之一。

1. 气温

气温对茶树生长发育的影响因时间、茶树品种、树龄等条件不同而不同。通常认为，茶树生长发育的最适温度，即生育最旺盛、最活跃时的温度为20～25℃。当温度高于25℃或低于20℃时，茶树新梢的生长速度相应减慢。不同地区，茶树的最高耐受温度为35～40℃。在自然条件下，日平均气温高于30℃，新梢生长就会减慢或停止，如果气温持续几天超过35℃，新梢就会枯萎、落叶。同样，低温会导致茶树发生冻害甚至死亡。一般来说，灌木型中、小叶种茶树品种耐低温能力强，–10～–8℃以下才会发生冻害；而乔木型大叶种茶树品种耐低温能力弱，当温度低至–3.0～–2.0℃时，有时甚至零上温度时便可能发生冻害。

在适宜的温度范围内，茶树的生长发育正常，有利于茶叶有效成分如氨基酸、多酚类等物质的形成和积累，特别是滋味成分的形成，促进茶叶品质。高温或低温都会使茶树代谢机能减弱，生长发育受阻，有效成分的形成和积累减少，导致茶叶品质较差。研究表明，适度的高温有利于糖类化合物的合成、运送、转化，并加快形成多酚类化合物；适度的低温有利于氨基酸、蛋白质及一些含氮化合物的形成。因此，春季生产的绿茶往往因为气温相对较低，含氮化合物多，多酚类含量低，在口感上较夏茶更为鲜醇。

2. 积温

积温是表明温度与生物生长发育关系的一项重要指标，包括温度的强度和持续时间两方面内容。据研究，茶树的正常生长发育全年至少需要≥10℃的活动积温（植物在某一生育时期或整个年生长期中高于生物学最低温度的温度总和）3000℃。中国各大茶区的年活动积温大多在4000℃以上。浙江茶区除高山茶区外，大部分区域活动积温为5200～5800℃。若某茶区的全年活动积温低于3000℃，必须注意冬季防冻。进入春季，某茶区≥10℃的积温越高，则春茶开采期越早，产量越高。

三、水分

水分是茶树重要的组成部分，也是茶树正常生命活动的必要条件，无论是光合作用、呼吸作用等一系列生理活动，还是体内营养物质的吸收和运输，都依赖于水分的参与。茶树喜湿怕涝，生长环境中水分过多或者缺水条件下，都对茶树的生长和发育有不利影响。

1. 降水量

茶树对生长区域的降水量有着较高的要求。降水量的多少直接影响茶叶的产量和品质。一般来说，适合茶树种植的地区年降水量必须在1000毫米以上，适宜的年降水量为1500毫米左右。我国大部分茶区的年降水量为1200～1800毫米，山东半岛茶区的年降水量较少，仅为600毫米左右，而我国台湾地区降水量较多，部分地区年均降水量超过了6000毫米。长江中下游茶区，因为常有“伏旱”或“夹秋旱”发生，夏秋季的降水量直接影响夏秋茶的产量。适宜的降水有利于茶树的生长发育，而强度较大的降水则可能造成土壤表面的冲刷，造成水土流失严重或积水，不利于茶树根系的生长。因此，除了考虑年降水量之外，还需要关注月降水量。如果月降水量分布很不均衡，即使年降水量达到要求，也会因为月降水量不足影响茶叶产量。一般要求茶树生长期间的月降水量能够达到100毫米以上。

2. 空气相对湿度

空气湿度不仅关系着土壤水分的蒸发，也影响着茶树自身的蒸腾作用。因此，茶树对环境中的空气湿度也有一定的要求。研究表明，适宜茶树生长发育的空气相对湿度（RH）为80%～90%。空气湿度较高时，有利于茶树的生长，一般新梢持嫩性强，叶质柔软，内含物积累丰富，制成的茶叶品质相对较好。空气相对湿度影响茶树的光合作用和呼吸作用，当相对湿度达70%左右时，光合作用、呼吸作用速率均较高；当空气湿度大于90%时，空气中的水汽含量接近饱和状态，这对茶树新梢生长虽然有利，但容易导致与湿害相关的病害发生。相对湿度低于60%时，茶树呼吸速率增大，土壤的蒸发和茶树的蒸腾作用也显著增加，此时如果长时间无雨或不进行灌溉，就可能发生土壤干旱，影响茶树的正常生长发育，对产量和品质都有不良影响。当相对湿度低于50%时，茶树新梢的生长将直接受到抑制。

第二节　土壤条件

土壤是根系吸收水分和营养的重要场所，是茶树生长发育的重要资源。影响茶树生长的土壤条件主要包括土壤的物理条件和化学条件。

一、土壤的物理条件

土壤的物理条件包括土层厚度、土壤质地、土壤结构、土壤水分和土壤温度等诸多因素。一般来说，茶树生长的土壤以土质疏松、土层深厚、排水良好的砾质、砂质壤土为好。

1. 土层厚度

茶树是一种多年生的深根作物，根系可以伸展至土表2米以下，茶树的树幅大小与根系分布范围大小成正比。一般来说，种植茶树所需的有效土层需达到1米以上，以保证茶树正常的生长。

2. 土壤质地

土壤按照不同的质地可分为砂土、壤土、黏土三大类（图1-2）。砂土往往通气透水性良好，无黏着性和可塑性，但保水保肥能力较差。而黏土恰恰相反，能有效地保水保肥，但通气透水性差，较难耕作。壤土则介于砂土和黏土之间，是茶树种植较为理想的土质。

图1-2　不同质地土壤（从左往右，黏土、壤土、砂土）

3. 土壤结构

土壤结构是指土粒相互黏结而成各种自然团聚体的状况，分为块状结构、片状结构、柱状结构、菱状结构、核状结构和微团粒、团粒结构。茶树适宜的土壤结构以表层土为微团粒、团粒结构，心土层为块状结构较好。团粒结构组成的土壤松紧适度，大小空隙配比得当，土壤中的水、肥、气、热条件协调。

4. 土壤水分

茶园土壤中的水分状况直接影响着茶树根系的生长，从而影响茶树地上部分枝叶的生长。土壤相对含水率70%～90%较为适宜茶树生长。此时，根系具有较强的活力，能够较好地吸收土壤中的营养物质（钾除外）。茶园土壤的地下水位一般要求低于茶树根系分布到的部分。土壤水分过多，尤其是地下水位过高时，土壤孔隙被水分堵塞，不利于根系深扎，原有的根系淹没在水中，呼吸作用会受到阻碍，影响正常生命活动。

5. 土壤温度

土壤温度即通常所说的地温。在一定的地温范围内，茶树新梢的生长速率随着地温的升高而提高。研究表明，14～20℃时，新梢的生长速率最高，其次为21～28℃，低于14℃或高于28℃茶树生长都较为缓慢。不同土层地温的变化略有差异。表层5厘米左右的土壤，受到日照等热辐射的影响较大，在昼夜表现出较大的温度差异；25厘米土层地温相对稳定，也是茶树吸收根集中分布的土层，热量的变化影响着根系的吸收交换水平。在生产上，人们也经常采用疏松土壤、地表覆盖、套种牧草等方式来调节地温，保障茶树的正常生长发育。

二、土壤的化学条件

土壤化学环境对茶树生长影响较大的条件包括土壤酸碱度、土壤有机质和无机养分等。

1. 土壤酸碱度

茶树是一种“喜酸怕碱”的植物。适宜种植茶树的土壤酸碱度pH通常为4.0～5.5。茶苗对pH的反应尤为敏锐，当pH＜4.0或pH＞6.0时，都会导致叶片颜色发生变化，根系不能正常生长，光合能力减弱，呼吸作用增强，生理活动受到阻碍，严重时甚至发生死亡。适宜的pH条件下，茶树叶片中的叶绿素含量较高，光合能力较强，呼吸消耗相对较弱，同时对氮、磷、钾等养分的吸收较强，能够有效地合成和积累有机物。

科学研究表明，茶树适宜在酸性土壤中生长的原因包括以下几个方面：第一，茶树起源于我国西南地区，茶树长期生长在那里的酸性土壤中，已形成较为稳定的遗传特性；第二，茶树长期生长在有效磷含量极低的红壤土中，以致茶树根系中的磷酸盐含量较低，根系汁液的缓冲能力在pH为5.0时最高；第三，与茶树共生的菌根需要在酸性的土壤环境中才能够正常生长，与根系互利共生；第四，茶树喜铝，需要土壤中含有大量的活性铝，当土壤pH大于5.5时，土壤中的活性铝含量会因为与磷酸等化合物结合而减少，一定程度上会影响茶树根系的生长；第五，茶树是嫌钙植物，土壤中氧化钙的含量与pH成正比，pH越高，氧化钙的含量也会升高，茶树在碱性土或石灰性土壤中不能生长或生长不良。

2. 土壤有机质

土壤有机质含量的多少反映茶园土壤熟化程度和肥力多少，这些有机质为土壤中微生物存活和茶树吸收营养元素提供物质基础。高产优质的茶园有机质含量在2.0%以上，而有机质的主体——土壤腐殖质占到其中的85%～95%。腐殖质被分解后，可为茶树提供氮、磷、钾、硫、钙等多种矿物营养，同时它还能够提高土壤吸附分子和离子态物质的能力，增强保水保肥能力。腐殖质吸附的离子可与土壤溶液中的离子进行交换，对酸碱度有较强的缓冲能力。此外，腐殖质中的胡敏酸类物质还是一种生理活性物质，可以促进根系对矿物质营养的吸收，增强植物的代谢活性。

3. 土壤无机养分

土壤中除了有机质以外，还存在大量的矿物质元素，如钾、钠、钙、镁、铁、磷、铝、锰、锌、钼等。这些元素大多呈束缚态存在于土壤矿物质和有机质中，经过风化作用和有机质的分解而矿物质化，逐渐成为茶树可利用形态，或呈溶解态被吸附于土壤胶体或团粒上。这些元素含量的多少对茶树生长发育和茶叶的品质形成有直接或间接的影响。

① 茶树对氮素的需求量很高，不论是铵态氮还是硝态氮，甚至是简单的有机态氮都能为茶树所吸收利用。其中，茶树尤为偏爱铵态氮。在多种形态的氮化合物存在时，茶树的根系会优先选择吸收铵态氮。

② 茶树长期生长在酸性的富铝化土壤上，茶树的各个器官都聚集了大量的铝化物。土壤中大量的铝元素，能够有效促进茶树根系的生长，同时促进碳水化合物的转化，尤其是氨基酸向儿茶素的转化。

③ 茶树是嫌钙型植物，对钙的需求较一般作物要低很多。但是，钙仍然是茶树正常生长必需的元素之一。当土壤中活性钙含量很低时，茶树会出现钙的缺素症，新梢停止生长，并有汁液外溢，严重时甚至会发生死亡。

三、土壤微生物

微生物在茶园土壤中广泛分布，并影响着茶园土壤肥力和茶树根部的生长环境。茶园土壤微生物往往具有固氮、释钾、解磷和分解有机物等作用，促进茶芽萌发和茶树次生代谢，提升茶叶的产量和品质。

茶园土壤微生物数量远远高于一般的农田、旱地、森林土壤，每千克土壤中的微生物总数可以达到1000万～6000万个。在微生物的数量组成上来说，细菌的数量最为丰富，其次为真菌，放线菌较少。不同季节、不同茶树年龄时期，茶园土壤中的微生物数量有所差异，秋季以真菌为优势种群，夏天雨季以细菌为优势种群，春季则以放线菌为优势种群。

各类微生物在土壤中的分布通常表现为：根表>根际土壤>非根际土壤。茶树根系分泌物为微生物的生长提供了营养来源，因此，根系分泌物越多，微生物的种类和数量也随之增加。茶树生长的旺盛时期，也是土壤微生物种类最多、数量最大的时期。

第二章
茶的类别与制法

我国著名的茶学专家陈椽结合茶叶制法与品质特征，提出茶叶的绿茶、红茶、乌龙茶、黑茶、白茶和黄茶“六大茶类”。再加工茶则指在六大茶类的初制茶基础之上再加工而成的茶叶商品，包括各色花茶、紧压茶、袋泡茶以及粉茶等。本章将详细介绍各类茶的品质特点、初制加工工艺与品质形成等内容。

第一节　绿茶初制加工工艺与品质形成

绿茶是我国生产历史最悠久的茶类，也是主要生产与消费的茶类，其产量和花色品种均居六大茶类之首。绿茶也是我国茶叶主要出口品类，其出口量约占全世界绿茶贸易总量的80%。

一、绿茶品质特点

绿茶属于不发酵茶，茶鲜叶经过摊放、高温杀青、揉捻（或做形）、干燥等流程加工而成。由于杀青过程中的高温钝化了绝大多数酶的活性，有效阻止了鲜叶中多酚类物质的酶促氧化，致使绿茶均具有典型的“三绿”特征，即外形绿、汤色绿和叶底绿。

二、绿茶初制加工工艺与品质形成

茶鲜叶是绿茶品质形成的物质基础，工艺流程则促进鲜叶中各种生物活性物质在加工过程中发生一系列的理化反应，最终形成绿茶独有的风味品质。

1. 摊青

摊青是绿茶加工的第一道工序，合理的摊青可有效改善和提高茶叶品质。摊青过程中，茶鲜叶悄悄发生着多重物理和化学反应。一方面，鲜叶通过叶背的气孔或是叶表缓慢失水，导致叶质逐渐柔软，叶色逐渐变暗，青草气逐渐散去转而呈现怡人的清香味；另一方面，随着水分的散失，多种酶的活性得到增强，以至于鲜叶中的大分子物质在内源水解酶的作用下逐渐水解生成小分子物质，比如酯型儿茶素水解成非酯型儿茶素，蛋白质水解成氨基酸，多糖（包括纤维素、淀粉和果胶）水解成单糖，这些物质都对成品茶品质具有重要影响。此外，茶鲜叶挥发性香气物质组成也发生了重要变化，低沸点类具有青草气的香气物质随着水分散失得以挥发，高沸点类具有愉悦气味的香气物质（诸如反-2-乙烯醛、香叶醇、芳樟醇及其氧化产物等）含量显著升高（图2-1）。

2. 杀青

杀青是绿茶加工的关键工序，对成品茶感官品质的形成以及内在物质组成均具有重要影响，是形成

图2-1　摊青

图2-2　杀青

三绿特征的决定性工序。杀青工序一方面利用高温钝化酶的活性，从而有效阻止多酚类物质的酶促氧化；另一方面鲜叶水分大量蒸发，使得叶质变软以便于后续的揉捻造型，同时促进一系列生化成分发生变化，以形成绿茶特有品质特征。杀青过程中的投叶量、杀青温度、杀青程度均会对成茶品质产生一定影响，而这三个因子之间又彼此牵制、相互联系（图2-2）。

（1）投叶量

投叶量一般要视杀青方法或工具而定，如手工杀青视操作人手掌大小，一把叶量即可，而滚筒杀青则需看滚筒型号而定。在杀青方法已定的前提下，要视鲜叶质量而定，老叶可适当多投，嫩叶则应少投。投叶量不当容易造成杀青不匀、过度或不够，严重影响成品茶品质。

（2）杀青温度

杀青温度是杀青最主要的影响因素，通常视投叶量而定，投叶量少则适当低温，但前提是要保证叶温在短时间内迅速达到80℃以上。杀青过程中要尽量缩短叶温上升时间，一旦时间过长就会出现红梗红叶。

（3）杀青程度

杀青程度也是重要影响因素之一。一般遵循老叶嫩杀、嫩叶老杀的原则。老叶叶质粗硬、含水率较低，故而杀青程度要轻，从而保证杀青叶足够的含水量以利于后续的揉捻工序；而嫩叶含水量较高，杀青程度要老，需要通过延长杀青时间使水分充分散失，以达到杀青叶该有的含水量标准。

3. 做形

做形是绿茶外形特征形成的关键过程，对名优茶尤其重要（图2-3）。由于揉捻是绿茶最基本、最主要的做形方式之一，故以揉捻为例说明揉捻工序与绿茶品质形成的关系。揉捻，顾名思义也就是用“揉”和“捻”的动作，使得在制品茶叶面积缩小、卷曲成形的过程。揉捻工序一方面是为了做形需求，另一方面则是为了造成一定程度的叶组织破碎，使得茶汁外溢，易于冲泡。

图2-3　做形

揉捻过程以在制品形态上的物理变化为主，化学变化为辅。物理变化主要表现在叶组织细胞破损、汁液外溢、茶叶卷紧成条，这也是生产上通常用来判断揉捻是否适度的依据。化学变化主要集中在叶绿素、茶多酚和可溶性糖的变化上，有研究表明，茶多酚、可溶性糖含量随着揉捻时间延长呈现显著增长趋势，也有研究揭示轻揉捻有利于名优绿茶综合品质的提升。

4. 干燥

干燥是绿茶加工的最后一道工序，常见的干燥方法为炒干、烘干、晒干，主要作用在于蒸发水分和固定品质。有研究将绿茶在制品进行冷冻干燥，结果发现成品茶没有正常高温烘炒所特有的茶香，反而呈现一种类似于青草的青涩味。这一点说明绿茶干燥绝不仅仅是单纯的脱水过程，而是一系列的热化学反应，而这些反应对成品茶香气的形成至关重要。

绿茶的干燥首先会破坏叶绿素，叶绿素会在高温下转化成脱镁叶绿素，使得鲜绿色逐渐变暗。其次茶叶中以氨基酸为代表的氨基化合物与以多酚和还原性糖为主的羰基化合物会发生反应，极大地促进茶叶色泽与香气的形成。此外，一些不溶性物质还会在高温下发生裂解和异构化作用，有利于茶叶醇和滋味与纯正香气的形成。

三、代表性绿茶的初制工艺

根据杀青方法的不同，绿茶又可分为蒸青绿茶和炒青绿茶；根据干燥方式的不同，绿茶还可分为炒青绿茶、烘青绿茶和晒青绿茶。

1. 蒸青绿茶

图2-4　蒸青绿茶

蒸青绿茶，特指利用蒸汽杀青制作而成的绿茶（图2-4）。蒸汽杀青是我国传统的杀青方式之一，唐代传至日本，在日本得到充分发展并沿用至今。蒸汽杀青借助水蒸气的高温和高穿透性在短时间内破坏鲜叶酶的活性，迅速固定品质，从而成就蒸青绿茶外形色泽翠绿、汤色鲜碧诱人、滋味清鲜醇爽，并带有特殊海苔香的品质特征。

其加工工艺流程为鲜叶摊放→蒸青→揉捻→干燥，关键环节是蒸汽杀青。目前的蒸汽杀青主要利用蒸青机完成。鲜叶投至机器后，就会在100℃水蒸气的作用下被蒸软，45～60秒即可完成杀青工序，具体杀青时间视鲜叶情况而定（嫩叶短时，老叶长时）。在此之后，蒸青叶要进行一个揉捻前处理操作——叶打，即用设备轻轻抛散、抖开叶子，以冷却茶叶并除去叶表多余的水分，避免后续揉捻工艺中叶质软糯影响造型，叶打后的蒸青叶含水率应该保持在60%左右。

随后进入揉捻工序，揉捻过程又包括粗揉、揉捻、中揉和精揉等环节。粗揉时在制品在热风中搅拌揉搓，该过程叶温一般保持在36℃左右。叶温若超过37℃，则易造成揉捻叶内湿外干，影响后续揉捻效果及成品茶外形；温度偏低，则失水不够，揉捻叶破碎率偏高。粗揉时间一般在45分钟左右，具体视在制品情况而定，粗揉完成后，在制品含水率保持为50%即可。之后的揉捻一般控制在20分钟，此时在制品已初步成条，含水率为42%。中揉时转速略慢于粗揉，采取一边揉压一边灌热风的方式，揉压时间25～30分钟，含水率控制为30%。然后进入精揉工序，精揉是形成蒸青绿茶针状外形的关键工序。此时叶温在40℃左右，转速略高于粗揉，揉捻时间40分钟左右，最后含水率为13%左右即可。值得注意的是，揉捻结束放压时应该逐步释放，一方面是为了减少断碎茶的比例，另一方面避免长时高温揉捻造成的叶绿素损失过多，继而影响干茶色泽。

最后进入干燥阶段，蒸青绿茶的干燥采取烘焙方式。一般根据精揉后在制品状态采取高火快速或低火慢速烘焙两种方式，温度一般为70～90℃，烘至含水率3%～4%即可。烘后的干燥叶要注意及时摊晾，冷却至室温后装箱贮存。

2. 炒青绿茶

炒青绿茶特指采用锅炒杀青，并以炒干为主要干燥方式加工而成的绿茶（图2-5）。炒青制茶法始于明代，并在明清时期，炒青绿茶占据茶叶市场的统治地位。如今的炒青绿茶依然在绿茶市场中占据重要地位，是我国出口绿茶的主导产品。根据成品茶外观形态，炒青绿茶还可分为长炒青、圆炒青和扁炒青。

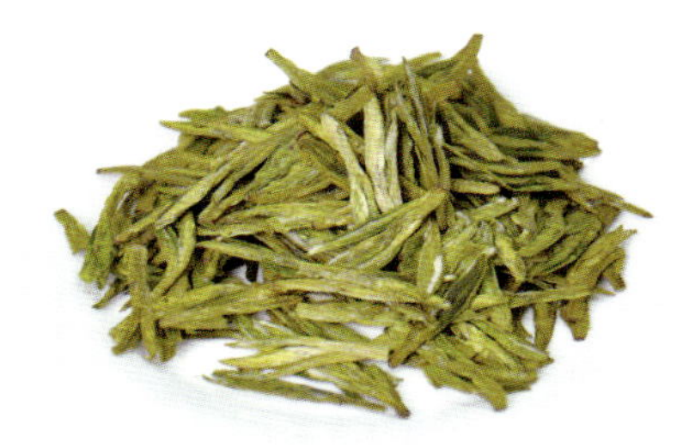

图2-5　炒青绿茶

炒青绿茶的基本加工工艺流程依然是鲜叶摊放→杀青→揉捻→干燥。鲜叶摊放通常借助竹匾或篾簟薄摊，摊放时间一般保持在4～12小时，具体视鲜叶状况而定，雨水叶应适当延长摊放时间。鲜叶经摊放后含水率为70%左右较为合适。

炒青绿茶的杀青方式分手工杀青和机械杀青。手工杀青一般借助杀青锅完成，杀青锅有平锅和斜锅两种，后者更为普遍。手工杀青效率低、成本高，通常只用于加工名优茶。重要参数包括锅温、投叶量、杀青时间以及翻炒手法，其中锅温视下叶量而定，叶量多锅温则相应提高，通常保持鲜叶下锅瞬间有爆声为宜，并要使得叶温在短时间内达到80℃以上。杀青时要遵循高温杀青、先高后低，抛闷结合、多抛少闷以及老叶嫩杀、嫩叶老杀的原则，翻炒迅速、均匀，时间控制在5分钟左右，具体视叶况而定。杀青适度的在制品通常表现为叶色深绿、叶质柔软、手握叶子不黏、无青草气且散发出清香味，含水率一般为60%左右。机械杀青通常利用滚筒、锅式以及汽热杀青机，其中滚筒杀青应用最为普遍，工效比手工杀青大大提高，适用于名优绿茶和大宗绿茶的加工。其关键工艺参数包括投叶量、滚筒转速和杀青时间，杀青适度的标准同手工杀青。生产中需视出叶口杀青叶状态及时调整作业参数，若杀青过度，可以适当增加投叶量、提高转速或降低炉温加以调节，由于调整投叶量更便于及时控制效果，通常只需单方面调节该参数即可。

揉捻也可分为手工揉捻和机械揉捻两大类。手工揉捻只应用于高级名优茶，揉叶量可视操作人员手掌大小而定，基本保持能握住而不漏叶为宜，施压大小、揉捻时间和次数通常视揉捻叶状态而定，揉捻适度的叶子茶汁沾附于叶表面，手摸有湿润黏稠的感觉，组织破碎率为45%～55%为宜。机械揉捻普遍采用揉捻机完成，关键工艺参数有投叶量、揉捻压力与时间，三个参数之间灵活掌握，投叶量较大时压力可适当加大或时间适当延长。揉捻时遵循老叶热揉、嫩叶冷揉的原则，揉捻施压遵循先轻后重、逐步加压、轻重交替、最后不加压的原则，最终揉捻适度标准同手工揉捻。揉捻完成后还要注意及时解块筛分，一般嫩叶采取一次揉，揉后解块即可；老叶叶质较硬，通常采取两次甚至多次揉捻，中间解块筛分。

炒青绿茶的最后干燥阶段通常采用锅炒方式，不同的花色品类炒干具体操作又各有分别，以最为普遍的长炒青为例进行简要说明。长炒青采用烘、炒、滚的组合干燥法，具体流程为烘二青→炒二青→炒三青→滚炒。烘二青，即采用烘干作业，需严格把握在制品含水率，通常在35%～45%，过低则在后续干燥中芽叶易断碎，过高后续二青不易翻炒，也会负面影响成品茶品质。烘二青结束后在制品摊晾至室温，采用锅式炒干机炒二青。通常将制品叶温控制在48℃左右，炒至含水率为20%即可出锅摊晾，后续可拼锅（2～2.5锅二青叶合为1锅）炒三青。三青叶炒至含水率为9%～10%即可，最后采用瓶式炒干机炒至足干（含水率为5%～6%）。

3. 烘青绿茶

烘青绿茶是完全采用烘干为干燥方式制作而成的绿茶（图2-6），常用作花茶的窨制原料。其前续加工流程与炒青绿茶别无二致，包括鲜叶摊放、杀青和揉捻，主要区别在于烘青绿茶的揉捻力度要求不高。烘青绿茶的烘干操作主要由烘干机完成，通常有毛火和足火两个环节，中间摊晾回潮。毛火时机器进口温度通常为120℃，摊叶厚度约为1～2厘米，烘至手触茶叶稍有刺手感为宜，此时含水率约为18%～25%；摊晾回潮0.5～1小时后可进行足火烘焙，足火时摊叶可稍厚，进口温度略低，约为80～90℃，烘至足干，以手捏茶叶成末为度，含水率为4%～6%。

图2-6　烘青绿茶

4. 晒青绿茶

晒青绿茶即采用日晒为干燥方式的绿茶（图2-7），主要产品有滇青、黔青、川青、粤青等。晒青毛茶除少量供内销和出口外，主要作为饼茶、砖茶、沱茶等紧压茶生产原料，主产于我国云南地区。以云南大叶种晒青毛茶为例，其基本加工工艺流程为：鲜叶采摘→摊青→杀青→揉捻→干燥。鲜叶采摘标准相对其他绿茶嫩度要求较低，根据等级划分从一芽一叶到一芽三四叶不等。杀青同样是晒青毛茶的关键加工工序，通常采用手工锅炒杀青或滚筒杀青，杀青时遵循“多透少闷”与“杀匀杀透”的原则，杀青适度叶清香显露、叶色暗绿、叶质柔软、略有黏性。杀青适度，茶叶摊晾降温后进入揉捻阶段，揉捻原则与其他绿茶加工基本一致。揉捻好的在制叶解块后置于阳光下，薄摊（1～2厘米）日晒4～5小时至六七成干后及时归堆再晒，再晒时厚摊5～8厘米，晒至茶条一折即断、叶片一捻即成末（含水量12%左右）即可。晒青毛茶的干燥方式在这四类绿茶中最为简洁，但缺点为极易受天气影响，且成品茶常具有日晒味，故而一般只用作普洱茶的毛茶原料。

图2-7　晒青绿茶

第二节　红茶加工工艺与品质形成

红茶是全球第一大茶类，约占全球茶叶总产量的56%。我国红茶的产销量曾经在很长一段时间里仅次于绿茶。目前，红茶也是我国主要生产和出口的茶类之一。

一、红茶品质特点

我国红茶生产历史悠久，起源于现武夷山市的正山小种是公认的世界红茶始祖。经过500多年的创新与发展，如今红茶品类众多，可划分为小种红茶、工夫红茶和红碎茶三大类。“红汤红叶”是红茶的基本品质特点，但各品类又别具特色（图2-8）。

小种红茶是一种具有松烟香的条形红茶。成茶外形条索粗壮紧直，叶色乌黑油润；内质香气高长，具有特殊松烟香；汤色红浓，滋味浓醇而爽口，具有桂圆味。

工夫红茶是我国生产范围最广、花色最丰富的细紧条形红茶，其加工工艺考究，成品茶外形条索紧直、匀齐，色泽乌润；内质香气馥郁，滋味甘醇浓厚；汤色与叶底红亮。

红碎茶顾名思义即指经揉切工艺加工而成的颗粒型红茶，是国际红茶市场上的主导产品。因其冲泡时易浸出且浸出率高，适合一次性调饮，是目前奶茶市场上的主要茶叶底料。红碎茶根据外部形态还有叶茶、碎茶、片茶与末茶之分，叶茶呈短条状，碎茶呈颗粒状，片茶呈皱褶状，而末茶则呈沙粒状。不论何种形态，红碎茶品质都具有一个共性特征，成茶外形乌润，红而不枯，汤色红艳明亮，滋味具有鲜明的浓、强、鲜特点。

小种红茶

工夫红茶

红碎茶

图2-8　三大类红茶

二、红茶加工工艺与品质形成

我国红茶品类众多，品质不一，加工技术也不尽相同，但其加工原理都是一致的。茶鲜叶在萎凋、揉捻、发酵和干燥过程中发生着一系列的理化变化，最终形成了红茶独特的色、香、味品质特征。

1. 萎凋

红茶的萎凋一方面可以令茶鲜叶散失水分、减小细胞张力、增强柔韧性，为后续揉捻做形提供良好条件；另一方面随着细胞水分的散失，细胞液浓度升高，酶活性逐渐增强，可以为发酵提供物质基础。总而言之，萎凋伴随着一系列物理和化学变化。

首先是以失水为主的物理变化。叶片失水是通过叶背气孔和表皮角质层同时进行的。嫩叶角质层薄软，两种失水方式占比相当，而对于角质化程度较高的老叶而言，表皮角质层的水分蒸发量就大大减少，致使其总失水速度远低于嫩叶。这也正是萎凋时间的把握需要充分考虑鲜叶原料老嫩程度的原因。萎凋时随着叶片水分的散失，叶质逐渐萎软，多数呈背卷态，这是因为叶面角质层的蒸发速度通常要慢于叶背气孔。

图2-9 萎凋

图2-10 揉捻

图2-11 发酵

其次，萎凋过程中的化学变化也是围绕着失水过程展开的。先是鲜叶中一些不溶性物质在水解酶的作用下转化成可溶性物质，如单糖、氨基酸等，对茶汤滋味品质的提高具有重要影响。此外多酚氧化酶的活性随着失水程度的提高而增强，有研究表明在15～18小时的正常萎凋后，萎凋叶的酶活性会达到鲜叶的2～4倍。多酚氧化酶的活化使得多酚类物质氧化加强。而过多的多酚氧化物易与蛋白质结合形成不溶于水的络合物，使得茶汤中可溶性物质减少，不利于成茶品质。此外，多酚类氧化物在后续发酵和干燥阶段极易进一步转化成暗黑色物质，不利于成茶色泽的形成，因此萎凋时间要严格把握，切忌萎凋过度导致叶质干枯。此外，叶绿素、维生素C和芳香类物质也会发生显著变化，叶绿素会在叶绿素酶的作用下发生脱植基反应生成叶绿素酸酯，维生素C会被氧化而减少，芳香类物质的变化主要表现为具有青草气的青叶醇和青叶醛挥发或转化成具有愉悦气味的香气物质（图2-9）。

2. 揉捻

揉捻是红茶塑造外形和形成内质的重要程序。揉捻后的萎凋叶因叶组织受损造成茶汁外溢，极大地促进了多酚类化合物的酶促氧化，为红茶特色内质形成奠定物质基础。揉捻时叶片在摩擦力和压力的双重作用下卷紧成条，黏附于叶表面的茶汁干燥后使成茶色泽乌润，不仅美观，还能增强茶汤的浓醇口感（图2-10）。

3. 发酵

发酵是红茶加工的核心工序，对成品茶色、香、味的形成起到了决定性的作用。发酵过程伴随着一系列复杂的、以多酚类化合物的酶促氧化为主的生化反应，为品质形成提供物质基础（图2-11）。

图2-12　发酵叶

图2-13　干燥

儿茶素类物质在多酚氧化酶的作用下发生连续氧化，逐渐生成邻醌—联苯酚醌—茶黄素—茶红素—茶褐素。其中“茶三素”——茶黄素、茶红素和茶褐素对红茶的品质至关重要。茶黄素决定红茶茶汤的亮度、滋味的鲜爽度和收敛性，茶红素是表现茶汤红浓度的主体，而茶褐素含量高则会引起干茶与茶汤色泽的暗沉。

发酵过程中，其他物质的变化也都直接或间接地与多酚类化合物变化有一定关联。① 氨基酸由于蛋白质的水解，在萎凋和揉捻过程中都会显著增加，但进入发酵后会在邻醌的作用下形成有色物质和部分香气物质，导致含量转而下降。② 咖啡因与茶黄素、茶红素生成络合物，表现为红茶汤的“冷后浑”。③ 叶绿素一方面被邻醌氧化，一方面被生成的有机酸还原生成脱镁叶绿素，此外还会被叶绿素酶催化，导致发酵过程中叶绿素含量急剧下降。此外，维生素C也会被邻醌氧化而减少，淀粉和双糖被水解引起单糖的增多，水溶性果胶因为逐渐酸化的环境凝结或与钙离子反应生成不溶性的果胶酸钙（图2-12）。

发酵也是“红茶香”形成的关键过程。发酵过程中，青草气类挥发性物质进一步挥发或转化。醇、醛、羧酸和酚类香气物质含量显著提高，其中变化较为显著的物质有正已醛、反-2-已烯醛、顺-3-已烯酸、苯甲醇和苯乙醇等，这些物质是红茶香气的重要组成部分。

4. 干燥

红茶的干燥一方面是为了高温破坏酶的活性，及时终止发酵过程；另一方面是为了充分干燥茶叶，便于贮藏。这两个方面的作用分别体现在干燥的毛火和足火两个环节上。但是除此之外，干燥过程中的热化作用也对红茶品质形成具有重要作用。比如，叶绿素会在热作用下被裂解破坏，从而形成红茶的外观色泽；具有强烈青草气味的顺-3-已烯醇会异构化形成具有清香特质的反-3-已烯醇；收敛性较强的酯型儿茶素会裂解成滋味醇和的简单儿茶素；蛋白质和多糖会分别裂解成氨基酸和单糖，大大改善茶汤滋味等（图2-13）。

三、代表性红茶的初制工艺

红茶属于全发酵茶，其加工过程的理化反应在六大茶类之中最为剧烈。红茶初制工艺流程基本相同，均为萎凋→揉捻（切）→发酵→干燥。

1. 小种红茶

小种红茶制法更为细致独特。其萎凋方式以室内加温萎凋为主，辅以日光萎凋。小种红茶的室内加温萎凋又称“焙青”，在“青楼”内完成。“青楼”是小种红茶的特殊加工间，分上下两层，中间以木条隔开，加温时下层放置火堆以提供热量，上层铺上青席以摊放萎凋叶。这样，萎凋时在制品鲜叶不仅能如正常萎凋工序一样失水，达到萎软效果，还能在萎凋过程中吸收松烟味，这正是小种红茶具有特殊松烟香的原因所在。室内加温萎凋的优点在于不受外部气候因素的影响，还能赋予在制品叶以特殊松烟风味，但缺点也很突出，如操作较为复杂、劳动强度大、效率低等。日光萎凋就是借助“青架”在室外向阳位置进行萎凋，这种萎凋方式绿色节能，缺点为极受天气因素影响，萎凋均匀度不高、程度难把握，且成品易带有日晒味。

小种红茶的揉捻与工夫红茶无异，其发酵过程较为特殊，当地人称“转色”。小种红茶的发酵在青楼内完成，通常操作是将揉捻叶装在竹箩筐里，中间掏一孔以方便通气，上面覆盖湿布以提供湿度，焙青间内根据外界气温决定是否需要燃火加温促进转色。通常发酵5～6小时，等到发酵叶青草气完全散失，茶香显露，有80%左右叶色转为红褐色为宜。

发酵适度的在制品叶要及时“过红锅”，这也是小种红茶的一项特殊工艺。过红锅的关键在于通过高温及时破坏酶的活性以终止发酵、固定发酵品质，同时它还有利于青草气的充分散发，有利于香气物质的形成与转化。总之，该工序是红茶色、香、味形成的重要环节。过红锅一般采用平锅操作，待锅温达到200℃时，发酵叶及时入锅，快速翻炒2～3分钟，待到叶片充分受热、柔软即可起锅进入复揉工序。

小种红茶的复揉其实是趁热揉捻，使得成茶条索更加紧结美观，有效物质易浸出且耐泡。复揉之后及时解块筛分并摊晾，进入最后的熏焙阶段。

小种红茶的熏焙是使其松烟香品质特征形成的主要工艺流程。熏焙也在青楼内进行，将复揉叶薄摊于木筛之上，斜置于青楼下层的焙架上，呈鱼鳞状排列，地面燃烧松柴片，使得松烟充分熏焙在制品叶。需要注意的是，熏焙时无需翻拌，要求一次熏成，避免条索松散。该工序通常需要8～12小时，熏焙至足干。

小种红茶在出厂前还需经过一次复火工序，同样在青楼上完成，采取低温长时烘焙的方法，使得叶片在进一步散失水分的同时充分吸收松烟香，最终成品茶含水率要求在8%以下。

2. 工夫红茶

工夫红茶是我国特有的红茶品类，有祁红、滇红、闽红、宜红、宁红等花色品种，品质特色各有千秋，享誉海内外。

工夫红茶的萎凋方式多样化，有室内自然萎凋、萎凋槽萎凋、萎凋机萎凋等，其中前两者在生产中较为常见。无论哪种萎凋技术都要求掌握好基本的技术参数和细节，包括温度、风量、摊叶厚度、翻斗、萎凋时间，通过系统控制这些参数使鲜叶原料在一定时间内达到合适的萎凋程度。

萎凋槽萎凋的热风温度一般在35℃左右，切不可过高，一旦超过38℃，鲜叶失水过快容易导致萎凋不匀，严重影响后续揉捻和发酵效果。其次，要严格把控萎凋槽进风量，风量不足时萎凋效率会大大降低；风量过大则叶层易出现“空洞”，导致萎凋不匀，萎凋过程中要根据萎凋叶状态及时调整风量，一般保持上层叶子微微颤动为宜。摊叶厚度要根据原料品质而定，一般老叶含水率低应厚摊，而嫩叶则需薄摊。摊放时要保持叶层厚薄均匀，叶片呈蓬松状态以利于有效通风。另外，还要注意萎凋过程中原料的及时翻抖，从而在保持叶层上下萎凋均匀的基础之上提高萎凋效率。不过在翻抖过程中手势要尽量轻缓，避免损伤芽叶。最后，萎凋时间的把控直接关系到萎凋品质的好坏，一般视鲜叶原料物理状态而定，萎凋适度的叶子通常表现为：叶色转为暗绿，青草气散去，呈现怡人清香；叶态整体萎软，茎脉柔韧性好、曲折而不断；手捏叶片有柔软感但无摩擦声；紧握萎凋叶可成团，松手时叶团可自然松散。此时茶叶含水量为62%左右。

萎凋适度的原料叶进入揉捻工序，揉捻方法与绿茶无异，但揉捻程度要重于绿茶。因为红茶的揉捻除了具有卷紧茶条的造型功能之外，还为发酵创造良好条件。揉捻不足的原料后续发酵必然不足。红茶揉捻要求叶组织破损率高于80%、叶片成条率达90%，揉捻适度的原料叶表现为茶汁充分外溢并黏附于茶条表面，用手紧握茶团茶汁溢出但不向下滴流。

工夫红茶的发酵要合理把握发酵环境、摊叶厚度与发酵时间。发酵环境的控制包括温度、湿度和通风条件，通常要保持叶温在30℃，湿度达到90%以上，发酵空间内新鲜空气自然流通以提供足够的氧气。摊叶厚度通常在8～12厘米，嫩叶适当薄摊，摊放的叶子要保持松散状态以保证足够的通气条件，发酵过程中还要及时翻抖以确保发酵均匀。发酵时间的掌握以实际发酵程度为准，发酵适度叶青草气完全消失，转而呈现一种清新的花果香，叶色均匀红变。由于发酵叶进入干燥工序，在足够高温之下才会终止发酵，故实际生产中发酵程度应掌握偏轻。

红茶的干燥一方面是为了蒸发水分，另一重要方面是为了及时终止发酵、固定品质。干燥过程依然要注意烘干机的温度、进风量、摊叶厚度和时间等几个参数。干燥通常分毛火和足火两个环节，毛火应采取高温短时烘焙，温度一般为110～120℃，以充分终止发酵过程，时间掌握在15分钟左右，使得在制品叶片达到七八成干、手握叶片有明显刺手感但嫩茎稍软即可；足火烘焙应相对低温长时，85～95℃下烘焙40分钟左右直至足干，此时的茶梗一折即断，手捏茶叶即成碎末，含水率为4%～5%。

3. 红碎茶

红碎茶的加工关键为揉切工序。生产中，揉切过程根据揉切机器的不同有多种方法，诸如转子机制法、锤击机制法和CTC（全称Crush Tear Curl，意即切碎、撕裂、卷曲，是一种红碎茶加工方法，简称CTC）制法，其中CTC制法因其揉切效率高、效果好而成为目前国际上公认的最受欢迎与先进的红碎茶加工方法。这里仅以CTC红碎茶为例说明红碎茶初制工艺。

CTC红碎茶对鲜叶质量要求较高，一般要求在三级以上，过低等级的鲜叶原料不仅制得的成茶外形欠佳，偏片末状，还会严重损坏机械。其次，与普通红条茶相比，CTC红碎茶对萎凋要求较轻，68%左右的含水量较为合适，含水量高有利于茶黄素的形成与积累，对后续成茶色泽与滋味的形成都有重要意义。萎凋适度的茶坯进入机器，叶组织被高速撕碾而充分破坏，茶汁外溢，形成颗粒，也为后续发酵创造了有利条件。如今红碎茶生产中，CTC揉切机通常与洛托凡揉切机组成生产线，制得的红碎茶颗粒紧结重实、汤色红艳明亮、滋味浓强鲜爽，颇受消费者喜爱。

第三节　乌龙茶加工工艺与品质形成

乌龙茶又称青茶，是我国特有的茶叶品类之一，起源于明末清初的福建一带，据考证，武夷岩茶是乌龙茶的始祖。当今我国乌龙茶主要产区包括福建、广东、台湾三省，产量占全国乌龙茶的98%，尤以福建乌龙茶最为突出。

一、乌龙茶的品质特点

乌龙茶属于半发酵茶类，品类花色众多，大多以茶树品种命名，根据出产地域可划分为闽北乌龙、闽南乌龙、广东乌龙以及台湾乌龙四大类。虽然其品质特征各有不同，但存在一定共性——外形粗壮紧实，色泽青褐油润，花果香馥郁，滋味醇厚，叶底呈现青色红边，明显有别于其他五大茶类。

二、乌龙茶加工工艺与品质形成

乌龙茶是六大传统茶类中加工工艺最为复杂的茶类。虽然其特有工序——“做青”是成品茶天然花果香馥郁、滋味醇厚品质特征的关键工序，但乌龙茶品质特征的最终呈现是鲜叶与精湛工艺有机结合的成果。鲜叶是品质形成的物质基础，做青是物质转化与品质形成的核心，杀青是品质的固化，做形是外观品质的塑成，干燥则是物质的进一步积累与固定。

图2-14　摇青

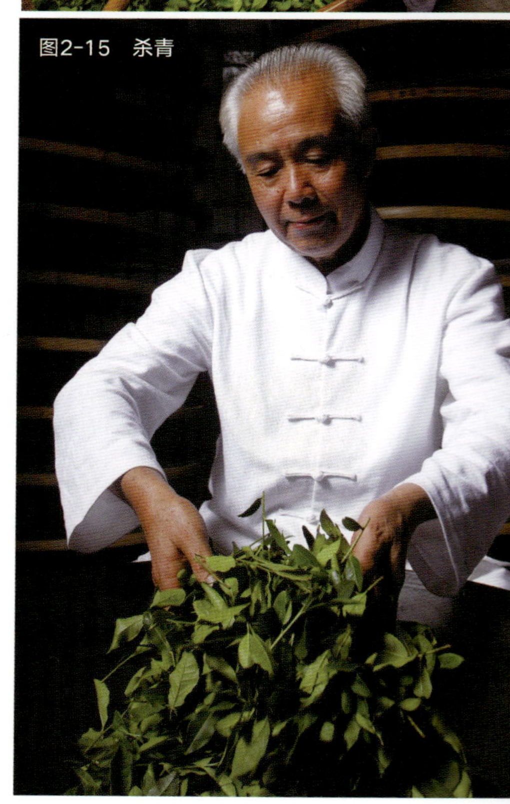
图2-15　杀青

1. 做青

做青是乌龙茶品质形成的核心工艺，表现为摇青（图2-14）与晾青多次反复交替的形式，其实是有效控制鲜叶水分与酶促氧化进程的过程。

做青一方面可以实现梗叶间的走水，达到叶脉与叶肉间水分平衡与物质输送的效果，使得叶肉中有效成分含量增加，叶肉细胞液浓度提高，为一系列生化反应提供充分物质基础。另一方面做青叶在摇青过程中不断翻转、跳动、相互摩擦，导致叶边缘组织适度的损伤，从而诱导酶活性增强，为一系列物质变化提供直接动力。

做青过程中，随着叶片含水量的下降发生着一系列物质变化，原理类似于红茶的萎凋，不过变化程度较强。首先叶片水分的散失直接导致了叶组织中酶浓度的提高，这样间接促进了各种酶促反应，加速了物质变化。其次，摇青过程中青叶受到机械损伤产生乙烯，乙烯的生成一方面会增加多种酶的活性，如多酚氧化酶与各种水解酶；另一方面乙烯会增加细胞膜的通透性，从而直接促进酶与底物的反应。在这些条件下，鲜叶中的物质成分发生着显著变化，比如叶绿素在叶绿素酶的作用下解体；蛋白质等大分子化合物转化成小分子；糖苷和脂质类物质水解形成多种香气物质；多酚类物质氧化缩合形成茶黄素，并在做青结束时含量达到峰值。

2. 杀青

乌龙茶的杀青一方面利用高温破坏酶的活性，及时终止以多酚类化合物酶促氧化为主的各种物质变化，从而固定做青形成的特定品质。另一方面杀青时的高温有利于具有青草气的低沸点物质的挥发和高沸点香气物质的凸显，从而增进茶香；同时高温下部分物质进一步发生剧烈变化，比如叶绿素的降解，对外观色泽形成具有重要作用。此外，热作用下水分逐渐蒸发，叶质逐渐软化、韧性得以提高，有利于后续的造型工序（图2-15）。

3. 做形

由于乌龙茶外形各异，做形具体操作有所差异，但总体而言以揉捻为主（图2-16），颗粒形的乌龙茶如铁观音揉捻力度重些，通常采用反复包揉的方式（图2-17）；而条形的乌龙茶如岩茶对揉捻的要求相对低些，趁热揉捻成紧直条状即可。

做形过程主要在于塑造特定的外观形态。通过向茶团施加一定机械力，使得在制品叶片在压力和摩擦力的共同作用下组织受损，茶汁外溢，逐渐卷曲成形并在适度热作用下进一步发生物质的转化，促进茶叶色、香、味的形成。

图2-16　揉捻

4. 干燥

乌龙茶通过干燥散失多余水分以达到足干，固定品质，便于贮藏。此外，干燥也是形成乌龙茶独特滋味与香气的重要工序。首先在热力作用下，多种物质会发生裂解或是结构变化，尤其是一些不溶性物质，比如淀粉的水解使得可溶性糖含量增加，而可溶性糖在高温下可聚合形成具有焦糖色和焦糖香的糠醛和呋喃类物质；酯型儿茶素转化成非酯型儿茶素，使得收敛性降低，滋味变得爽口醇和；脂溶性色素的热降解形成具有良好香气的物质，如紫罗酮类物质。此外，以美拉德反应为主的非酶促氧化作用对茶叶香气也具有积极作用；氨基酸在儿茶素氧化产物的氧化下发生脱氨、脱羧反应生成具有香气的醛类物质；叶绿素的脱镁作用生成黑绿色脱镁叶绿素，促进干茶色泽的形成等（图2-18）。

图2-17　包揉

图2-18　烘焙

三、代表性乌龙茶的初制工艺

乌龙茶初制工艺通常包括鲜叶萎凋→做青→炒青→造型→干燥等流程，其中做青是乌龙茶品质形成的关键工序。由于乌龙茶花色品种众多，具体加工工艺差别较大。下文分别就铁观音、大红袍、凤凰单丛和冻顶乌龙四款具代表性的乌龙茶进行说明。

1. 铁观音

铁观音是闽南乌龙的代表，因其身骨沉如铁，形美似观音而得名，铁观音既是茶名也是茶树品种名，其创制历史可追溯到清朝乾隆年间。铁观音呈颗粒形，外形圆结匀净，身骨重实，色泽砂绿翠润，青腹绿蒂红镶边，有“香蕉色”之称；内质香气清高馥郁，有天然兰花香，汤色金黄明亮，滋味醇厚鲜甜，具有“音韵”（图2-19）。

铁观音的萎凋工序由晒青与晾青组合而成。晒青在于提高叶温，蒸发鲜叶水分，加速内含物化学变化。晒青通常安排在鲜叶采摘后的下午四五点钟，气温最好在20～25℃，晒青时间控制在25～30分钟。晒至叶片呈萎软状态，叶色发暗无光泽，叶质柔软，手持叶梢底部，顶端一二叶自然下垂，减重率在10%左右。晒青后要及时翻拌鲜叶，散失热气，静置摊晾，该过程称为晾青，在摇青间完成，时间控制在1小时左右。

萎凋合适后进入做青工序，铁观音的做青过程由摇青和晾青交替反复进行。摇青时要求一定的环境条件，21～24℃的温度和70%～75%的湿度较为合适。做青时要遵循摇青次数由少增多、晾青时间逐渐延长、摊叶厚度逐次增厚的原则。做青过程总历时12～18小时，具体视做青情况和气候而定，遵循“看青做青，看天做青”的基本原则。做青适度的标准为：青叶花香凸显，叶背隆起呈汤匙状，叶色黄绿缀有红点，叶缘朱红，叶柄青绿，俗称“青蒂绿腹红镶边”。“看天做青”具体表现为：低温高湿天气做青时间长，而高温低湿则做青时间短。

做青适度后要及时进入炒青环节，通过高温快速终止酶促氧化。炒青时要遵循高温短时、多闷少透的原则，要求炒匀炒透而又不焦不生。炒青适度的叶子叶色暗绿、叶张皱卷、叶质柔软，手捏有明显黏感，含水率约为60%。

炒青叶要趁热进行初揉，初揉后还要经过烘毛火、包揉（整形）、复焙、复包揉和足火等工序。最后的足火采取“低温慢烤”模式，烘至茶香清纯、花香馥郁、色泽油润起霜并达到足干时方可下焙摊晾。

图2-19 安溪铁观音

图2-20 大红袍

2. 大红袍

大红袍是武夷岩茶的一种，外形条索粗壮紧实，色泽鲜润呈砂绿蜜黄；内质香气高长浓郁，汤色橙黄明亮，滋味浓醇甘爽，具有“岩韵”（图2-20）。

大红袍的加工工艺与铁观音较为相近，都是通过萎凋与做青工序促进青叶走水，将茎脉中丰富的生化成分转运至叶肉细胞进而参与复杂的反应，为岩茶的色、香、味的形成奠定物质基础。大红袍的做青程度与铁观音有所区别，以第二叶状态为主要判断依据，做青适度的叶片表现为：叶脉透明，叶面黄绿而叶缘呈朱砂红，叶质柔软光滑如绸，翻动时沙沙作响，青气消散而花香浓烈，含水率在65%左右。此外，相较于铁观音加工工艺，大红袍无需繁复严格的造型工序，炒青后趁热揉捻至茶汁外露、茶条紧直即可下机解块摊晾。

烘焙是大红袍的又一关键工序，流程极为细致烦琐，是大红袍特有风格形成的重要环节。烘焙分毛火和足火，毛火要求高温快烘，烘至七八成干，烘后的毛火叶要经过长时间的摊放而后簸拣以剔除茶梗、黄片等杂质。然后进入足火环节，采取低温慢焙至足干。足干后的在制品还要进行“吃火”操作。“吃火”是岩茶特有的工序，在足干基础之上，长时间的低温慢焙，以使岩茶获得特有的色香味。最后，“吃火”完成后要注意趁热装箱。

3. 凤凰单丛

凤凰单丛是单株培育、单株采制的凤凰水仙，产于广东潮安区的凤凰镇。凤凰单丛外形条索紧结而肥壮，匀整挺直，色泽青褐光润似鳝皮；内质香气清高悠长，汤色橙黄明亮，滋味鲜爽甘醇（图2-21）。

凤凰单丛为单株采摘，需分别装放、加工与销售，因鲜叶数量少，故以手工采制为主，加工工艺与武夷岩茶较为接近。鲜叶采摘当天要及时晒青以散失一部分水分与青草气，提高叶温，为后续做青提供良好条件。晒青适度叶叶面失去光泽，叶质柔软，叶色转为暗绿，手执嫩梢顶芽下垂，略有香气。晒青结束三两筛并为一筛移入室内进行晾青，以散发热气，重新分布梗叶水分，使叶态逐渐“还阳”。

凤凰单丛的做青又称“浪青”，包括碰青或摇青与静置两个反复交替的过程，在做青间完成。做青间要保持一定温湿度，通常温度在11～26℃，湿度在70%以上为宜。碰青是此类茶特殊的加工工艺，相较于摇青而言，动作较轻缓，一般高档茶全部采用碰青，部分中档茶采取碰青与摇青结合的方式。做青适度的叶子，青草气完全消失而散发出清幽花果香，叶质包括叶柄柔软，叶脉水分散失，灯光下呈透明状，叶背隆起呈龟背状，叶面黄绿缀有朱砂点，边缘朱红，含水率在65%左右。

做青适度的叶子要及时进行炒青，由于单丛的原料较为粗老，通常采取两揉两炒相结合的方式，炒青后趁热揉捻，该工序结束后在制品叶组织破损率为30%，含水率为25%。

烘焙工序同样分毛火和足火两个环节，在焙笼上完成。毛火烘至六成干即可下烘摊晾回潮；足火烘至足干（含水率4%）薄摊后密封贮存。

图2-21　凤凰单丛

图2-22　冻顶乌龙

4. 冻顶乌龙

冻顶乌龙是台湾乌龙的一种，产于南投县的鹿谷乡，属于半球形的包种茶（图2-22）。

冻顶乌龙外形条索自然卷曲成半球形，紧结匀齐，色泽翠绿光润，显白毫；内质香气呈现天然花果香，汤色蜜黄鲜亮，滋味醇厚甘爽。

冻顶乌龙的加工流程为日光萎凋→晾青→室内萎凋→炒青→揉捻→初烘→整形→复烘足干，其中日光萎凋相当于其他乌龙茶中的晒青，而室内萎凋其实就是静置与搅拌，效果相当于做青。冻顶乌龙的做青关键就在于“搅拌”。在制品叶在做青间静置到叶态萎软、散发清香时开始第一次搅拌，要求动作轻、时间短，通常要求3～5次的搅拌。搅拌与静置时间逐次加长，最后一次搅拌完成后需静置到青气完全消失。

室内萎凋（做青）适度后即进入炒青环节，在150℃下快速翻炒5～7分钟直至叶片柔软、清香显露，减重率为35%～40%。

炒青适度后需要下机摊晾，待热气散失后再进行揉捻。揉捻至叶片完全卷曲成条、茶汁溢出并附着于叶表面即可解块筛分并进行初烘。初烘通常使用烘干机，高温快速除去部分水分以便包揉整形，初烘后含水量控制在30%～35%较为合适。

初烘下机后的叶子要进行摊晾回潮，之后进入整形流程。冻顶乌龙的整形较为细致，包括炒热→速包→松包→速包→球茶机包揉等环节，是在制品叶形成半球形的关键过程。需注意，刚开始速包不宜过紧，否则易产生扁条、团块，随着炒热次数的增加逐渐加压收紧。最终茶叶紧结成形并彻底冷却后，需固定一个小时左右方可解包进行复烘。

复烘足干通常使用烘干机，同样分毛火和足火两个阶段，烘至足干后下机摊晾，然后装袋贮存。

第四节　黑茶加工工艺与品质形成

黑茶也是我国的特色茶类之一，更是边疆少数民族的生活必需品，对于他们而言，“宁可三日无食，不可一日无茶”。近年来，随着人民生活水平的提高以及大众对茶叶保健功能的了解，黑茶的消费需求逐年提高。当前，我国黑茶年产量约占所有茶类年产量的10%，超越红茶和青茶，成为仅次于绿茶的第二大茶类。

一、黑茶品质特点

我国黑茶品类繁多，根据主要生产区域可分为湖南黑茶、四川黑茶、湖北黑茶、云南黑茶和广西黑茶五大类，品质特征各有分别。

湖南黑茶以千两茶、茯茶为代表，外形条索尚紧、圆直，色泽黑润；内质香气纯正，具松烟香，汤色橙黄，滋味醇和，叶底黄褐。

四川黑茶又分为南路边茶和西路边茶两大类。南路边茶以康砖和金尖为代表，外观呈砖形，砖面平整，洒面均匀，松紧适度，无起层脱面，色泽棕褐油润，如“猪肝色”；内质香气纯正，具老茶香，汤色黄红明亮，滋味醇和，叶底粗老呈棕褐色。西路边茶以茯砖为代表，砖形完整，松紧适度，色泽黄褐有金花；内质香气纯正，汤色红亮，滋味醇和，叶底棕褐。

湖北黑茶的代表产品是老青砖，品质特征为：砖块呈长方形，色泽青褐；内质香气纯正无青气，汤色深黄红尚亮，滋味纯正，叶底暗褐呈猪肝色。

云南黑茶以普洱茶熟茶为代表，其散茶品质特征为外形条索肥壮、重实，色泽褐红呈猪肝色；内质香气陈香突出，汤色红浓明亮，滋味醇厚回甘，叶底褐红。

广西黑茶以六堡茶最为突出，其干茶外形条索粗壮，色泽黑润；内质香气陈醇有松烟香，汤色红浓明亮，滋味甘醇，具有特殊松烟味和槟榔味，叶底铜褐。

二、黑茶加工与品质形成

传统黑茶采用成熟度较高的原料加工制作而成，具有陈醇的特点。虽然不同品类的黑茶加工方式存在差别，但是总的来说黑茶在加工过程中的品质变化遵循着一定规律。

1. 杀青

黑毛茶的杀青同样是利用高温在短时间内破坏酶的活性。不过由于鲜叶原料较为粗老，叶片含水量普遍较低，故在杀青过程中需要高温闷炒与“洒水灌浆”相结合以便于杀匀杀透。伴随着高温下水分的蒸发，一系列物质变化发生了。首先，高温下绝大多数酶活性丧失，多酚类物质的酶促氧化基本被遏制。其次，高温下很大一部分脂溶性色素被破坏，以叶绿素a和叶绿素b损失最大，生成的深色产物逐渐累积使得杀青叶逐渐失绿。此外，杀青过程中多酚类化合物、咖啡因等含量略有下降（图2-23）。

图2-23　传统手工杀青

2. 揉捻

揉捻通常分初揉和复揉两个环节。初揉时部分破坏叶组织使叶片初步卷曲成条，复揉收紧渥堆过程中松散的茶条。由于黑茶鲜叶原料粗老，初揉采用杀青后趁热揉捻的方式，揉捻后无需解块直接进行渥堆处理；而复揉要注意轻压、短时、慢揉，避免渥堆后柔软的叶质形成“丝瓜瓤”，揉后要及时解块摊晾。揉捻过程中水分含量略有降低，湿热作用下多糖分解、果胶类物质得以转化，使得茶团具有一定黏性，便于塑形（图2-24）。

图2-24　手工揉捻

3. 渥堆

渥堆是黑茶品质形成的关键工序。渥堆过程中，在制品原料在湿热作用下发生一系列理化变化：多酚类化合物发生以非酶促氧化为主、酶促氧化为辅的变化，形成多种氧化产物，使滋味醇和、色泽转为暗褐；糖类、蛋白质类大分子物质大量分解，生成单糖和游离氨基酸；叶绿素类物质在湿热作用以及有机酸的作用下被继续破坏，形成暗色系的脱镁叶绿素；微生物的代谢释放胞外酶作用于各种底物形成黑茶特有的风味物质，如纤维素在纤维素酶的作用下水解成可溶性糖。总而言之，渥堆前期以热物理化学变化为主，使得叶堆温度得以降低；后期湿热作用促进微生物大量繁殖，微生物的呼吸代谢大量放热使得叶温逐渐升高，同时也加强了湿热作用，于是微生物与湿热作用相辅相成，共同促进黑茶特殊色、香、味的形成（图2-25）。

图2-25　普洱茶渥堆发酵

4. 干燥

黑茶的干燥采用人工热源烘干或天然晒干，目的是在大量蒸发水分以致足干的同时固定品质、促发香气。干燥过程中的高温可以有效遏制一系列酶促氧化的进行，从而达到固定品质的目的，而热化作用是各种香气物质得以形成的重要途径。此外，干燥过程中总物质含量呈下降趋势，其中以叶绿素的损失最为严重（图2-26）。

图2-26　日光干燥

三、代表性黑茶的初制工艺

黑茶在渥堆过程中经过微生物的作用形成别具一格的风味。黑茶的基本工艺流程为杀青→揉捻→渥堆→干燥。

以下介绍几种黑茶的制作工艺。

1. 普洱茶熟茶

普洱茶熟茶，是以云南大叶种晒青毛茶（滇青）为原料、经过渥堆加工而成的云南黑茶，包括散茶和紧压茶。

晒青毛茶（滇青）的加工详见“第一节 绿茶初制加工工艺与品质形成”中“晒青绿茶”部分。晒青毛茶干燥采用日晒方式，且干燥程度较低，含水率在12%左右。滇青经过筛分整理后进入渥堆工序，为保证渥堆的正常进行，需根据毛茶本身品质和外部环境条件对毛茶进行潮水处理，然后将含水量合适的茶坯成堆，并盖上湿布以保温保湿。渥堆过程中要注意频繁翻堆以及时调节茶堆水分含量和温度，从而保证渥堆的均匀性，通常要翻堆5～8次。渥堆适度的茶叶青气散尽，有淡淡酒糟气，叶色黄褐，略有黏性，有透明感，茶堆表面水珠明显。渥堆适度后要及时进入干燥。普洱茶的干燥采用自然干燥方式，具体操作为在室内发酵堆开沟通风，等含水量为14%时再进行下一步精制加工（图2-27）。

图2-27　普洱熟茶（饼）

2. 安化黑茶

安化黑茶的初制工艺流程包括杀青、揉捻、渥堆、复揉和干燥五个工序。渥堆后的在制品条索松散，需要进行复揉以巩固造型。复揉解块完成后可进入干燥工序，安化黑茶的干燥较为特殊，是在“七星灶”上完成的。干燥时采用松柴明火、分层累加湿坯、长时间一次烘焙到足干，含水率在8%左右即可下焙进入精加工（图2-28）。

图2-28　安化黑茶

3. 苍梧六堡茶

广西六堡茶的初制加工工序与安化黑茶基本相同，不过六堡茶的明火烘焙干燥分毛火和足火两个步骤完成。毛火高温快烘，烘焙时及时翻抖以保证茶条受热均匀，烘至五六成干时即可下焙摊晾回潮。摊放充分后继续上焙进行足火烘焙，足火烘焙采取低温慢烘模式，烘至茶梗一折即断，手捏叶片即成粉末可下焙摊晾（图2-29）。

图2-29　广西六堡茶

4. 湖北青砖

湖北青砖茶的加工分里茶和面茶，里茶经杀青、渥堆、揉捻和干燥四道工序加工而成；面茶则需经杀青、初揉、初晒、复炒、复揉、渥堆和干燥七道工序。

面茶初揉后要立即摊放在晒簟上进行初晒，以散失部分水分，晒至手握叶团略有刺手、松手可回弹为止，含水量在40%左右。此外老青茶的干燥方式较为特别，采用天然晒干法，将渥堆适度的在制品直接摊放在晒簟或是水泥晒坪上晒至折梗即断为止，含水量约为13%（图2-30）。

图2-30　湖北青砖茶

5. 泾渭茯茶

泾渭茯茶是茯砖茶的一种，产自陕西咸阳。其加工工艺与湖南茯砖茶相似，毛茶经过杀青→揉捻→渥堆→干燥后进入原料筛制、净化拼配、压制以及发花等工序。其中发花工艺是决定成茶品质的重要环节，压制好的茶砖含水率在25%左右时运入烘房进行连烘，调节烘房内的环境温湿度（通常温度28℃，湿度75%～85%）以利于冠突散囊菌的生长。发花期一般为12天，待金花茂盛可进入干燥，逐渐提高烘房温度、降低空气湿度直到砖块含水量在14%左右可以出烘进行包装（图2-31）。

图2-31　泾渭茯茶

四、代表性黑茶的精制工艺

黑茶精制是在初制基础之上进行的，以黑毛茶为加工原料，经过一定的工艺流程加工得到最终的商品茶。不同的黑茶精制工艺差别较大。下文以两种较为经典的黑茶——普洱茶熟茶与安化黑茶为例进行简要介绍。

1. 普洱茶熟茶

普洱茶熟茶分为散茶和各种形状的紧压茶（包括饼、砖、沱等）。普洱茶散茶精制主要包括筛分整形、分级、拼配与包装等。普洱茶紧压茶则以散茶为原料压制而成，压制过程通常分称茶、蒸茶、压模和脱模等工序。拼配好的散茶在压制前还需要按等级进行筛分切细，筛分的目的在于分出盖面茶（也称洒面茶）和里茶；切细主要针对比较粗老的原料，将粗大的叶片投入切茶机切细。筛切后的原料茶经拼堆机充分混匀后喷水进行压制前的软化蒸压。经软化蒸压的付制茶坯含水量通常在15%～18%，结合成品茶含水量9%～12%以及加工损耗度计算确定称茶的重量，一般先称里茶，再称面茶，先后倒入蒸模。

蒸茶时主要利用高温蒸汽迅速促进茶坯的色变与形变，蒸茶时间通常为5～10秒，蒸后茶坯的含水量通常会上涨3%～4%。之后进入压模阶段，压模大多采用冲压装置，各茶块冲压3～5次，使茶块松紧适度、厚薄均匀即可。冲压过的茶块在模具内冷却定型后脱模，冷却时间视茶块情况而定。压制好的茶块进入干燥工序，分为自然晾干与烘房干燥。自然晾干是将茶块放置于晾干架上，使其自然失水达到干燥，耗时相对较长，通常需要5～8天。现多采用烘房干燥，烘房内温度一般在45～55℃，间隔排湿，干燥效率得到极大提升，最短只需13小时，具体视茶块而定（含水量控制在12.5%以下）。干燥后的紧压茶经过质检合格后及时包装或储存或出厂。

2. 安化黑茶

安化黑茶品类花色较多，可分为“三尖”“三砖”与“一卷”。“三尖”是散茶，包括天尖、贡尖与生尖；“三砖”即砖茶，包括花砖、黑砖与茯砖；“一卷”特指花卷，也称“千两茶”。安化黑茶精制是在黑毛茶基础之上经过多重筛分、风选、拣剔与拼配等一系列茶叶精制工序加工而成的。千两茶目前市场流通较少，全为手工制作。“三砖”的精制工艺与其他紧压茶基本一致，主要分为原料筛制、净化拼配与茶砖压制，其中茯砖茶的压制工艺由于“发花”的需要较为特殊。

茯砖茶的压制流程为汽蒸→渥堆→称茶→蒸茶→紧压→定型→验收包砖→发花干燥。汽蒸采用蒸茶机，目的在于增加茶坯湿度与温度，为渥堆提供前提条件，蒸汽温度通常为98～102℃，茶坯受蒸时间为5分钟。借助蒸汽的湿热作用，茶坯在黑毛茶的基础之上进一步发生复杂的物化反应，为后续发花奠定一定物质基础。渥堆时通常将茶坯堆成2～3米的高度，叶温保持在75～80℃，堆积3～4小时至茶坯青气消散、叶色黄褐或黑褐并具有明显菌花香为止，随即将成堆的茶坯翻匀进行后续的称茶与蒸压等工序。称好的茶坯在蒸压之前需加入适量的茶汁均匀搅拌，以保证发花过程中充足的水分与营养物质。蒸茶机对茶坯汽蒸5～6秒后进行入模压制，压制后的茶砖冷却定型，待砖温降至50℃左右可退砖转而进入验收包装环节。包装好的砖块堆码整齐后即送入烘房进行发花干燥。

“发花”是茯砖茶的特有工序，具体指在一定温湿度条件下，砖块内的冠突散囊菌（即“金花”）生长繁殖逐渐形成优势菌种的过程。发花干燥的具体流程包括连烘→调温排湿→检查发花→干燥。连烘指将包装好的湿砖规则排列于烘房的烘架上进行干燥。干燥的过程可细分为发花期（前12天）与干燥期（后5～7天），烘房内的温湿度要根据不同干燥期及时调整，通常每隔8天检查一次。发花阶段温度一般控制在28℃、湿度在75%～85%，以促进冠突散囊菌的生长；待金花普遍茂盛、转入干燥阶段后，温度逐天上调2～3℃，最高不得超过45℃，直至水分含量合格（≤14%）。含水量适度的茶砖冷却出烘并质检合格后可包装出厂。

第五节　白茶加工工艺与品质形成

白茶是起源于福建省的中国特色茶类，其生产销售已有200多年的历史。福建的福鼎市和政和县是目前我国白茶的两大主要产区，生产的白茶种类，根据茶树品种可分为大白、水仙白和小白；根据鲜叶原料嫩度不同可划分为白毫银针、白牡丹、贡眉和寿眉。近年来白茶的产量连年增长，市场份额也逐年扩大，市场前景可观。

一、白茶品质特点

白茶按花色品种可分为白毫银针、白牡丹、贡眉、寿眉和新工艺白茶，各花色品质特征如下（图2-32）。

白毫银针：属于芽型白茶，芽头肥壮满披白毫，色白如银，外形如针；内质香气清鲜，显毫香，滋味鲜爽甘醇，汤色呈浅杏黄，明亮匀净。

白牡丹：属于朵型白茶，形似花朵，叶面黛绿，叶背满披白毫，俗称“青天白地”；内质香气清鲜，汤色清亮，滋味甜醇。

贡眉：外形与白牡丹相似，但整体品质稍次，形体相对瘦小。优质贡眉毫心显，叶色翠绿；内质香气鲜纯，汤色橙黄明亮，滋味醇爽。

寿眉：品质次于贡眉，外观色泽灰绿带黄，一般不带毫芽；内质香气较低略带青气，汤色杏绿，滋味清淡。

新工艺白茶：外形卷曲，色泽灰绿泛褐；内质香气纯正，有毫香，汤色橙黄明亮，滋味甘醇。

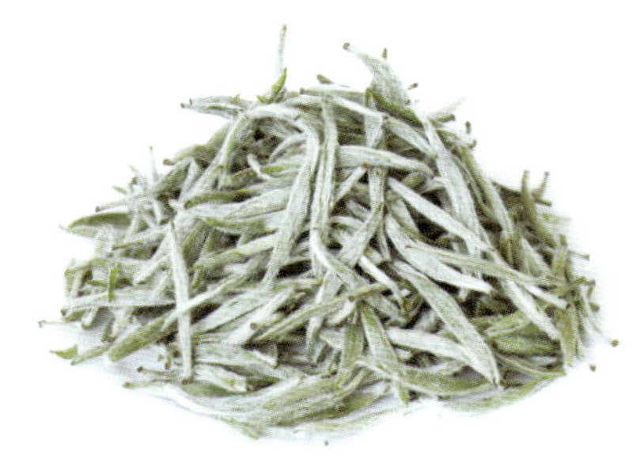

白毫银针

白牡丹

图2-32　白茶

二、白茶加工工艺与品质形成

白茶加工工艺是六大茶类中最精简的，只有萎凋和干燥两步，其品质形成主要在于长时间的萎凋。

1. 萎凋

白茶在漫长的萎凋过程中发生着一系列物质变化以促进风味的形成。首先随着萎凋的持续，萎凋叶含水量逐渐降低，但是叶片不同部位失水速率不甚相同，叶缘、叶尖和叶背的水分蒸发速度快，从而导致叶中与叶缘、叶面与叶背之间存在张力差，物理特征表现为叶缘垂卷、叶背反卷呈船形。随着萎凋叶水分的散失，细胞液浓度提高、酶活性增强，各种酶促反应趋于强烈。叶绿素、蛋白质、多糖等大分子物质趋于水解，含量逐渐下降，对叶色和滋味有重要影响；多酚类物质趋于氧化缩合，对白茶香气、滋味和颜色都有重要贡献。

萎凋后期，酶促反应逐渐弱化，非酶促反应占优势，不同物质间相互作用，如多酚类与氨基酸、氨基酸与糖类的反应是香气物质的重要来源之一（图2-33）。

图2-33　萎凋

2. 干燥

白茶的干燥与其他茶类的干燥目的基本一致，在去除多余水分以促进在制品足干便于贮藏的同时，终止酶促氧化、发展香气、固定品质（图2-34）。

图2-34 干燥

三、代表性白茶的初制工艺

白茶品质与鲜叶规格密切相关。不同花色品种的白茶具有固定的鲜叶采摘要求，加工工艺基本一致。

1. 传统工艺

白茶的传统加工工艺采取不炒不揉、鲜叶采摘经萎凋后直接烘干的模式。鲜叶萎凋方式有室内自然萎凋、复式萎凋、加温萎凋等，其中复式萎凋是日光萎凋与室内自然萎凋的有机结合。生产中根据气候条件选择合适的萎凋方式，高温低湿、室外阳光强烈时采取室内自然萎凋方式；春秋晴朗天气，可充分利用早晚较为柔和的阳光，采取复式萎凋方式；低温高湿的阴雨天气则需采取加温萎凋方式。白茶萎凋时间较长，通常要从鲜叶一直萎凋到七八成干，萎凋适度叶表现为毫色银白、叶色灰绿或铁灰、叶脉泛红。

萎凋适度后即可进行干燥。高级白茶干燥采取焙笼烘焙法，而中低级白茶通常采用机械烘干。无论哪种干燥方式都分为毛火和足火两个阶段，中间需摊晾回潮。

2. 新工艺

新工艺白茶的鲜叶采摘要求较为宽松，与传统制法相比，新工艺具有轻萎凋、轻发酵和轻揉捻等特点，其工艺流程为萎凋→揉捻→干燥。萎凋方式及程度与传统白茶无异，萎凋叶至七成干后要进行堆放。堆放过程有助于叶温的提高和酶的活化，从而促进萎凋叶内含成分的转化。但是堆放时间和厚度要严格把控，谨防发酵过度。新工艺白茶的揉捻宜轻压短时，揉至叶片卷皱、略呈条形即可。轻揉捻过程促进叶组织轻度受损，有助于茶汤色泽与滋味的形成。揉捻适度的在制品进行薄摊后高温快速烘焙至足干即可。

第六节 黄茶加工工艺与品质形成

黄茶是经过“闷黄”工艺加工而成的茶，因“黄汤黄叶”的品质特征而得名。我国的黄茶品类相对较少，目前在市场上所占份额是六大茶类中最低的，但近年来的增长较快。

一、黄茶品质特点

黄茶的品质特征简而言之即“黄汤黄叶”，但不同花色品种的品质差异明显。我国的黄茶根据原料老嫩程度可划分为黄芽茶、黄小茶和黄大茶三类（图2-35）。

黄芽茶：以君山银针为代表，品质特征为芽头肥壮挺直、匀齐，满披茸毛，色泽金黄光润，俗称“金镶玉”；内质香气清鲜，汤色杏黄明亮，滋味甜爽。

君山银针

霍山黄芽

黄大茶

图2-35　黄茶

黄小茶：以霍山黄芽为代表，外形条索挺直，微展呈朵，形似雀舌，色泽嫩绿或微黄显毫；内质香气清香持久，汤色嫩绿清澈，滋味鲜醇有回甘。

黄大茶：以霍山黄大茶为代表，外形芽叶肥壮，梗叶相连呈钩状，色泽金黄带褐，油润；内质香气高爽，具“锅巴香”，汤色深黄，滋味浓厚醇和。

二、黄茶加工工艺与品质形成

黄茶的加工工艺与品质特征均与绿茶较为接近，这可能与黄茶的历史有一定关系，据说黄茶的创制就是源于绿茶加工的一次偶然性失误。那么，一道“闷黄”工序是如何系统地结合其他加工流程造就黄茶“黄汤黄叶”、甘醇鲜爽的品质特征的呢?

1. 杀青

黄茶的杀青与其他茶类别无二致，依然是利用高温破坏酶的活性、抑制酶促氧化，同时蒸发部分水分使叶质软化以便于后续造型。其中，湿热作用可引发一系列物质的变化，如低沸点物质的青草气得以挥发，而高沸点香气物质的良好香气得以凸显等。总之，杀青是黄茶加工过程中物质转化与品质形成的关键。

2. 闷黄

黄茶加工的精髓所在就是闷黄，闷黄过程中的物质变化围绕湿热作用展开。不同品类的黄茶闷黄阶段有所区别，如蒙顶黄芽与北港毛尖采用杀青后闷黄处理、君山银针是在初烘后闷黄、黄大茶是在毛火后闷黄等。但无论闷黄工序如何安排，其对于黄茶品质特征的贡献基本一致。首先伴随着湿热作用下的大分子降解，在制品的水浸出物总量呈现上升的趋势。多酚类及儿茶素类化合物由于非酶促氧化和异构化作用，总量稍有下降，但非酯型儿茶素比例上升、少量茶黄素生成，这些都对滋味形成具有重要意义。蛋白降解后使得游离氨基酸含量显著上升，氨基酸继而参与脱氨、脱羧以及美拉德反应促进醇醛类香气物质的形成。脂溶性色素在湿热作用下大量降解，尤其是对光热敏感的叶绿素大量被破坏，生成水溶性的叶绿酸、植醇等物质，同时促进了干茶和茶汤色泽的形成。此外，类胡萝卜素也会发生降解，生成紫罗酮、萜烯酮类物质，是黄茶特征性香气的重要组成部分（图2-36）。

图2-36　闷黄

3. 干燥

黄茶的干燥是最后一道工序，是黄茶香气形成的重要环节，尤其是具有“锅巴香”的霍山黄大茶，其特殊香气就是在最后“拉老火”阶段形成的。干燥过程的热化作用下，许多物质会发生裂解或是异构化作用，是巩固、发展香气的最佳时间。其次，干燥也是固定、改善茶叶外观色泽的重要过程。

三、代表性黄茶的初制工艺

黄茶初制工艺与绿茶较为相似，只多了一道“闷黄”工序。

1. 黄芽茶

黄芽茶中较为有名的有君山银针和蒙顶黄芽，这里以君山银针为例介绍黄芽茶初制工艺。君山银针全是芽头制成，鲜叶采摘要求较为严格。初制工艺流程为杀青→摊放→初烘→摊放→初包→复烘→摊放→复包→干燥等流程。

鲜叶原料经高温快速杀青后及时摊晾，等到叶内水分重新分布均匀后放到焙灶上用炭火进行初烘。初烘至五六成干方可下烘摊晾，随后进入初包阶段。在制品在初包过程中的湿热作用下逐渐闷黄、物质发生转化，通常要初包至芽叶色泽呈橙黄为止。然后依次进入复烘、摊放和复包，基本相当于重复上述的初烘、摊放和初包过程。复包至芽叶转为金黄色即可进行干燥固定品质。君山银针的干燥采用低温慢烘至足干模式。

2. 黄小茶

黄小茶花色较多，包括霍山黄芽、沩山毛尖、北港毛尖、平阳黄汤等，这里以霍山黄芽为例介绍黄小茶加工工艺。霍山黄芽鲜叶原料在一芽一叶到一芽三叶之间，其基本工艺流程为摊放→杀青→摊晾→初烘→闷黄→复烘→摊放→拣剔。

鲜叶摊放至散发出清香即可进行杀青，霍山黄芽的杀青分生锅和熟锅两步。生锅相当于真正意义上的杀青，而熟锅则实为做形，采用低温锅炒，炒至叶身皱缩、芽稍挺直、叶质柔软、约五成干时即可出锅摊晾。待在制品冷却回潮后用烘笼进行初烘，采用高温快烘，烘至芽叶稍有刺手感、约六成干时要趁热进入闷黄工序。霍山黄芽的闷黄需将初烘叶置于团簸之内，覆上潮湿的棉布后静置，直至叶色发黄、散发花香为止，一般需要8～10小时。闷黄适度的在制品依次进入复烘、摊放、拣剔和复火工序，其中复烘后的摊放所需时间较长，约为两三天，待叶色嫩绿微黄披毫即可。

3. 黄大茶

常见的黄大茶有霍山黄大茶和广东大叶青，这里以霍山黄大茶为例介绍黄大茶加工工艺。黄大茶原料较为粗老，通常为一芽四五叶，经过杀青→初烘→闷黄→拉小火→拉老火加工而成。

黄大茶的杀青也分生锅和熟锅，不过操作手法略有不同，是用大竹扫把代替手翻炒茶叶以达到杀青和做形的目的。杀青适度的叶子初烘至七八成干后趁热进入闷黄工序，闷黄操作与霍山黄芽无异，不过闷黄时间较长，约为7天，闷黄适度的叶子黄变均匀。之后用烘笼进行“拉小火”以达到初烘效果，烘至九成干后继续趁热闷黄7～10天。最后的“拉老火”利用高温进一步促进在制品黄变和内质的转化，黄大茶特有的“锅巴香”就形成于此。“拉老火”的操作方式较为特殊，采用传统人工烘焙法，两人一组手抬烘笼来回走烘，同时几秒钟翻动一次芽叶，烘至芽叶上霜后趁热装箱。

第七节　再加工茶的加工工艺与品质形成

以绿茶、红茶、乌龙茶、黑茶、白茶和黄茶的毛茶或精制茶为原料进行再加工制得的茶叶产品统称为再加工茶。再加工茶与原料茶的品质特征存在较大差异。

一、再加工茶的品质特点

不同花色的再加工茶品质特征差异很大，根据再加工方式，可粗略将再加工茶划分为花茶、紧压茶、袋泡茶、粉茶等。

1. 花茶

也称熏制茶或香片，多以烘青绿茶作为茶坯，以茉莉花、白兰花、代代花、桂花等鲜花为花坯窨制而成。花茶的主要特征就是馥郁的花香与醇厚的茶味相结合，比如最常见的茉莉花茶的品质特征表现为香气鲜灵浓郁、汤色黄亮明净、滋味鲜爽浓醇。

2. 紧压茶

又称压制茶，是毛茶经过精制后在外力作用下压制而成一定形状的茶，常见的有砖茶、饼茶和沱茶等。品质特征表现为紧压形状规整，通常砖形茶要求砖面平整、棱角分明、厚薄一致、花纹图案清晰；饼茶和沱茶则要求外形圆整、端正、紧实。

3. 袋泡茶

是将经拼配后的精制茶原料封存于特定材质的过滤材料包装小袋内以便于饮用的再加工茶。根据袋泡茶原料的不同，市场上有六大茶类以及花草茶对应的袋泡茶产品。合格的袋泡茶应该具有其对应品类茶叶固有的特征，尤其是香气和滋味方面，没有非茶异味和夹杂物，无任何添加剂，茶包内茶叶原料颗粒均匀。

4. 粉茶

指以茶叶为原料，经特定加工工艺制成的具有一定粉末细度的产品，包括各种花色品种的速溶茶粉、超微茶粉以及末茶等。合格的粉茶外观形态应呈均匀粉状，无杂质，粒径大小符合相关标准；色泽、香气、滋味等感官品质应与其相应的茶类尽可能保持一致，无异样。

二、再加工茶加工工艺与品质形成

精制毛茶原料经过各种不同的再加工手段形成风格各异的再加工茶。

1. 窨制

窨制是花茶品质形成的关键工序，鲜花吐香和茶坯吸香是窨制的工艺基础。

鲜花的吐香习性与鲜花的自然属性密切相关。鲜花基本可以分为两类——体质花和气质花。前者花朵开放后香气依旧，可继续做窨花用，如白兰花；气质花一旦完全开放香气就大大减弱，对窨花毫无意义，如茉莉花（图2-37）。

图2-37　茉莉花茶窨制

干燥的成茶表面凹凸不整且多孔隙，还含有多种有吸附性质的化学物质，如萜烯类化合物和棕榈酸等，这些性质共同成就了茶叶的吸附性能。茶叶的吸附性能与自身品质相关，嫩度高的茶坯孔隙小而短，吸附能力强但耗时长；粗老茶坯则恰恰相反，虽然吸附能力弱但速度快。

2. 压制

压制是紧压茶成形的必经工序，压制过程通常由称茶、蒸茶、压制和冷却、退模等环节构成（图2-38）。按成品要求称取定量的茶坯原料在高温汽蒸下含水量得以提高、叶质恢复柔软，回软的在制品原料在特定模具中被压制成特定形状（碗臼形、饼形、砖形等），成型的在制品需在模具中充分冷却以确保质地紧结后方可退模干燥（图2-39）。

图2-38　普洱茶压制车间

3. 粉碎

粉碎是粉茶加工的关键步骤，我国主流粉碎工艺有球磨式、气流式、高频振动以及石磨粉碎等方式。球磨式粉碎所得产品粒度小，但效率较低，作业时搅拌器以一定速度运转带动球磨介质运动，物料在磨球的不断碰撞、挤压作用下逐渐形成超细粉末。气流式粉碎的成品粒径均匀、温度低，但能耗大，该技术利用高压喷射出气体所产生的剧烈冲击力，在气体与物料的冲击、碰撞和摩擦力等作用下实现物料的粉碎。高频振动粉碎则借助一定形状的磨介作高频振动从而达到粉碎物料的目的。石磨粉碎是主要运用于末茶生产的传统粉碎手段，能最大限度地保持物料的原始风味，不过产能较低。

图2-39　普洱茶压制

三、代表性再加工茶的初制工艺

不同再加工茶初制工艺相差甚远，这是导致其品质特征差异的根本原因。

1. 茉莉花茶

茉莉花茶以烘青绿茶和茉莉鲜花为原料经窨制而成，基本工艺流程为茶坯与鲜花处理→窨花拌和→静置窨花→通花→收堆续窨→起花→烘焙→冷却→转窨或提花→匀堆装箱。

付窨前要分别处理茶坯和鲜花，以增强茶坯的吸香能力、养护鲜花的品质，为后续窨制提供良好物质基础。茶坯处理通常采用复火干燥法，控制茶坯含水量在4.5%左右。鲜花处理分饲花和筛花两个步骤，饲花是为了提升鲜花品质，养护鲜花，以促使鲜花匀齐地开放吐香，筛花则是对鲜花进行分级与除杂处理，一般在鲜花开放率60%时进行。

窨花拌和就是将经过处理的茶坯和鲜花按比例进行均匀混合，以促进茶坯与鲜花的直接接触、充分吸香。为了提高茉莉花茶香气的浓度与品质，通常先在底层茶坯表面撒上适量白兰花，称为“打底”。打底操作后覆上茶坯，再下开放度80%以上的茉莉花进行窨制，拌和时的坯温要求不得高于室温3℃，拌和后的堆窨厚度在30～40厘米。

均匀拌和后的茶、花原料进入静置窨花，常见的窨制方法有箱窨、堆窨、机窨和囤窨，其中堆窨应用最为普遍。堆窨要求窨制原料堆成中间低、四周高的长方形茶堆，便于通气散热。静置窨花全程控制在10～12小时，中间要注意观察在窨品的温度与状态，及时进行通花散热。通花在散热降温的同时可以促进鲜花恢复最佳吐香性能，通花后，视温度降低情况及时收堆续窨。

窨制适度后鲜花丧失生机，要及时起花，起花时要遵循“多窨次先起、低窨次后起、同窨次先起高级茶、后起低级茶”的原则。起花的在制品进入烘焙阶段以去除多余水分、固定窨制品质。烘焙时应以在制品的香气为依据，控制水分和烘焙时间。

2. 紧压茶

以饼茶为例，饼茶属于紧压茶的一种，外形呈规整的圆饼状，常见的有白茶饼和普洱茶饼。饼茶是在精制茶的基础之上经过压制而成的。茶饼的压制又分称茶→蒸茶→（做饼）压制→晾干脱模等流程。由于精制后的茶叶原料含水率较低、叶质脆硬不易于压制成型，故需要在称茶之后利用高温蒸汽软化叶质、增强黏性。称茶前要注意测量茶坯含水量，实际称茶量要根据成品重量、成品含水量与原料含水量和加工损耗率而定。蒸茶采用高温高压快蒸，蒸至茶坯含水量为17%左右即可入模压制。压制后的茶饼要在压模内冷却成型后退模干燥，干燥可以采用机械烘干和自然风干方式。比如普洱茶饼的传统干燥法就是将成品置于晾干架上，经过长时间（5～8天）的静置使其自然失水直至足干。

3. 袋泡茶

袋泡茶的加工工艺较为简单，主要分为原料茶的加工、粉碎以及包装等流程，其中包装工艺对袋泡茶较为重要，包装材料的选择、茶包的设计以及装袋方式等都会显著影响成品的整体风味。

4. 粉茶

粉茶的加工工艺根据成品用途的不同差别较大。大宗茶粉可以用精制毛茶原料直接进行加工，而特种茶粉则在前期品种选择、栽培管理上就要严格把控，尤其是末茶粉。通常速溶茶粉的加工工艺包括原料茶加工→浸提→过滤→浓缩→喷雾干燥等流程。末茶粉的加工流程则需从鲜叶原料开始追溯，首先生产茶园需经过一段时间的覆盖管理，以有效提高茶树新梢叶绿素与氨基酸含量；其次，收获的鲜叶原料需经过贮青→蒸汽杀青→散茶→烘干→去梗除杂→足干→风选→切碎等工序先获得末茶加工直接原料——碾茶；最后，碾茶经研磨粉碎得到末茶成品。

第三章
主要名茶与产地

本章首先介绍名茶的定义和起源、历代名茶；其次介绍名茶命名的有关知识，包括名茶命名的重要性、命名原则、命名方法；第三介绍名茶的分类；最后重点介绍我国主要名茶的产地生态环境和品质特征。

第一节 名茶概述

名茶，顾名思义是指知名度高的好茶。名茶有以下共性特征：第一，产品质量好，这是形成名茶的前提。名茶外形优美、独特，内质（汤色、香气、滋味）优异，或者其中某个因子有与众不同的特点。第二，知名度高，得到社会公认。其名称和感官品质特征为广大消费者所熟悉、信任。第三，具有一定的商品生产规模。质量再好的茶，如不能成为生产规模的商品，也不能成为名茶。

一、名茶的起源

名茶起源于贡茶。贡茶是指中国古代社会臣民进献给朝廷，供帝王享用的优质贡品茶叶。贡茶初始只是各产茶地的官吏征收当地茶叶精品进贡，属土贡性质。自唐代开始，贡茶形成制度，除土贡外，还专门在产茶区设立贡茶院，由官府直接管理。

在现存史料中，最早记载贡茶和名茶生产的文献是东晋·常璩所著的《华阳国志·巴志》，据记载："武王既克殷，以其宗姬封于巴，爵之以子……其他东至鱼复，西至僰道，北接汉中，南极黔涪。土植五谷，牲具六畜。桑、蚕、麻、纻、鱼、盐、铜、铁、丹、漆、茶、蜜……皆纳贡之。"可见以茶纳贡的历史可以追溯到公元前1066年周武王率南方八个小国伐纣的年代。宋代《本草衍义》记述：东晋元帝（317—322）时，"温峤官于宣城，上表贡茶千斤，茗三百斤。"五代前蜀国毛文锡的《茶谱》载："扬州禅智寺，隋之故宫寺傍蜀冈，其茶甘香味如蒙顶焉，第不知入贡之因起于何时，故不得而志之也。"由此可以推知，隋朝也有贡茶。

唐初，贡茶来自土贡。据《新唐书·地理志》记载，当时的贡茶地区，计有十六个郡。随着饮茶风气逐渐盛行，皇室用茶量剧增，通过土贡方式呈献的茶叶不能满足需求，于是官府专门在产茶区设立贡茶院。唐朝最著名的贡茶院是建于唐代大历五年（770）的顾渚贡茶院，生产顾渚紫笋。

宋朝，帝王喜茶，特别是宋徽宗赵佶更是爱茶颇深，亲自撰写《大观茶论》，使宋代贡茶在唐代基础上有了更大的发展。在福建建安（今建瓯市）建立了官焙和御茶园，其中以凤凰山麓北苑的贡茶最为出名。

明、清时期，贡茶又进一步发展，贡茶产区扩大、数量增加，加工技术不断改进，贡茶种类增多。

历代皇帝对贡茶品质的苛求和求新的欲望，促使历代贡茶生产技术不断创新和发展。贡茶的形成与发展为中国名茶的产生与发展打下了良好的基础。

二、历代名茶

历史名茶除贡茶外，还包括各产茶地区在历史上曾生产的品质优异的好茶，尤其是获得文人雅士好评的茶叶。

1. 唐代名茶

据唐代陆羽《茶经》、翰林学士李肇所著的《唐国史补》等资料记载，唐代名茶有140多种。唐朝名茶绝大多数是蒸青团饼茶，也有少量散茶。

2. 宋代名茶

宋代“斗茶”之风盛行，促进了各产茶地不断创造出新的名茶。据宋徽宗赵佶《大观茶论》、熊蕃《宣和北苑贡茶录》、赵汝砺《北苑别录》《宋史・食货志》等记载，宋代名茶计有100余种。宋朝名茶仍以蒸青团饼茶为主，各种名目翻新的龙凤团茶是宋代贡茶的主体，散芽茶种类比唐朝有所增加。

3. 元代名茶

元朝统治时间短，只有98年。元朝的茶叶已是蒸青团饼茶和芽叶散茶并重。据元代马端临《文献通考》和其他有关文史资料记载，元代名茶有50余种。

4. 明代名茶

据顾元庆《茶谱》、屠隆《茶笺》和许次纾《茶疏》等记载，明代名茶有100余种。明洪武二十四年（1391）开始废团茶兴散茶，因此，明代名茶以蒸青和炒青的散芽茶为多。

5. 清朝名茶

清代名茶既有明代流传下来的，也有新创制的。清朝近300年间创制了黑茶、白茶、红茶、青茶（乌龙茶）。清朝名茶包括六大茶类，其中有不少品质超群的名茶流传到今天，成为我们当今仍生产的传统名茶。清代名茶计有100余种。

第二节　名茶命名

名茶命名关系到名茶的传播和销售。在市场经济条件下，名茶命名越来越受到重视。名茶命名是一项系统工程，涉及传播学、营销学、语言学。名茶命名需要遵循命名的原则和方法，进行精心设计。

一、命名的重要性

名茶的名字是供消费者使用的，是名茶与消费者交流的第一信息。名字的好坏直接决定了名茶在消费者心目中的位置，虽然一个好名字不能保证名茶在市场竞争中一定能成功，但是取得成功的名茶必定有一个好名字。好名字可谓是字字千金。

1. 通过名字使名茶区别于同类产品

名字是名茶不可缺少的一部分，是连接生产者与消费者的桥梁，能让消费者从无数名茶产品中快速识别出自家生产的名茶。要实现识别作用，就应避免使用与其他茶音义相近或相同的名字。

2. 通过好名字建立和保持名茶的美好形象

给名茶取一个好读、好记、清新高雅的名字，充分显示名茶的属性和高品位，充分体现名茶能给消费者带来的益处，能吸引人们的注意力，使消费者对名茶产生美好的联想，留下深刻的好感，产生购买愿望。

3. 好名字助力推广和传播

如果一个名茶的名字难以记忆、不能引发消费者对产品的美好联想，那么在开拓市场时，将不得不投入更多的广告宣传费用。相反，一个易读、易记、高雅、有趣的名字，形成美好的品牌故事，将减小品牌推广阻力，从而大大减少广告宣传费用。

4. 好名字是茶企重要的资产

今天，名茶数以千计，好名字，是茶叶企业求生存、求发展的重要武器，能帮助名茶在消费者心中留下美好的印象，助力名茶在市场竞争中脱颖而出，赢得消费者青睐。

二、命名的原则

好的名茶名字能暗示目标人群，让目标消费者快速识别名茶并深深记忆。通常，茶叶的命名遵循以下原则。

1. 命名要符合名茶的特征属性

给名茶取名，名字首先要体现茶叶行业的属性。消费者只要看到名字，就知道产品是什么。不能讲出名茶名称，却联想不到茶叶。第二，能有效传递名茶自身特性的信息。不同茶类的名茶都有自己独特的地方，如名茶的品质特征、名茶出产的生态环境、名茶的创制过程等，应尽可能根据名茶的特征属性取名，如碧螺春、六安瓜片、竹叶青、顾渚紫笋等，是根据其外形特征取名的，人们听到名茶的名字就会自然想到其特征。

2. 命名要别具一格

给名茶起名，要做到名称独特时尚，有创意、有内涵，能夺人眼球，吸引消费者的注意力，避免与其他名茶名称混淆，让目标消费者容易识别和购买。当前，在名茶同质化越来越严重的情况下，名茶命名更加重要。

3. 名字要易于传播

名茶的名字要易于传播，就需要做到名字易读、易懂、易记。名字尽量简短，让目标消费群直呼而出；名字发音要比较响亮，朗朗上口；避免采用一些拗口、难读、生僻的字。

4. 名字要符合目标消费者的价值取向

未来消费者的价值取向趋向多元化，对名茶的消费将从共性消费向个性消费转变，进入多品种、小批量时代。名茶命名必须细分市场，找准目标消费者，符合目标消费者的审美要求。名字要有好的寓意，激发目标消费者美好的联想，让目标消费者通过名茶名字对名茶产生购买动机。

三、命名的方法

目前，我国有数以千计的名茶，这些名茶是如何命名的？为适应新时代市场营销的需要，名茶命名还有哪些方法可以借鉴呢？

1. 采用名茶产区公共资源命名

名茶与原产地的生态环境及文化资源密切相关，只有在特定的区域，才能生产出具有特有的品质特征的名茶，才被消费者认为是正宗的名茶。所以，采用名茶产区公共资源命名，是名茶命名重要途径。

① 以名茶核心产区的地名命名。如龙井茶、普洱茶、祁门红茶等。

② 以产区的名山、名水、名寺命名。人们公认好山好水出好茶，用名山名水给名茶命名，能让人们对名茶品质产生信任感。如黄山毛峰、庐山云雾、蒙顶山茶、雨花茶、太湖翠竹、大佛龙井等。

③ 以名茶产区的历史名人命名。如文君绿茶、昭君毛尖。

2. 采用产区制作名茶的茶树品种命名

有些名茶，特别是乌龙茶类名茶的品质特征与茶树品种密切相关，不同品种加工的同类茶叶，其风味有各自的特点。如铁观音、大红袍、凤凰单丛等。

3. 采用名茶的加工工艺和品质特征命名

绿茶名茶中，有不少是根据其加工工艺来命名的。如名字中有“毛峰”字样的名茶，最后的干燥工序都是烘干。

很多名茶是以名茶的某个重要品质特征来命名的。一是以名茶的外形特征命名，如六安瓜片、碧螺春、顾渚紫笋等；二是以名茶色泽和外形命名，如君山银针、信阳毛尖；三是以名茶的香气特征命名，如舒城小兰花、泰顺三杯香。

4. 采用人们喜爱的动植物的名称命名

也有一些名茶以人们喜爱的动植物命名，如松阳银猴、江山绿牡丹、九曲红梅。

5. 采用消费者对名茶的心理需求命名

考察消费者品尝名茶的心理需求，以具有感情色彩的吉祥词或褒义词命名，能引起消费者对名茶的好感。如大红袍、喜茶。

名茶的命名亦可选用体现高雅意境的词语，一是直接采用高雅词语，如雪水云绿、武阳春雨；二是采用谐音、含蓄方式表达雅致的意境，如碧潭飘雪、龙谷丽人。

第三节　名茶的分类

每种名茶都拥有很多的特征信息，如创制时间、产地、加工方式、茶类归属、形状等，因此名茶分类方法有很多。名茶只有经得起时间的考验而生存发展起来，才是真正的名茶。

一、按名茶的产生年代分类

按名茶产生的年代可将名茶分为三类：传统历史名茶、恢复历史名茶、新创名茶。

1. 传统历史名茶

传统历史名茶，是指一直沿袭到现在的历代名茶，但名茶加工工艺和品质特点在历史的长河中发生了演变。如西湖龙井、庐山云雾、洞庭碧螺春、黄山毛峰、太平猴魁、信阳毛尖、六安瓜片、老竹大方、恩施玉露、桂平西山茶、屯溪珍眉、君山银针、云南普洱、苍梧六堡、湖南天尖、白毫银针、白牡丹、武夷岩茶、安溪铁观音、闽北水仙、凤凰水仙、祁门工夫红茶等。

2. 恢复历史名茶

恢复历史名茶，即历史上曾有过这种名茶，有茶名、产地等文字记载，后未能持续生产或已失传的，在原产地经过研究恢复的名茶，即“旧地重创新，旧名重启用”的名茶。如休宁松萝、涌溪火青、敬亭绿雪、九华毛峰、蒙顶甘露、蒙顶黄芽、阳羡雪芽、鹿苑毛尖、霍山黄芽、顾渚紫笋、径山茶、雁荡毛峰、日铸雪芽、金奖惠明、都匀毛尖等。

3. 新创名茶

新创名茶，即中华人民共和国成立后，尤其是20世纪80年代后研制的名茶。据不完全统计，新创名茶曾高达千种以上。近年来，随着各地名茶走向规模化、品牌化，有不少名茶销声匿迹。目前，有较大影响和规模的新创名茶有雨花茶、太湖翠竹、安吉白茶、开化龙顶、竹叶青、采花毛尖、英德红茶等。

二、按加工工艺和品质特征分类

茶叶加工工艺直接决定着名茶的色、香、味、形品质特征。按照茶叶加工工艺和品质特征等将茶叶分为绿茶、黄茶、黑茶、白茶、青茶、红茶等六大基本茶类，六大茶类的品质特征差异明显，这种分类方法，很方便消费者了解和识别不同名茶品质、风格的差异。

六大茶类中都有名茶，其中绿茶类名茶占绝大多数，其次是青茶类名茶。每个茶类的名茶又可依据外形、加工工艺再进行细分。

第四节　主要名茶

本节选择的全国有代表性的名茶，主要考虑以下因素：第一，业界公认的名茶；第二，六大茶类都选择有代表性的名茶；第三，重点产茶省尽量选入有代表性的名茶。我国是绿茶生产大国，绿茶类名茶最多，因此是本节介绍的重点。

一、绿茶类名茶

1. 西湖龙井茶

西湖龙井茶产于浙江省杭州市西湖区，创制于明朝以前，炒制成扁形，约有300～400年的历史，属传统历史名茶。

（1）产地环境

杭州市西湖区这一带多为海拔30米以上的坡地。西北有白云山和天竺山为屏障，阻挡冬季寒风的侵袭，东南有九溪十八涧，河谷深广。西湖区属北亚热带南缘季风型气候，年平均气温16.2℃，无霜期250天左右。年日照时数为1904.6小时，日照率为43%。年降水量1398.9毫米，年雨日为150～160天，常年相对湿度80%以上。在春茶时节，常常细雨蒙蒙、云雾缭绕。茶园土壤属酸性红壤，主要有黄泥土、白砂土、黄筋泥土与油红泥土四种，土层深厚，土壤通透性良好，有机质丰富，全氮0.053%～0.99%、全磷0.038%～0.12%。白砂土面积占20%。pH为4.6～5.0。西湖龙井茶树生长在这泉溪密布、气候温和、雨量充沛、四季分明的环境之中，正是龙井茶独具高格、闻名遐迩的原因。

（2）品质特征

西湖龙井茶分特级、一级、二级、三级、四级、五级共六个等级，以“色绿、香郁、味甘、形美”

四绝著称于世。外形光洁、匀称、挺秀，形如碗钉；色泽绿翠，或黄绿呈糙米色；香气鲜嫩、馥郁、清高持久，沁人肺腑，似花香，浓而不浊，如芝兰醇幽有余；味鲜醇甘爽，饮后清淡而无涩感，回味留韵，有新鲜橄榄的回味（图3-1）。

图3-1　西湖龙井茶

图3-2　黄山毛峰

2. 黄山毛峰

黄山毛峰产于安徽省黄山市，产地包括黄山区、徽州区、歙县、休宁县。黄山毛峰创制于清光绪年间，属传统历史名茶。

（1）产地环境

黄山雄伟秀丽，集天下名山之精华，以“奇松、怪石、云海、温泉”四绝而扬名天下。黄山毛峰的产区地处亚热带季风气候区，年均气温为15～16℃。黄山多阴雨和云雾天气，山上年平均日照时数1810.2小时，山下比山上多；山上年平均降水量2394.5毫米，降雨日数183天，山下年降水量为1500～1800毫米。年平均相对湿度为71%～78%，山下较高。山地土壤一般是海拔650米以下为黄红壤，海拔650～1100米为山地黄壤，土层深厚。

（2）品质特征

黄山毛峰分特级和一级、二级、三级共四个等级，特级黄山毛峰在清明前后采制，采摘一芽一叶初展芽叶，其他级别采一芽一二叶或一芽二三叶芽叶。

特级黄山毛峰的品质特点为：条索细扁，形似“雀舌”，带有金黄色鱼叶（俗称“茶笋”或“金片”）；芽肥壮、匀齐、多毫，色泽嫩绿微黄而油润，俗称“象牙色”；香气清鲜高长；滋味鲜浓、醇厚，回味甘甜；汤色清澈明亮；叶底嫩黄肥壮，匀亮成朵。其中“鱼叶金黄”和“色似象牙”是特级黄山毛峰外形与其他毛峰不同的两大明显特征。黄山毛峰为我国毛峰之极品（图3-2）。

3. 洞庭碧螺春

洞庭碧螺春产于江苏省苏州市洞庭山及邻近茶区，创制于明末清初，属传统历史名茶。

（1）产地环境

洞庭山位于江苏省苏州市西南的太湖之滨。洞庭山分东西两山：洞庭东山是一个宛如巨舟伸进太湖的半岛；洞庭西山是屹立在太湖中的一个小岛。产茶区为北亚热带湿润季风气候区，温暖湿润，光照充足，降水丰沛。年平均气温为15.8℃；平均年降水量为1129.9毫米，降水集中在4～9月；年平均日照时数为2179小时，全年平均无霜日为233天；相对湿度平均值为80%。茶区土壤为自然黄棕壤，茶园土壤有机质及磷含量较丰富。生态环境有利于茶树生长。

（2）品质特征

洞庭碧螺春的品质特征为：外形条索纤细，卷曲成螺，茸毛披覆，银绿隐翠；茶汤嫩绿清澈；清香优雅；滋味浓郁甘醇，鲜爽生津，回味绵长；叶底柔匀。

洞庭碧螺春香气高而持久，俗称“吓煞人香”。“入山无处不飞翠，碧螺春香千里醉”是对洞庭碧螺春的真实写照。后来清朝康熙皇帝品尝此茶后，得知是洞庭山碧螺峰所产，定名为“碧螺春”（图3-3）。

图3-3 碧螺春

图3-4 六安瓜片

4. 六安瓜片

六安瓜片产于安徽省六安市裕安区、金寨县、霍山县，因其外形似瓜子，呈片状而得名，创制于1905年前后，属传统历史名茶。

（1）产地环境

六安瓜片的产区地处大别山北麓，属淮河水系，这里山高林密，四季分明，季风明显，云雾弥漫。气温总体温和但温差较大，海拔100～300米的地区，年平均气温15℃，海拔300米以上的地区，年平均气温低于14℃。年降水量1200～1400毫米，年平均降水天数为125.6天，常年相对湿度80%。茶区土壤多为黄棕壤，土层深厚。六安瓜片以金寨县齐云山所产的瓜片质量最佳。

（2）品质特征

过去，六安瓜片根据炒制季节细分为提片、瓜片和梅片。谷雨前采制的称“提片”，品质最优；其后采制的称“瓜片”；进入梅雨季节采制的称“梅片”。

六安瓜片的品质特征为：形似瓜子，自然平展，叶缘微翘，色泽宝绿，大小匀整；清香高爽，滋味鲜醇回甘；汤色黄绿透亮；叶底绿嫩明亮（图3-4）。

5. 信阳毛尖

信阳毛尖产于河南省信阳市，以条索紧直锋尖、茸毛显露而得名。唐代，信阳已成为著名的产茶区。信阳毛尖创制于清末，属传统历史名茶。

（1）产地环境

茶区主要分布于大别山北麓，属于北亚热带向暖温带过渡气候区。茶区分布于海拔300～800米的山谷之间，茶区四季分明，雨热同季，年均气温15.2～15.5℃，年均降水量1120毫米，4～9月份降水量占全年的75%，常年相对湿度75%左右。年平均日照时数为2168.9小时，年均无霜日为217～229天，平均雾日数100～130天。茶区土壤为黄棕壤、黄褐壤、棕壤等，以黄棕壤土居多。土层深厚，有机质含量较高，养分丰富，土壤质地疏松，通透性能好（图3-5）。

图3-5　信阳毛尖产地茶园（吴敏摄）

（2）品质特征

信阳毛尖的品质特征为：外形细、圆、光、直、多白毫，色泽翠绿；冲后香高持久；滋味浓醇；回甘生津；汤色明亮清澈；叶底匀齐（图3-6）。

6. 庐山云雾茶

庐山云雾茶产于江西省九江市，核心产区在庐山。创制于明代，古称“闻林茶”，从明代始称今名，属传统历史名茶。

庐山种茶始于东汉，九江在唐代即成为著名的茶叶经营口岸。白居易《琵琶行》中“前月浮梁买茶去”的诗句，说的就是茶商从九江去浮梁（今景德镇）往返贩茶的情况。《本草纲目》中已将其列为名茶。

图3-6　信阳毛尖

（1）产地环境

庐山年均气温11.5℃，年均降水量1249～2359毫米；多云雾，年有雾日为190.9天；茶叶生产季节（4～10月）空气湿度80%以上。茶区土壤多为山地黄壤、黄棕壤、棕壤。土层深厚，且透水透气性良好，土壤有机物矿物质含量丰富。

（2）品质特征

庐山云雾茶的品质特征为：外形条索紧结重实，芽壮叶肥，白毫显露，色泽翠绿；幽香如兰；滋味醇厚，鲜爽甘醇，耐冲泡；汤色明亮；叶底柔软，嫩绿微黄（图3-7）。

图3-7　庐山云雾茶

7. 都匀毛尖

都匀毛尖产于贵州省都匀市。创制于明清年间，后失传，1972年都匀茶场试制成功新的毛尖茶，为恢复历史名茶。

（1）产地环境

都匀市地处贵州高原东南斜坡，苗岭山脉南侧，境内峰峦叠嶂，森林覆盖率达52.6%。产区海拔高度1000米左右，年平均气温15.9℃，年有效活动积温4915℃，无霜期270～300天；年均降水量1446毫米。茶区土壤以硅质和硅铝质黄壤为主，土层深厚，土壤肥沃，富含有机质，pH4.5～6.0，非常适宜茶树生长。

图3-8 都匀毛尖

（2）品质特征

都匀毛尖的品质特征为：外形紧细卷曲，白毫显露，色泽绿润；汤色绿黄明亮；香气清嫩；滋味鲜爽回甘；叶底匀齐（图3-8）。

8. 安吉白茶

安吉白茶产于浙江省安吉县。为20世纪90年代新创制的名茶，采用自然返白品种的芽叶加工而成，故称安吉白茶（与安吉白片不同，安吉白片是用鸠坑种的鲜叶制成）。

（1）产地环境

安吉县位于浙江省西北部天目山北麓，属北亚热带南缘季风气候区。区域内山地资源丰富，森林覆盖率达69%。安吉气候温和，四季分明，光照充足，雨量充沛。年平均气温15.5℃，≥10℃年活动积温4932℃，无霜期为226天；年降水量约1510毫米，相对湿度80%左右；年日照时数2000小时。茶区土壤以酸性沙质黄壤土和香灰土为主，土层深厚，土质肥沃，有机质含量高（图3-9）。

图3-9 安吉白茶产地茶园

（2）品质特征

安吉白茶的品质特征为：外形细秀，形如凤羽，色如玉霜，光亮油润；内质汤色嫩绿明亮；香气嫩香持久；滋味鲜醇甘爽；叶底叶张玉白，茎脉翠绿，成朵匀整（图3-10）。

9. 竹叶青茶

竹叶青茶产于四川省峨眉山。创制于1964年，因陈毅1964年参观峨眉山万年寺品茶，赞美茶形美似竹叶，汤色清莹碧绿，遂取名“竹叶青”。

（1）产地环境

峨眉山市位于四川盆地边缘，境内多山。峨眉山峰峦挺秀，山势雄伟，誉称“峨眉秀天下”。属中亚热带温暖湿润气候。峨眉山茶园分布在海拔800～1500米，在海拔1000米左右年均气温14～16℃，年均降水量1200～1600毫米，无霜日350天。终日云雾弥漫，日照时间短，空气相对湿度80%以上。茶园土壤为黄壤型砂质壤土，土层深厚，质地疏松，有机质含量大于4%。生态条件适宜茶树生长。

（2）品质特征

竹叶青茶的品质特征为：外形扁平、挺直，两头尖细，形似竹叶，色泽嫩绿油润；内质茶汤黄绿明亮；香气高鲜；滋味浓醇；叶底嫩绿匀整（图3-11）。

图3-10　安吉白茶

图3-11　竹叶青

图3-12　雨花茶

10. 雨花茶

雨花茶产于江苏南京。1958年为纪念革命先烈而创制，因产地雨花台有晶莹圆润、五彩缤纷的雨花石而得名。

（1）产地环境

南京属北亚热带湿润气候区，季风显著，四季分明。产区常年平均气温自北向南为15～15.9℃，年均降水量1033毫米，全年总日照时数平均为2155小时，年均无霜日为224～239天。茶区土壤为自然黄棕壤。

（2）品质特征

雨花茶的品质特征为：形似松针，紧直圆绿，锋苗挺秀，色泽墨绿，白毫隐露；滋味鲜醇；气香色清；叶底匀嫩（图3-12）。

图3-13 恩施市屯堡乡茶园

11. 恩施玉露

恩施玉露产于湖北省恩施市。始创于1680年前后，为历史名茶，是唯一采用蒸汽杀青的传统历史名茶。

（1）产地环境

恩施市位于湖北省西南部武陵山区，地处清江中上游。境内气候宜人，森林茂密，植被丰富，四季分明，冬无严寒，夏无酷暑。全市年平均气温16.4℃，无霜期282天，日照时数1298小时，相对湿度82%左右，年降水量1525毫米左右。产地多属黄壤型青色砂质土壤，土层深厚肥沃，土壤pH为4.6～6.0。生态环境良好，十分适宜茶树生长（图3-13）。

（2）品质特征

恩施玉露传统加工工艺为：蒸青、扇干水气、铲头毛火、揉捻、铲二毛火、整形上光、拣选。为使恩施玉露实现批量生产，在不改变“蒸青”和“针形”两大特点的基础上，恩施玉露的加工加快走向机械化。其产品品质已达到传统工艺生产产品的水平。

恩施玉露的品质特征为：外形紧圆光滑、挺直有毫，色泽苍翠油润；茶汤嫩绿清澈明亮；香气清爽持久；滋味甘醇；叶底嫩绿明亮匀齐（图3-14）。

图3-14 恩施玉露（极品）

二、乌龙茶类名茶

1. 安溪铁观音

安溪铁观音产于福建省安溪县。创制于清朝乾隆年间，属传统历史名茶。

（1）产地环境

安溪县冬无严寒，夏无酷暑，年均气温16.4～21.2℃，大于10℃有效积温为5176～7315℃，无霜期256天以上；年均降水量1500～2000毫米，空气相对湿度大于76%。茶区土壤为砖红性红壤和山地红壤。

（2）品质特征

铁观音茶的采制技术比较特别，采摘成熟新梢的一芽二三叶，俗称“开面采”。

铁观音茶的品质特征为：茶条卷曲、壮结、沉重，呈青蒂绿腹蜻蜓头状，色泽鲜润，砂绿显，红点明，叶表带白霜；汤色金黄浓艳似琥珀，浓艳清澈；叶底肥厚明亮，具绸面光泽，茶汤醇厚甘鲜，入口回甘带蜜味；有天然馥郁的兰花香，回甘悠久，俗称“音韵”。铁观音茶香高而持久，可谓“七泡有余香”（图3-15）。

图3-15　安溪铁观音

图3-16　大红袍

2. 武夷岩茶

武夷岩茶产于福建省武夷山。创制于明末清初，属传统历史名茶。武夷山“岩岩有茶，非岩不茶”，“岩茶”因此得名。

（1）产地环境

武夷山素有“奇秀甲于东南”之誉，气候温和，冬暖夏凉，年均气温18～18.5℃；年均降水量2000毫米左右，常年云雾弥漫，空气相对湿度为80%左右。茶区土壤有沙质砾土、灰黄色沙质壤土。

（2）武夷岩茶的种类

产于武夷山的乌龙茶，通称武夷岩茶。但是由于品种不同、品质差别、采制时间有先后，历代对岩茶的分类甚为严格，品种花色数以百计。按产茶地点，岩茶分为正岩茶、半岩茶、洲茶。正岩茶指武夷山中心地带所产的茶叶，其品质香高味醇厚，岩韵特显；半岩茶指武夷山边缘地带所产的茶叶，品质逊于正岩茶；洲茶是指平地所产之茶，品质又低一筹。目前，武夷岩茶按产区分为名岩产区和丹岩产区。武夷岩茶习惯上分为奇种与名种。奇种又分单丛奇种和名丛奇种。奇种均冠以各种花名，如不见天、醉海棠、瓜子金、太阳、迎春柳、夜来香等。名丛奇种是奇种中的最上品，其中最著名的四大名丛——大红袍（图3-16）、白鸡冠、铁罗汉、水金龟等，普通名丛如瓜子金、半天腰等。名种指采自半岩茶产区和洲茶产区的普通菜茶，仅具岩茶的一般标准。

（3）品质特征

武夷岩茶具有“岩骨花香”的品质特征，具体为：茶条壮结、匀整，色泽青褐润亮呈“宝光”，叶面有沙粒白点，俗称“蛤蟆背”；内质香气馥郁，胜似兰花而深沉持久，“锐则浓长，清则幽远”；滋味浓醇清活，生津回甘，虽浓饮而不见苦涩；叶底“绿叶红镶边”，呈三分红七分绿。

图3-17 凤凰单丛茶园

3. 凤凰单丛

凤凰单丛产于广东潮安区凤凰山。创制于明朝，属传统历史名茶。

图3-18 凤凰单丛

（1）产地环境

凤凰山是粤东高山之一，峰峦叠嶂，峡谷纵横，岩泉渗流。气候温暖，夏长冬短，年均气温21.4℃；日照充足，年均1996.6小时；年均降水量1668.3毫米，空气相对湿度为75%～85%。茶区土壤为典型的黄红壤，土壤深厚肥沃。

（2）凤凰单丛茶的种类

凤凰单丛茶有80多个品系，有以叶态命名的，如山茄叶、橘子叶、竹叶、柿叶、柚叶、黄枝叶等25种；有以香味命名的，如黄枝香、肉桂香、芝兰香、杏仁香、茉莉香、通天香等15种；有以外形命名的，如丝线茶、大骨贡、幼骨仔、大乌叶、大白叶等26种；有以树形命名的，有石掘种、娘伞种、金狮子种、哈古捞种等10种（图3-17）。

（3）品质特征

凤凰单丛茶的品质特征为：外形较挺直肥硕，色泽黄褐似鳝鱼皮色；富有天然优雅花香；内质滋味浓郁，甘醇、爽口，具特殊山韵蜜味；汤色清澈似茶油；叶底青蒂绿腹红镶边，耐冲泡（图3-18）。

4. 白毫乌龙茶

白毫乌龙茶，又称东方美人茶，产于台湾北部的新竹县，当地人称“膨风茶”。创制于19世纪中叶。

（1）产地环境

白毫乌龙茶产地属副热带海洋型气候，年均气温23℃；日照充足，年均1635小时；年均降水量2003.2毫米，空气相对湿度为81.2%。茶区土壤以红壤、黄壤为主，土壤深厚肥沃（图3-19）。

（2）品质特征

白毫乌龙茶是乌龙茶类中发酵程度最重的一种，也是近似红茶的一种。乌龙茶类鲜叶原料采摘标准一般均为新梢顶芽形成驻芽时采摘二三叶，唯有白毫乌龙茶是带嫩芽采摘一芽二叶（图3-20）。

白毫乌龙茶的品质特征为：茶芽肥壮，白毫显，茶条较短，含红、黄、白三色，鲜艳绚丽；汤色呈琥珀般的橙红色，有熟果香和蜜香，滋味浓厚甘醇；叶底淡褐有红边，叶基部呈淡绿色，叶片完整芽叶连枝。

图3-20　白毫乌龙

白毫乌龙茶在国际市场上被誉为“香槟乌龙”，以赞其殊香美色，在茶汤中加入一滴白兰地酒，风味更佳。

图3-19　台湾茶园

三、红茶类名茶

1. 祁门工夫红茶

祁门红茶产于安徽省祁门县及周边地区，创制于光绪元年（1875年），属传统历史名茶。

（1）产地环境

祁红核心产区山地林木多，温暖湿润，土层深厚，雨量充沛，云雾多。年均气温15.6℃，年均无霜期220～230天，大于10℃的年活动积温为4900～5000℃；年均日照1861.6小时；年均降水量1600～1800毫米，春夏季节空气相对湿度为80%左右。茶区土壤有红壤、黄壤、黄棕壤，石灰岩土，土壤深厚肥沃。

（2）品质特征

以当地主栽的茶树群体品种——槠叶种为原料，内含物丰富，酶活性高，适合制作工夫红茶。

祁红的品质特征为：外形条索紧细秀长，金黄芽毫显露，锋苗秀丽，色泽乌润；内质汤色红艳明亮，香气馥郁持久，似苹果与兰花香味，在国际市场上被誉为“祁门香”；滋味鲜醇爽口；叶底红艳明亮。

祁红在国际市场上属于“高档红茶”，祁红茶宜于清饮，但也适于加奶加糖调制饮用，茶汤呈粉红色，香味不减。祁红在英国备受皇家喜爱，赞美祁红是“群芳之最”（图3-21）。

图3-21 祁门红茶

2. 滇红工夫茶

滇红工夫茶产于云南临沧、保山、德宏、普洱、大理、西双版纳等地。创制于1938年，属工夫红茶。

（1）产地环境

茶区山峦起伏，云雾缭绕，茶园多分布在海拔1000～2000米。云南气候分为雨季和旱季，年均气温在15～18℃，昼夜温差大。茶区土壤多为红黄壤土，土层深厚（图3-22）。

图3-22 滇红产地茶园

（2）品质特征

滇红茶的品质特征为：条索紧结、肥壮，色泽乌润，金毫特显；汤色艳亮；香气鲜郁高长；滋味浓厚鲜爽，富有刺激性；叶底红匀明亮。金毫显露、香郁味浓是其重要特点（图3-23）。

图3-23 滇红汤色

3. 宜红工夫茶

宜红工夫茶创制于19世纪中期，属于传统历史名茶。宜红工夫茶的传统产区包括宜昌市及与宜昌市比邻的湖北省、湖南省的20多个县，现在产区主要是指宜昌市、恩施土家族苗族自治州管辖的县（市）。

（1）产地环境

宜红主产区山体形态呈现出顶平、坡陡、谷深的特点，茶园分布主要在海拔300～1000米之间的低山和半高山区。茶区年均温度14～18℃，无霜期280～290天。大于10℃的年活动积温为5300～5500℃；年均降水量1200～1600毫米，春夏季节空气相对湿度为80%左右。茶区土壤以黄棕壤、红壤、紫色壤为主，土壤深厚肥沃，pH多为4.5～6.0。

（2）品质特征

宜红工夫茶的品质特征为：外形紧细显毫，色泽乌黑油润；内质香气嫩甜香浓郁持久；滋味醇厚鲜爽；汤色红明亮；叶底红匀亮、显芽，茶汤稍冷后有“冷后浑”的现象（图3-24）。

图3-24 宜红工夫

图3-25 正山小种

4. 正山小种红茶

正山小种红茶产于福建省武夷山自然保护区，主产区位于武夷市星村镇桐木村。创制于16世纪后期，属传统历史名茶。

（1）产地环境

产地海拔1000～1500米，年均气温18℃，冬暖夏凉，年降水量约2000毫米。春夏之间，终日云雾缭绕。茶区土壤肥沃，土层深厚。

（2）品质特征

正山小种茶的品质特征为：条索肥壮，紧结圆直，色泽乌润；冲泡后汤色红浓；香气高长带松烟香；滋味醇厚，似桂圆汤味。松烟香和桂圆汤、蜜枣味为正山小种主要品质特色。如加入牛奶，茶香不减，奶茶甘甜爽口，别具风味（图3-25）。

图3-26 云南茶乡

四、黑茶类名茶

1. 普洱茶熟茶

普洱茶产于云南省，因集中在古普洱府（今普洱市）销售而得名。

（1）历史演变

普洱茶在历史上指用云南大叶种茶树的鲜叶，经杀青、揉捻、晒干而制成的晒青茶，以及用晒青茶压制成各种规格的紧压茶，如普洱沱茶、普洱方茶、七子饼茶、藏销紧压茶、团茶、竹筒茶等。由于云南地处云贵高原，历史上交通闭塞，茶叶运销靠人背马驮，从滇南茶区运销到西藏和东南亚及港澳各地，历时往往数年，茶叶在运输、贮存过程中，茶多酚在温、湿条件下不断氧化，形成了普洱茶的特殊品质特征。“雾锁千树茶，云开万壑葱，香飘十里外，味酽一杯中。”这是对普洱茶产地和普洱茶品质的赞颂。在交通发达的今天，运输时间大大缩短，为适应消费者对普洱茶特殊风味的需求，1973年起，用晒青毛茶，经高温高湿的处理，制成了陈化普洱茶，现在称“普洱茶熟茶”。

（2）产地环境

普洱茶主产区位于澜沧江两岸，包括普洱、西双版纳、临沧、文山、保山、红河等地，优质普洱茶多产于海拔1500～2000米的高山茶区。主产区属于热带高原型湿润季风气候，年平均温度在15～20℃，大于10℃的活动积温为6000～8000℃，年降水量1200～2500毫米，年平均相对湿度75%～80%，土壤以红壤、黄壤、砖红壤、赤红壤为主，土层深厚肥沃，有机质丰富，pH4～6。由于地形高低悬殊，气候垂直变化显著，因而干湿季分明（图3-26）。

（3）品质特征

普洱茶熟茶的品质特征为：散茶外形条索肥硕，色泽褐红，呈猪肝色或带灰白色。沱茶外形呈碗状，每个重量为100克或250克。方茶呈长方形，规格为长15厘米、宽10厘米、厚3.35厘米，净重250克。七子饼茶形似圆月，每个重量为357克。七子为多子、多孙、多富贵之意。普洱茶汤色红浓明亮；香气具有独特陈香；滋味醇厚回甘（图3-27）；叶底褐红色。

2. 安化黑茶

安化黑茶产自湖南省安化县，创制于16世纪末，属于传统历史名茶。安化黑茶主要品种有“三尖”“三砖”“一卷”。三尖茶又称湘尖茶，指天尖茶、贡尖茶、生尖茶；“三砖”指茯砖茶、黑砖茶和花砖茶；“一卷”是指花卷茶，现统称为安化千两茶。

（1）产地环境

茶园主要分布在海拔200～1500米之间。茶区年均温度15～18℃，区域内年平均日照时数1350～1400小时，无霜期270～280天。大于10℃的年活动积温为5000～5200℃，年均降水量1000～2400毫米。土壤类型为成土母质以板页岩风化物为主的红壤土、黄壤土，土壤pH 4.3～6.0。

图3-27　普洱熟茶

（2）品质特征

天尖茶的品质特征为：外形条索紧结扁直，色泽黑润；内质香气纯正带松烟香；汤色橙黄，滋味浓厚；叶底黄褐或带棕褐，尚嫩匀（图3-28）。茯砖茶的品质特征为：外形平整，棱角分明，厚薄一致，金花普遍茂盛，无杂菌，砖面褐黑色；内质香气纯正或带松烟香、有菌香；汤色橙黄或橙红；滋味醇厚或纯和；叶底黄褐较匀。

3. 苍梧六堡茶

产于广西苍梧县及贺州市、恭城等地。苍梧六堡茶创制于清朝，已有200多年的生产历史。六堡茶有散茶和萎装紧压茶两种。六堡茶散茶可直接饮用，民间常用已贮存数年的陈六堡茶来治疗痢疾、除瘴、解毒等。

图3-28　安化黑茶（湘尖）

（1）产地环境

苍梧地区峰峦耸立，海拔1000～1500米，茶树多种植于山腰或峡谷。年均气温21.2℃，年降雨量约1500毫米，终年云雾缭绕。

（2）品质特征

六堡茶的品质特征为：干茶色泽褐黑光润，叶条黏结成块，间有黄色菌类孢子（金花）；滋味醇和适口；汤色呈深紫红色，但清澈而明亮；叶底色红中带黑而有光泽。有槟榔香、槟榔味、槟榔汤色是六堡茶质优的标志（图3-29）。

图3-29　六堡茶

图3-30 福鼎白茶茶园

五、白茶类名茶

1. 白毫银针茶

白毫银针主要产于福建省福鼎、政和，为传统历史名茶。清朝嘉庆初年（1796），福鼎人用菜茶（有性群体）的壮芽为原料，创制了白毫银针。

图3-31 白毫银针

（1）产地环境

产地年均气温18℃，年均无霜期为280天；年均降水量1730毫米以上，空气相对湿度82%；日照1804小时。茶区土壤为红壤或灰化红壤（图3-30）。

（2）品质特征

白毫银针的品质特征为：芽头肥状，满披白毫，挺直如针，色白似银；福鼎所产茶芽茸毛厚，色白富光泽；汤色浅杏黄，味清鲜爽口；政和所产茶汤味醇厚，香气清芬；叶底匀整。

白毫银针泡饮方法与绿茶基本相同，但因其未经揉捻，茶汁不易浸出，冲泡时间宜较长（图3-31）。

图3-32 白牡丹

2. 白牡丹

白牡丹以绿叶夹银色白毫芽，形似花朵，冲泡之后绿叶托着嫩芽，宛若蓓蕾初开，故名白牡丹。白牡丹产于福建省政和、建阳、松溪、福鼎等地。1922年前，创制于建阳；1922年起，政和县成为白牡丹的主产区。

用于制作白牡丹的原料要求白毫显，芽叶肥嫩。传统采摘标准是春茶第一轮嫩梢采下一芽二叶，芽与二叶的长度基本相等，并要求“三白”，即芽及二叶满披白色茸毛（图3-32）。

白牡丹产品等级分为特级、一级、二级、三级。白牡丹的品质特征为：两叶抱芽，叶态自然，色泽深灰绿或暗青苔色，叶张肥嫩，叶背遍布洁白茸毛，芽叶连枝；汤色杏黄或橙黄；香气鲜嫩毫香显；滋味鲜醇；叶底色泽黄绿，叶脉微红。

六、黄茶类名茶

1. 君山银针茶

君山银针产于湖南省岳阳市洞庭湖上的君山岛。创制于唐朝，属传统历史名茶。

（1）产地环境

君山是洞庭湖上的一个岛，最高海拔不到80米。它东与江南第一名楼——岳阳楼隔湖相望，西接洞庭，烟波浩渺。全岛总面积不到1平方千米，年均气温16.8℃，年均降水量1340毫米，春夏季云雾弥漫，相对湿度约84%。君山岛为多砂质壤土，土地肥沃。

（2）品质特征

君山银针茶的品质特征为：芽头肥壮，紧实挺直，芽身金黄，满披银毫（图3-33）；汤色橙黄明亮，香气清纯；滋味甜爽；叶底嫩黄匀亮。冲泡君山银针时，茶芽在杯中会“三起三落”。

2. 蒙顶黄芽

蒙顶黄芽产于四川省雅安市名山区。蒙顶茶是蒙顶山所产名茶的总称，创制于唐代。

（1）产地环境

蒙顶山（简称“蒙山”）位于四川省雅安市名山区域内。产区气候温和，冬无严寒，夏无酷暑，年平均温度14～15℃。雨多、雾多、云多是蒙山的特点，年平均降水量2000～2200毫米，阴雨天长达200多天，而且夜间雨量占总雨量的三分之二以上；一年中雾天多达280～300天。茶园土层深厚，pH 4.5～5.6，适宜茶树生长。

（2）品质特征

蒙顶黄芽制造分杀青→初包→复炒→复包→三炒→堆积摊放→四炒→烘焙→包装入库九道工序。

蒙顶黄芽的品质特征为：外形扁直，色泽微黄，芽毫显露；甜香浓郁；汤色黄亮，滋味鲜醇回甘；叶底全芽，嫩黄匀齐。为蒙山茶中极品（图3-34）。

图3-33 君山银针

图3-34 蒙顶黄芽

3. 霍山黄芽茶

霍山黄芽产于安徽省西部大别山区的霍山县。首创于唐朝，后失传，为恢复历史名茶。唐代《唐国史补》记载当时贡品名茶已有十四品目，其中就有霍山黄芽。霍山黄芽作为贡品有详细文献记载始于明代，但制法失传已久。1971年，霍山县研制恢复了这一历史名茶。

（1）产地环境

茶区山高林密，年均气温15℃，年均降水量1400毫米，生态环境优越。

（2）品质特征

霍山黄芽茶的品质特征为芽叶细嫩多毫，叶色嫩黄绿（图3-35）；汤色黄绿明亮；香气鲜爽，带熟栗子香；滋味鲜醇浓厚回甜；叶底黄绿嫩匀。

图3-35 霍山黄芽

七、代表性再加工茶

1. 福州茉莉花茶

福州茉莉花茶产于福建省福州市。创制于明朝，为传统历史名茶。

（1）历史演变

宋代张存基撰写的《闽广茉莉说》称：“闽广多异花，香清芬郁烈，而茉莉为众花之冠。”（图3-36）明代顾元庆《茶谱》也有记述：“木樨、茉莉、玫瑰皆可作茶，诸花开时摘其半含半放蕊之香气全者，量其茶叶多少，摘花为茶……并以一层茶一层花，相间熏窨后置火上焙干备用。”16世纪，我国花茶窨制技术已十分讲究。大约到了清咸丰年间，天津、北京的茶商在福州大量窨制茉莉花茶，运销至华北、东北一带。

图3-36 茉莉花生产基地

（2）主要品种及品质特征

福州茉莉花茶系精选优质烘青绿茶和茉莉鲜花，应用传统工艺熏窨而成，品质优异，花色繁多。有春风茉莉花茶、雀舌毫茉莉花茶、龙团珠茉莉花茶等数十种。

① 春风茉莉花茶，亦称“茉莉春风”，经五窨一提制成。产品外形紧秀匀齐、细嫩、多毫；内质香气浓郁鲜爽；滋味醇厚甘美；汤色黄亮清澈；叶底幼匀嫩亮。可冲泡三次以上。

② 雀舌毫茉莉花茶，亦称“茉莉雀舌”，经四窨一提制成。产品外形紧秀、细嫩、匀齐，显锋毫，芽尖细小，似雀鸟之舌，故简称“雀舌毫”；内质香气鲜灵纯正；汤色黄亮清澈；叶底匀齐。本品持久耐泡，属茉莉花茶高档产品。

③ 龙团珠茉莉花茶，亦称“茉莉龙园”，经三窨制成的茉莉花茶。外形紧结呈圆珠形，又称“龙团珠”；内质香浓味厚，特别耐泡，为茉莉花茶中的中档产品。

2. 横县茉莉花茶

横县茉莉花茶产于广西横县。创制于1978年，为新创制名茶。1978年，横县从广东引进茉莉花，20世纪80年代开始大面积种植。

（1）产地环境

横县位于广西东南部，郁江中游，北纬23.5°以南。地属南亚热带气候区，年平均温度21.5℃，年平均降水量1427毫米，光照好，全年基本无霜，非常适宜茉莉花的露天栽培。

横县的茉莉花花期早（4月中旬有花）、花期长（4～10月约7个月）、产量高（每亩产鲜花600千克以上）。横县茉莉花产量高，成本较低，花香浓郁。全国的茉莉花茶有一半以上在横县生产加工。横县花茶的茶坯既有来自云南的大叶种绿茶，也有其他地区的中小叶品种绿茶（图3-37）。

图3-37　横县茉莉花茶

（2）品质特征

横县茉莉花茶的品质特征为：条索紧细，匀整，显毫；香气浓郁；滋味浓醇、耐冲泡；叶底嫩匀。

第四章 主要名茶的感官审评

名茶的概念具有多重含义属性。这些属性可能涉及地域风情，可能涉及人文渊源，也可能与独到的工艺有关。但从品质的角度来看，可以概括为以下特点：采制精细，品质优良，特色突出。名茶的价值也因此远高于普通的产品。所以，对名茶的审评，需要在全面评判的基础上，注重其特色的表现。

第一节　常用感官审评术语

用于形容茶叶感官品质特征的审评术语并非凭空出现，而是伴随着人们的品饮产生，同时又经历着不断丰富和不断提炼的过程。这也是一个动态的，从已知感受的对应比较，到想象的具现化，再到特定词汇的赋义，最终达成共识的过程。由于茶叶产品的多样性和人们对品质表现的喜好各不相同，用术语表述相同的茶叶感官表现，也可能会存在不同的含义。

一、感官审评术语的概念

茶叶感官审评术语指的是表述茶叶感官审评品质的专用词汇。它来自评茶人员对茶叶色、香、味、形的感官感受，但又强调专门性、简明性和系统性。这些特点最终通过术语标准予以体现。

1982年，国际标准化组织（ISO）发布了关于茶叶感官审评术语的第一个国际标准ISO 6078:1982-*Black tea—Vocabulary*。该标准中的术语由英、法两种语言对应编写。正如标准的名称所指，此标准是以当时国际间茶叶生产和销售的主要产品——红茶的感官品质为对象来定义的，除了个别术语指明可用于表述乌龙茶的感官品质，对于其他茶类几乎均无涉及。

1993年，中国发布了国家标准GB/T 14487—1993《茶叶感官审评术语》，随后在2008年和2017年分别进行了修订。这是我国第一部规范化的茶叶感官审评术语集，当前有效版本（GB/T 14487—2017）收入的术语数量达402个。这些术语涵盖了我国各个茶类的外形、汤色、香气、滋味、叶底五个方面，基本做到了传统术语的充分、完全收集。目前《茶叶感官审评术语》标准也是我国现有的最为完备的食品单类术语集。因为中国茶叶品种丰富、风味各异的特点，该标准汇集的术语也具有鲜明的中国特色。

中国茶叶产品的种类、花色众多，表现各有特色。但评价茶叶品质的优劣是有一致标准的。以广泛通用的术语为基础，再划分出具体的绿茶及花茶、黄茶、黑茶、乌龙茶、白茶、红茶和紧压茶等各类专用术语，随后再根据各茶类干茶外形、干茶色泽、汤色、香气、滋味和叶底等感官表现，对审评术语进一步进行整理，这就是茶叶感官审评术语标准的编制方法。

二、通用的审评术语

虽然国家标准汇集了众多的茶叶感官审评术语，但需要注意的是，标准的内容并不是一成不变的。作为一个推荐性标准，随着茶产业的发展，未来不断出现的新产品、新品质特点会需要新的术语来进行表述；而一些原有的术语也可能会因为使用频率的明显下降而逐渐被淘汰；同时，一些术语的定义和使用范围也会出现改变。以下是按审评项目分类列出的常见的各茶类通用感官审评术语。

1. 外形通用审评术语

显毫：有茸毛的茶条比例高。

多毫：有茸毛的茶条比例较高，程度比显毫低。

披毫：茶条布满茸毛。

锋苗：芽叶细嫩，紧结有锐度。

身骨：茶条轻重，也指单位体积的重量。

重实：身骨重，茶在手中有沉重感。

轻飘：身骨轻，茶在手中分量很轻。

匀整、匀齐、匀称：上中下三段茶的粗细、长短、大小较一致，比例适当，无脱档现象。

匀净：匀齐而洁净，不含梗、朴及其他夹杂物。

脱档：上下段茶多，中段茶少；或上段茶少，下段茶多，三段茶比例不当。

挺直：茶条不曲不弯。

弯曲、钩曲：不直，呈弓状或钩状（图4-1）。

平伏：茶叶在样盘中相互紧贴，无松起架空现象。

细紧：茶条细嫩，条索细长紧卷而完整，锋苗好。

紧秀：茶叶细嫩，紧细秀长，显锋苗。

挺秀：茶叶细嫩，造型好，挺直秀气尖削。

紧结：茶条卷紧而重实，紧压茶压制密度高。

紧直：茶条卷紧而直。

紧实：茶条卷紧，身骨较重实。紧压茶压制密度适度。

肥壮、硕壮：芽叶肥嫩身骨重。

壮实：肥大，身骨较重实。

粗实：茶叶嫩度较差，形粗大尚结实。

粗壮：条粗大而壮实。

粗松：嫩度差，形状粗大而松散。

松条、松泡：茶条卷紧度较差。

卷曲：茶条卷紧，呈螺旋状或环状。

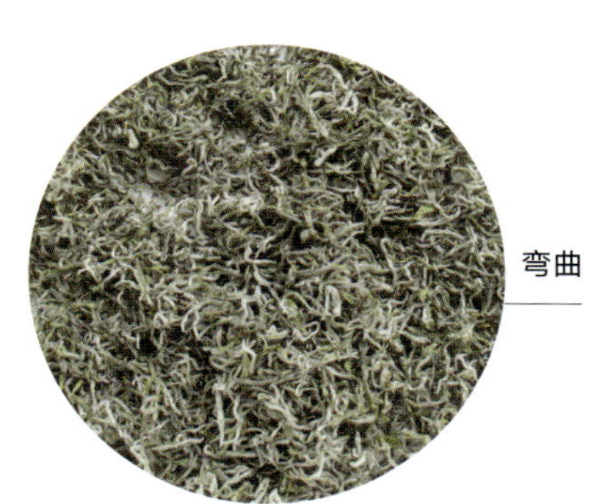

图4-1　外形审评术语
（弯曲、钩曲、紧直、卷曲）

盘花：先将茶叶加工揉捻成条形，再炒制成圆形或椭圆形的颗粒（图4-2）。

图4-2 外形审评术语（盘花）

细圆：颗粒细小圆紧，嫩度好，身骨重实。

圆结：颗粒圆而紧结重实。

圆整：颗粒圆而整齐。

圆实：颗粒圆而稍大，身骨较重实。

粗圆：茶叶嫩度较差，颗粒稍粗大尚成圆。

粗扁：茶叶嫩度差，颗粒粗松带扁。

团块：颗粒大如蚕豆或荔枝核，多数为嫩芽叶黏结而成，为条形茶或圆形茶中加工有缺陷的干茶外形。

扁块：结成扁圆形或不规则圆形带扁的团块。

圆直、浑直：茶条圆浑而挺直。

浑圆：茶条圆而紧结一致。

扁平：扁形茶外形扁坦平直。

扁直：扁平挺直。

松扁：茶条不紧而呈平扁状。

扁条：条形扁，欠浑圆。

肥直：芽头肥壮挺直。

粗：比正常规格大的茶。

细小：比正常规格小的茶。

短钝、短秃：茶条折断，无锋苗。

短碎：面张条短，下段茶多，欠匀整。

松碎：条松而短碎。

下脚重：下段中最小的筛号茶过多。

爆点：干茶上的突起泡点。

破口：折、切断口痕迹显露。

老嫩不匀：成熟叶与嫩叶混杂，条形与嫩度、叶色不一致。

油润：鲜活，光泽好。

光洁：茶条表面平洁，尚油润发亮。

枯燥：干枯无光泽。

枯暗：枯燥反光差。

枯红：色红而枯燥。

调匀：叶色均匀一致。

花杂：叶色不一，形状不一或多梗、朴等茶类夹杂物。

翠绿：绿中显青翠。

嫩黄：金黄中泛出嫩白色，为白化叶类茶、黄茶等干茶、汤色和叶底特有色泽。

黄绿：以绿为主，绿中带黄。

绿黄：以黄为主，黄中泛绿。

灰绿：叶面色泽绿而稍带灰白色。

墨绿、乌绿、苍绿：色泽浓绿泛乌，有光泽。

暗绿：色泽绿而发暗，无光泽，品质次于乌绿。

绿褐：褐中带绿。

青褐：褐中带青。

黄褐：褐中带黄。

灰褐：色褐带灰。

棕褐：褐中带棕。常用于描述康砖、金尖茶的干茶和叶底色泽。

褐黑：乌中带褐，有光泽。

乌润：乌黑而油润。

2. 汤色通用审评术语

清澈：清净、透明、光亮。

混浊：茶汤中有大量悬浮物，透明度差。

沉淀物：茶汤中沉于碗底的物质。

明亮：清净反光强。

暗：反光弱。

鲜艳：鲜明艳丽，清澈明亮。

深：茶汤颜色深。

浅：茶汤色泽淡。

浅黄：黄色较浅。

杏黄：汤色黄，稍带浅绿。

深黄：黄色较深。

橙黄：黄中微泛红，似橘黄色，有深浅之分。

橙红：红中泛橙色。

深红：红较深。

黄亮：黄而明亮，有深浅之分。

黄暗：色黄反光弱。

红暗：色红反光弱。

青暗：色青反光弱。

3. 香气通用审评术语

高香：茶香优而强烈。

高长：香气高，浓度大，持久。

嫩香：嫩茶所特有的愉悦细腻香气。

鲜嫩：鲜爽带嫩香。

馥郁：香气优雅丰富，芬芳持久。

浓郁：香气丰富，芬芳持久。

清香：清新纯净。

清高：清香高而持久。

清鲜：清香鲜明。

清长：清而纯正并持久的香气。

清纯：清香纯正。

甜香：香气有甜感。

板栗香：似熟栗子香。

花香：似鲜花的香气，新鲜悦鼻，多为优质乌龙茶、红茶之品种香，或乌龙茶做青适度的香气。

花蜜香：花香中带有蜜糖香味。

果香：果实熟透的香气。

木香：茶叶粗老或冬茶后期，梗叶木质化后，香气中带纤维气味和甜感。

地域香：特殊地域、土质栽培的茶树，其鲜叶加工后会产生特有的香气，如岩香、高山香等。

松烟香：带有松脂烟香。

陈香：茶质好，保存得当，陈化后具有的愉悦的香气，无异杂气、霉气。

纯正：茶香纯净正常。

平正：茶香平淡，无异杂气。

香飘、虚香：香浮而不持久。

欠纯：香气夹有其他的异杂气。

足火香：干燥充分，火功饱满。

焦糖香：干燥充足，火功高，带有糖香。

高火：似锅巴香。因茶叶干燥过程中温度高或时间长而产生，稍高于正常火功。

老火：茶叶干燥过程中温度过高或时间过长而产生的似烤黄锅巴香，程度重于高火。

焦气：有明显的焦煳气，程度重于老火。

闷气：沉闷不爽。

低：低微，无粗气。

日晒气：茶叶受太阳光照射后，带有日光气。

青气：带有青草或青叶气息。

钝浊：滞钝不爽。

青浊气：气味不清爽。

粗气：粗老叶的气息。

粗短气：香短，带粗老气息。

失风：失去正常的香气特征但程度轻于陈气。多因干燥后摊晾时间过长，茶叶长时间暴露在空气中，或贮存时未密封，茶叶吸潮引起。

陈气：茶叶存放中失去新茶香气，出现沉闷感。

4. 滋味通用审评术语

浓：内含物丰富，收敛性强。

厚：内含物丰富，有黏稠感。

醇：浓淡适中，口感柔和。

滑：茶汤入口和吞咽后顺滑，无粗糙感。

回甘：茶汤饮后，舌根和喉部有甜感，并有滋润的感觉。

浓厚：入口浓，收敛性强，回味有黏稠感。

醇厚：入口爽适，回味有黏稠感。

浓醇：入口浓，有收敛性，回味爽适。

甘醇：醇而回甘。

甘滑：滑中带甘。

甘鲜：鲜洁有回甘。

甜醇：入口即有甜感，爽适柔和。

甜爽：爽口而有甜味。

鲜醇：鲜洁醇爽。

醇爽：醇而鲜爽。

清醇：茶汤入口爽适，清爽醇正。

醇正：浓度适当，正常无异味。

醇和：醇而和淡。

平和：茶味和淡，无粗味。

淡薄：茶汤内含物少，无杂味。

浊：口感不顺，茶汤中似有胶状悬浮物或有杂质。

涩：茶汤入口后，有厚舌阻滞的感觉。

苦：茶汤入口有苦味，回味仍苦。

粗味：粗糙滞钝，带木质味。

青涩：涩而带有生青味。

青味：青草气味。

青浊味：茶汤不清爽，带青味和浊味，多为雨水青，因晒青、做青不足或杀青不匀不透而产生。

熟闷味：茶汤入口不爽，带有蒸熟或闷熟味。

闷黄味：茶汤有闷黄软熟的气味，多为杀青叶闷堆未及时摊开、揉捻时间偏长或包揉叶温过高、定型时间偏长而引起。

水味：茶汤浓度感不足，淡薄如水。

高山韵：高山茶所特有的香气清高细腻，滋味丰厚饱满的综合体现。

丛韵：单株茶树所体现的特有香气和滋味，多为凤凰单丛、武夷名丛或普洱大树茶之香味特征。

陈醇：茶质好，保存得当，陈化后具有的愉悦柔和的滋味，无杂、霉味。

高火味：茶叶干燥过程中温度高或时间长而产生的，微带烤黄的锅巴味。

老火味：因茶叶干燥过程中温度过高或时间过长而产生的，似烤焦黄锅巴味，程度重于高火味。

焦味：茶汤带有明显的焦煳味，程度重于老火味。

辛味：原料多为夏暑雨水茶，因转化、渥堆不足或无后熟陈化而产生的辛辣味。

陈味：茶叶存放中失去新茶香味，呈现不愉快的类似油脂氧化变质的味道。

杂味：滋味混杂不清爽。

霉味：茶叶存放过程中水分过高导致真菌生长所散发出的气味。

5. 叶底通用审评术语

细嫩：芽头多或叶子细小嫩软。

肥嫩：芽头肥壮，叶质柔软厚实。

柔嫩：嫩而柔软。

柔软：手按如棉，按后伏贴盘底。

肥亮：叶肉肥厚，叶色透明发亮。

软亮：嫩度适当或稍嫩，叶质柔软，按后伏贴盘底，叶色明亮。

匀：老嫩、大小、厚薄、整碎或色泽等均匀一致。

杂：老嫩、大小、厚薄、整碎或色泽等不一致。

硬：坚硬、有弹性。

嫩匀：芽叶匀齐一致，嫩而柔软。

肥厚：芽或叶肥壮，叶肉厚。

开展、舒展：叶张展开，叶质柔软。

摊张：老叶摊开。

青张：夹杂青色叶片。

乌条：叶底乌暗而不开展。

粗老：叶质粗硬，叶脉显露。

皱缩：叶质老，叶面卷缩起皱纹。

瘦薄：芽头瘦小，叶张单薄少肉。

破碎：断碎、破碎叶片多。

暗杂：叶色暗沉、老嫩不一。

硬杂：叶质粗老、坚硬、多梗，色泽驳杂。

焦斑：叶张边缘、叶面或叶背有局部黑色或黄色灼伤斑痕。

三、审评名词与虚词

1. 常用审评名词

芽：未发育成茎叶的嫩尖，质地柔软。

茎：尚未木质化的嫩梢。

梗：着生芽叶的已显木质化的茎。一般指当年生青梗。

筋：脱去叶肉的叶柄、叶脉部分。

碎：呈颗粒状细而短的断碎芽叶。

夹片：呈折叠状的扁片。

单张：单瓣叶子，有老嫩之分。

片：破碎的细小轻薄片。

末：细小呈沙粒状或粉末状。

朴：叶质稍粗老，呈折叠状的扁片块。

红梗：梗子呈红色。

红筋：叶脉呈红色。

红叶：叶片呈红色。

丝瓜瓤：渥堆过度，叶质腐烂，只留下网络状叶脉，形似丝瓜瓤。

麻梗：隔年老梗，粗老梗，麻白色。

剥皮梗：在揉捻过程中，脱了皮的梗。

上段：经摇样盘后，上层较长大的茶叶。也称面装或面张。

中段：经摇样盘后，集中在中层较细紧、重实的茶叶。也称中档或腰档。

下段：经摇样盘后，沉积于底层细小的碎、片、末茶。也称下身或下盘。

2. 常用审评虚词

在茶叶感官审评过程中，审评人员除了使用具有明确的定义性表述术语外，有时还会利用一些虚词来进行结果界定，尤其是在一些具有相互比较性质的语境中。常见的审评虚词包括：

相当：两者相比，品质水平一致或基本相符。

接近：两者相比，品质水平差距甚小或某项因子略差。

稍高：两者相比，品质水平稍好或某项因子稍高。

稍低：两者相比，品质水平稍差或某项因子稍低。

较高：两者相比，品质水平较高或某项因子较高。

较低：两者相比，品质水平较差或某项因子较差。

高：两者相比，品质水平明显的好或某项因子明显的好。

低：两者相比，品质水平差距大，明显的差或某项因子明显的差。

强：两者相比，其品质总水平要好些。

弱：两者相比，其品质总水平要差些。

微：某种程度很轻微时使用。

稍/略：某种程度不深时使用。

较：两者相比，有一定差距。

欠：在规格上或某种程度上达不到要求，且差距较大时使用。

尚：某种程度有些不足，但基本还接近时使用。

有：表示某些方面存在。

显：表示某些方面突出。

第二节　名茶品质优劣判别

虽然名茶种类丰富，特色各异，但品质的优劣仍然是立足于市场的选择和消费者喜好的。作为一种饮料，感官品质的核心即饮用价值是以“味”为第一指标，再向“色”“香”“形”辐射的。当然，色、香、味、形不同的感官表现，也必然相互影响。

一、各茶类品质优劣的基本表现

不同茶类品质优劣的表现各不相同，甚至某些茶类的品质要求会存在彼此对立、矛盾之处。因此，必须有针对性地去感知、认识和分析不同的茶叶品质。

1. 绿茶类

绿茶中的名茶从普通绿茶中发展而来，也形成了自身的特点。名优绿茶的制作方法很多，生产者也力求在加工中体现出独到之处。名优绿茶的规格品质通常由相应的国家、行业、地方或企业产品标准予以规定，但品质特点的共同之处是：造型富有特色，色泽绿润鲜明，匀整；汤色绿明亮；香气高长新鲜；滋味鲜醇；叶底匀齐，芽叶完整，规格一致。其品质缺陷则表现为：外形规格混乱，形态、色泽不一，花杂而深暗；汤色黄暗而浑浊；香气平淡、熟闷、欠纯；滋味欠缺协调和细腻感；叶底完整性、均匀性、明亮感差。

2. 黄茶类

黄茶加工中独特的“闷黄”工艺造就了其“黄叶、黄汤、黄底”的特殊品质。黄茶的特征主要表现为：外形扁直或卷曲，色泽黄润，匀整显毫；汤色浅黄明亮；香气以嫩玉米香、嫩香、毫香、花果香、焦香为佳，要求香气高且持久；滋味以甘醇爽口、醇厚为特色；叶底黄明。

需要注意的是，色泽显黄是黄茶产品正常的表现，黄茶不是黄叶绿茶，更不是陈化的绿茶。

3. 黑茶类

黑茶产品种类因产地、原料状况、制作方法而异，品质表现差异较大。

黑茶的散茶外形以条索紧卷、圆直为上，松扁、皱折、轻飘为下，色泽以油黑为上，花黄绿色或铁板色为差；汤色以橙黄明亮好，清淡混浊者差；香气以陈纯为佳，出现杂异气味为差；滋味以微涩后甜为好，粗淡苦涩为差；叶底以颜色黄褐、叶底一致、叶张开展、无乌暗条为好，红绿色和红叶花边为差。

紧压黑茶的外形要求是造型周正、厚薄一致，黑砖、青砖、米砖、花砖越紧越好，茯砖、饼茶、沱茶松紧要适度，茯砖的“发花”状况以金花茂盛、普遍、颗粒大的为好。外形色泽，金尖要求猪肝色，紧茶要求乌黑油润，饼茶要求黑褐色油润，茯砖要求黄褐色，康砖要求棕褐色；内质汤色方面，花砖、紧茶呈橘黄色，沱茶为橙黄明亮，方包为深红色，康砖、茯砖以橙黄或橙红为正常，金尖以红带褐为正常；紧压黑茶香气强调陈纯，部分茶允许有烟气，但米砖、青砖有烟味是缺点；紧压黑茶滋味以陈醇为特征，有青、涩、杂、霉味为差；部分黑茶的叶底允许有一定比例的茶梗。

4. 白茶类

白茶是我国的特产，属于微发酵茶，多以细嫩的大白茶芽叶为原料，成茶因白毫披覆而呈白色。白茶经萎凋、干燥二道工序加工完成，在初制加工中不炒不揉，只晾晒或结合烘干，以保持茶叶之原形。白茶有芽茶和叶茶之分，传统白茶“以白为贵”，优质白茶的品质特征为：色泽银白，茶芽壮实；汤色浅亮；毫香持久；滋味清甜醇和；叶底完整。白茶常见的品质缺陷如：色泽深暗；香气生青、有发酵气或熟闷；滋味青涩、钝熟；芽叶断碎。而市场中出现的“老白茶”，本质上是以“陈醇”为香气、滋味特点的另一类产品。

5. 乌龙茶

乌龙茶属于半发酵茶，因其外形色泽青褐，因此也称“青茶”。各种乌龙茶的制作工艺大同小异，其品质特征主要是在做青过程中形成的。因产地不同，乌龙茶的特征有一定差异。闽北与广东乌龙茶加工工艺基本相似，重晒青，重摇青，没有包揉做形工艺。闽南乌龙晒青、摇青相对较轻，有包揉做形工艺。台湾和闽南仿台式乌龙大多轻晒青、轻摇青，基本上保持“绿叶绿汤”的品质特征，有包揉做形工艺。乌龙茶优良的品质特征是：外形紧实、色润；汤色明亮；花蜜香愉悦，幽长、天然；滋味醇爽甘滑，韵味持久；叶底厚软明亮。其品质缺陷是外形枯松；汤色深暗；香气粗、陈；滋味酸、涩、粗、苦；叶底粗硬断碎。

6. 红茶类

中国国内目前生产、消费的优质红茶仍然是工夫红茶，多以产地命名。其品质特点是：色泽棕褐至乌润，外形紧结，或细秀，或肥壮，或显露金毫；汤色从金黄明亮至红艳；香气浓郁，可显花果甜香；滋味浓醇回甘；叶底柔软，红匀明亮。而品质缺陷则表现为：外形规格混乱，形态、色泽不一；汤色深暗、浑浊；香气平淡、熟闷、青、粗、欠纯；滋味苦涩、陈闷、欠浓醇；叶底完整性、均匀性、明亮感差。

红茶中的小种红茶具有特有的松烟香，其品质特征为：外形紧结圆直，色泽乌润；香高持久，微带松烟香；汤色红明；滋味甜醇回甘，具桂圆汤和蜜枣味。

二、七档制审评方法

七档制茶叶审评法多应用于比较性的审评中，如贸易中的验收环节等。通常以成交样或标准样相应等级的色、香、味、形的品质要求为水平依据，按规定的审评因子，即形状、整碎、净度、色泽、香气、滋味、汤色和叶底的审评方法，将审评样对照标准样或成交样逐项进行对比审评，各审评因子按“七档制”方法（见表4-1）进行评分。随后，将各因子的得分相加，获得茶样的总分。

在进行判定时，任何单一审评因子中得－3分则判该样品为不合格。总得分≤－3分判该样品为不合格。

表4-1　七档制审评方法

七档制	评分	说　明
高	+3	差异大，明显好于标准样
较高	+2	差异较大，好于标准样
稍高	+1	仔细辨别才能区分，稍好于标准样
相当	0	标准样或成交样的水平
稍低	－1	仔细辨别才能区分，稍差于标准样
较低	－2	差异较大，差于标准样
低	－3	差异大，明显差于标准样

第三节　新茶与陈茶

新茶与陈茶，这两个概念和所展现的茶叶品质，一直以来备受市场和消费者关注（图4-3）。在不同的茶类产品中，“新”和“陈”，代表着截然不同的消费选择，而品质要求更需要科学看待。因此，认识、理解新茶与陈茶，既可以厘清概念，也是市场现实的需要。

图4-3　新茶与陈茶——干茶对比图

一、新茶概述

新茶通常指的是当年、当季采制的茶叶产品。对消费者而言，新茶的概念在绿茶产品中最被重视，很多情况下其强调的是早春生产加工的名优绿茶。茶树经过冬季休眠期后，春季萌发的新梢在全年中发育均衡和营养佳，因而对产品的滋味较为有利，即形成鲜爽、丰富而协调的味感。同时，新鲜的产品干茶、茶汤和叶底的色泽表现更为鲜明，绿茶的鲜亮绿色尤其受到消费者追捧。此外，还有普遍存在的“尝新”意愿，多个因素一起增强了消费者对新茶的偏爱。

新茶的概念是基于时间而提出的，但在一些茶类如绿茶的品质中有了突出要求。需要注意的是，茶叶品质出现陈化是必然的，以绿茶为例，在一定的保存时间内，陈化意味着品质下降，这反过来又凸显了新茶的饮用价值。但是，随着包装材料和保鲜技术的发展，茶叶的贮藏存放条件已有极大改观，在进行预设选择的条件下，茶叶的色、香、味、形品质可以保持两年、甚至更长时间基本不变，这些采用了保鲜措施的茶叶产品存放几年后，品质与新茶差异并不大。就这一点而言，新茶的概念正受到产业发展的冲击。

二、陈茶概述

陈茶通常是指存放一年以上，同一季节已有同类产品面市的茶叶。在以往的生产及贸易中，由于包装材料及保鲜技术的制约，茶叶的色泽、香气成分、呈味物质发生氧化后，会出现变色、失鲜、转闷的状况，尤以绿茶变化为最（图4-4）。相对于追求新鲜特色的茶类产

图4-4　新茶与陈茶——茶汤与叶底对比图

品，陈化后的茶叶色泽枯黄、香气低沉、滋味熟闷，明显地影响饮用感受，因此，对强调新鲜的绿茶等产品而言，陈茶意味着品质低下。

但是，也有一些茶类产品以“陈”为佳。在长期自然存放或以人为工艺处理后，茶叶的内含物质发生分解、氧化（即陈化）并达到一定程度后，虽然色泽转深，但香气和滋味会出现质的变化，钝熟郁闷的味道会逐渐消散，转而出现带有独特“沧桑”感且醇和的风味，如普洱茶熟茶、六堡茶等，这种风味也受到不少消费者的喜爱。

有趣的是，这种未受杂味干扰、纯粹的陈味，在消费者的偏爱选择中，有很强的排他性。因此，“新”与“陈”，对一些消费者而言会是非此即彼的选择。

第四节　高山茶与台地茶

我国的整个中南部地区，自西部的高原、丘陵，到东部的平原地带，均有广阔的茶区分布。不同的海拔高度，结合气候、水土、植被等因素，会对茶树的生长产生影响，进而在茶叶的品质中体现出来。“高山云雾出好茶”的说法，就是这些影响的一种反映。

一、高山茶与台地茶的生态条件

高山茶通常指用高海拔山地的茶树鲜叶加工的茶叶。高山茶园需要面对昼夜温差大、阳光照射变化大等状况，同时因为山区人为活动少，原生生态保持较好，土壤通透性佳，林地植被良好，更造就了云雾缭绕的环境（图4-5）。而湿度大、雾滴的增多，会造成茶树接受的光照以漫射光居多。这种生长环境使得茶树生长缓慢，能够适应的茶树因此形成了独特的生理特性，如萌发时间推迟、芽叶肥壮、新梢持嫩性好、叶色绿、茸毛多、内含物质丰富等。

图4-5　高山茶园

图4-6　台地茶园

台地茶大多是指利用现代化生产技术统一规划、建设、种植的茶园中的茶树鲜叶加工而成的茶叶。这类茶园中往往栽种人工选育的优良品种，有较好的人工栽培管理。茶园多集中连片，并且单产相对较高。

二、高山茶与台地茶的品质表现

用高山茶树原料加工的茶叶，从环境影响因素的角度看，多具有身骨重实，条索紧结、肥硕，白毫显露，香气浓烈的特征，往往还具有特殊的花香，呈现滋味厚而耐冲泡的品质特征。需要注意的是，海拔高度只是影响茶叶品质的诸多因素之一，并非唯一。因此，不能单纯地以茶园海拔高低评判茶叶的品质。

台地茶园中栽种的大部分为无性系良种，茶树个体之间的性状较为一致，生育期和长势较为整齐，茶树新梢的持嫩性较好，有利于采摘和初制加工（图4-6）。因此，台地茶外形的匀整度较好，整体品质风格较为统一。

文化篇

第五章
陆羽和《茶经》

陆羽的《茶经》是世界上第一部茶书。《茶经》的面世，标志着传统茶学体系的形成。茶的历史与文化首次在陆羽的《茶经》中得到了集中而系统的梳理和阐述。

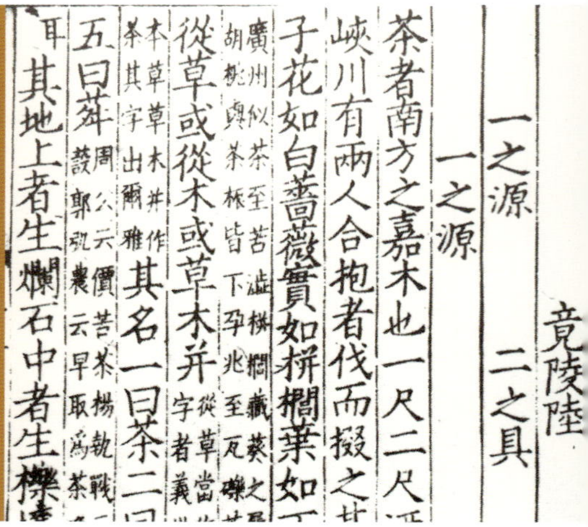

第一节　陆羽的生平

陆羽的一生充满传奇，他完成了中国茶文化史上一件大事。他善于学习、勤于实践，为世界留下了珍贵的茶学遗产。

一、陆羽的行迹

1. 出生和成长

陆羽（733—约804），字鸿渐，一名疾，字季疵，自号桑苎翁，又号东冈子、竟陵子等，复州竟陵（今湖北天门市）人。据唐李肇《国史补》、辛文房《唐才子传》记述，陆羽婴儿时被僧人收养。而欧阳修等《新唐书》载："不知所生，或言有僧得诸水滨，畜之。"

据《陆文学自传》记载，陆羽3岁时，在竟陵西门外西湖之滨，被当地龙盖寺和尚积公禅师收养。陆羽在黄卷青灯、钟声梵音中认识文字，吟诵佛经，却不愿削发为僧，反而心仪儒学。"公执释典不屈，子执儒典不屈"，积公禅师苦口婆心加以劝说，并以洒扫庭除、修房补墙、伐薪牧牛等杂务劳役其身，但最终也不能说服陆羽归于佛门。天宝初年（742），陆羽离开龙盖寺，在一个戏班子里学演戏，做了"优伶"。竟陵太守李齐物在一次州人聚饮中看到了陆羽出众的表演，十分欣赏，当即赠以诗书，并修书一封，推荐他到火门山邹夫子那里学习。

2. 交游和成就

天宝十一年（752），陆羽揖别邹夫子下山，结识了被朝廷由礼部郎中贬为竟陵司马的崔国辅，两人相谈甚欢，一起游历山水，品茗谈艺。天宝十五年（756）陆羽游巴山峡川。至德初年（756），因"安史之乱"，陆羽随北方难民过江来到南方。唐肃宗乾元元年（758），陆羽来到升州（今江苏南京），寄居在栖霞寺，第二年，旅居丹阳。上元元年（760），陆羽从栖霞山麓来到苕溪（今浙江吴兴），隐居山水间，专心著述《茶经》。上元二年（761），《茶经》三卷撰成。在这期间，他与很多文人结识，与皎然、颜真卿等都是好朋友，一起游历，一起相聚雅集，一起切磋文学艺术与品茶之道。朝廷曾诏拜陆羽为太子文学、太常寺太祝，但他都没有去就职。代宗广德二年（764），陆羽在扬州巧遇宣慰江南的御史大夫李季卿，于是应邀与之煎茶品水。大历二年（767）到三年间，陆羽在常州义兴县（今江苏宜兴）一带访茶，并建议御史大夫李栖筠上贡阳羡茶。大历十年（775）陆羽在湖州筑“青塘别业”，在湖州期间，多与当地文人张志和、皎然等相交。在此期间，又赴无锡，撰有《游慧山寺记》。建中元年（780），《茶经》印刊问世。782年至792年，他辗转于洪州、信州、湖南、岭南等地，与裴胄之、孟郊、戴叔伦等友善相交，约在贞元九年（793）由岭南返江南，贞元末年（约804）卒于湖州。

陆羽逝世后，《茶经》的影响越来越大，在晚唐时，陆羽已被列为供奉之神。唐赵璘《因话录》载：“太子陆文学鸿渐名羽……性嗜茶，始创煎茶法。至今鬻茶之家，陶为其像，置于炀器之间，云宜茶足利。”唐李肇《国史补》也说：“巩县陶者，多为瓷偶人，号陆鸿渐，买数十茶器，得一鸿渐。市人沽茗不利，辄灌注之。”

二、陆羽的贡献

陆羽的一生，成就很多，但因为在茶学上的成就与影响最为深远，其他方面的成就常常为其所掩，相对鲜为人知了。

1. 茶学贡献

《茶经》是我国古代茶文化史上一部划时代的巨著，也是世界上第一部关于茶的专著，在茶文化史上占有很重要的地位。《茶经》的出现，标志着中国传统茶学体系的初步构成与形成。《茶经》既是陆羽躬身实践取得的茶叶生产的第一手资料，又是遍稽群书、广搜博采历史和当时茶叶采制经验的结晶。

陆羽《茶经》讲述茶叶生产技术和品饮的知识，兼具科学性、史料性和文化性。如在“一之源”这章中，全面叙述了茶的源流、名称、文字、植物特性和生态环境，准确界定了茶的基本性状。并由此出发，进一步论述了茶的采制方法及其器具，为我们提供了唐代茶叶生产制作的工艺过程、质量控制及鉴别要点。“一之源”中还论述到：“若热渴、凝闷、脑疼、目涩、四肢烦、百节不舒，聊四五啜，与醍醐、甘露抗衡也。”高度概括了茶饮的功效。茶的煮饮品质，唐代之前少有特别的关注，在《茶经》中，陆羽花了不少笔墨，描述煮茶前的准备到煮茶的水温控制和投茶后的动作要领，可谓详尽之至。

《茶经》极具史料价值，表现在两个方面：其一，由于《茶经》内容不少是陆羽亲历所得，所以其真实性奠定了史料的可靠性。如《茶经·八之出》，对当时全国茶区分布做了记述，同时对各地茶叶品质的高下做了评价，其中不少名茶都是《茶经》首次挖掘记录的。从陆羽《茶经》记述的产茶地域可知，唐代的茶业已遍及当今大部分茶区，为我们了解、考察唐代茶业提供了第一手详尽的历史资料。其二，《茶经·七之事》搜集记录了自传说中的上古时代到魏晋南北朝时期及隋代的有关茶的人文故事和典籍记载，可谓对唐代之前茶文化的总结，使我们能一册在手、纵览千古。后来的学者似乎很难绕过《茶经》去研究唐之前的茶事。“七之事”中的史料，涉及面相当广，包括有关茶的起源的神秘文化色彩、茶与社会伦理、茶的神奇功效、茶的贸易形式等。这些资料不仅对于茶的历史文化研究具有特殊意义，又因资料采集对象的历史性，其中有些甚至已经佚失难觅，又为后来的训诂学、音韵学、文字学、文学等诸多学科保留了不可多得的宝贵材料。正如《四库总目提要》述评：“言茶者莫精于羽，其文亦朴雅有古意。七之事所引多古书，如司马相如《凡将篇》一条三十八字，为他书所无，亦旁资考辨之一端矣。”

《茶经》不仅记述了茶叶的采制与茶的品饮方法，更有文化意义的是在茶饮的物质特性与人文精神中找到了契合点。《茶经》的文化性具体体现在注重茶饮的艺术性和提升茶饮的哲学意蕴。茶，作为一种普通饮料所具有的艺术美感，虽然在唐之前已为文人所关注，但从艺术角度整体性地对茶饮加以论述的还不多见。《茶经》不仅把茶当作健身益思的饮料，还认为在茶的品饮过程中可以得到身心的愉悦和美的享受。茶饮的扩大与精神内涵的不断丰富呈高度相关性，陆羽主张茶艺至美、技术至精。饮茶者在这“精”“美”之中，陶冶性情，升华品德。《茶经·一之源》中，他率先提出了饮茶者的道德修养：“茶之为用，味至寒，为饮，最宜精行俭德之人。”

《新唐书·陆羽传》记：“羽嗜茶，著经三篇，言茶之原、之法、之具尤备，天下益知饮茶矣。”宋代陈师道为《茶经》做序道：“夫茶之著书，自羽始。其用于世，亦自羽始。羽诚有功于茶者也！”自陆羽《茶经》始，茶从传统的“药食同源”中分离，成为独立的日常饮料，同时，将传统哲学思想融入饮茶这种普通物质生活之中，对当时茶的生产和品饮有很大的影响，从而促使了茶文化在唐代发展的飞跃。《茶经》的问世，为大众事茶（无论是种植还是煮饮）提供了标准、权威的操作范本。自陆羽著《茶经》以后，茶更为文人所爱，逐渐形成了较为规范的饮茶技艺，进而成为一种修身养性的生活方式。

2. 艺文贡献

陆羽与高僧名士为友，在文坛上非常活跃并具有一定地位，也许受“不名一行，不滞一方”的思想影响，他对文学和对茶叶的态度一样，喜好但不偏执。所以，反映在学问上，他不囿于一业，而是涉猎广泛，博学多能。纵观陆羽一生的活动，他通过交友切磋、游历山水、亲历茶事，积累了大量珍贵的文字资料和丰富的人生阅历，编撰《谑谈》《君臣契》《源解》《顾渚山记》《江表四姓谱》《南北人物志》《吴兴历官志》《吴兴刺史记》《吴兴记》《吴兴图经》《游慧山寺记》《虎丘山记》《灵隐天竺二寺记》《武林山记》《怀素别传》及参与编撰《韵海镜源》等著述，足可以表明他不但是一位茶的专家，同时在音韵学、书法艺术、戏剧艺术、史学、方志、地理学等方面均有不同程度的建树。

第二节 《茶经》导读

陆羽的《茶经》诞生至今已逾千年，因时代更迭、社会生活的发展及语言文字的变化，对现代读者来说，其中的内容或多或少有些隔阂、晦涩和疑惑，但如前所述，陆羽《茶经》的贡献及其在中国茶文化史上的地位，决定了每个学茶的人都有阅读《茶经》的必要。阅读《茶经》，理解内容，借鉴历史的宝贵经验，以利于当今的茶学，其意义不言而喻。

一、《茶经》的意义

时至唐代，中国茶叶的生产、流通、消费乃至文化水平，都达到了前所未有的高度，茶饮在中国人的生活中已具有不可替代的地位。在这样的大背景下，自然有着强烈的回顾历史、梳理脉络和指导现实的多种要求，在这样的驱动力下，陆羽《茶经》的问世，首先应属历史的必然。另一方面，陆羽特殊的生活阅历和所处的文化圈，正好赋予他这样一种使命。从《茶经》的内容看，其意义体现在以下两个方面。

1. 茶文化历史的总结

《茶经》中记述唐之前的历史主要集中在“七之事”。从神农时代、秦汉、三国、两晋南北朝直至唐朝，涉及诸多的人物、著述、言论，也有不少的史实、传说、故事。除此之外，这些史料在其他篇章中也不时有所涉及。特别是《茶经》中引用的不少历史资料，现在已经湮灭，因此显得尤其宝贵。通过陆羽的《茶经》，可以比较集中地了解唐代之前的茶文化，陆羽在《茶经》中呈现的有关茶的人物、事件，以及茶的制作和饮用方式等，为读者理解唐代茶业的兴盛缘由提供了充分的历史依据。

2. 茶文化体系的形成

从《茶经》引用的历史资料看，虽然各种资料比较丰富，但明显缺乏系统性，总体感觉是零星而缺乏清晰的流变脉络和体系结构。而《茶经》通过一定的篇章布局，把茶的渊源、器具、制造、烹煮、品饮等做了考察与梳理，构成了比较全面的有关茶学的内容体系，直至现代，茶学研究基本上仍旧在这个体系结构中进行。

二、《茶经》的篇章结构

陆羽《茶经》字数不多，但篇章结构层次比较丰富，从结构的分类上也能体会到陆羽的写作思想和重心所在。

1. 体例

《茶经》全书以分类叙述的方式记述，兼有评论。以茶的流变及制作、品饮为基本顺序排列展开，其中略有相互穿插和呼应，特别是文中大量引用了与茶相关的历史资料，有集中展示的章节，也有分布在各章作为论点依据的。

2. 结构

《茶经》原文共7000多字，分为三卷十章。卷上包括“一之源”：论茶的性状、名称和品质；“二之具”：论采制茶叶的用具；“三之造”：论茶叶种类与采制方法。卷中为“四之器”：论烹饮用具。卷下包括“五之煮”：论烹茶方法和水的品第；“六之饮”：论饮茶风俗；“七之事”：杂录关于茶的故事、产地、药方等；“八之出”：列举当时全国有名的茶产地及其所产茶叶的品质；“九之略”：论采制用具和烹饮用具在不同环境下的酌情简化；“十之图”：学习方法，即将有关内容书写于绢上并悬挂而便于学习操作。《茶经》的各章节详略比较悬殊，明显可见其论述的重心所在，但相互之间有很强的关联性。

三、《茶经》的主要特点

陆羽的《茶经》在中国历史上能有如此独特的地位，一方面是因为其在内容上具有开创性意义，首次把茶的文化、茶的历史和有关茶的技术作为同一个系统加以整理和阐述；更重要的是《茶经》在撰写思想、撰写角度和撰写方式上具有自身的特色，包括了科学性与文化性的统一、实用性与审美性的统一、原则性和灵活性的统一。这三个统一鲜明地体现了陆羽《茶经》的思想，为后来研究学习茶事的人提供了各方面非常有价值的内容。

1. 科学性与文化性的统一

《茶经》首先是作为一部农书而诞生的。历史上的农书大多以纯技术为主，以茶为对象的《茶经》，首先是为了解决茶的种植、制作和鉴评等非常实际的技术问题。从《茶经》中，我们可以看到茶叶从茶树上到茶碗中的整个过程和技术要求，包含了茶的植物学特征、宜茶土壤、茶的种植要诀；有采茶的季节气候、采茶的方式要求、茶叶的制作、包装等工序及其工具；还有煮茶的整个过程及其用器、用水、用火的控制方式，包括茶汤的品质鉴赏和方法等。各过程中的关键点都交代得清晰而便于操作。因此，在科学技术方面，《茶经》的很多内容都有其独特的先进性。与此同时，在论述技术内容时，《茶经》不时结合历史与文化，使得技术更具有真实性、生命感和人文温度，让读者体会出技术要求来自于鲜活的生活，技术是生活的一部分。如：“其地，上者生烂石，中者生砾壤，下者生黄土。凡艺而不实，植而罕茂。法如种瓜，三岁可采。野者上，园者次。阳崖阴林，紫者上，绿者次；笋者上，芽者次；叶卷上，叶舒次。阴山坡谷者，不堪采掇，性凝滞，结瘕疾。

茶之为用，味至寒，为饮，最宜精行俭德之人。若热渴、凝闷、脑疼、目涩、四肢烦、百节不舒，聊四五啜，与醍醐、甘露抗衡也。采不时，造不精，杂以卉莽，饮之成疾。茶为累也，亦犹人参。”

2. 实用性与审美性的统一

《茶经》的著述是为了解决生产、鉴别和品饮中的具体问题，其实用性是显而易见的，而在论述中，陆羽在提供答案的同时，还提供了缘由。其中有一些观点是站在审美的角度上做出判断的，也即因审美的需要而提出技术的要求，如对茶碗的要求：“碗，越州上，鼎州次，婺州次；岳州次，寿州、洪州次。或者以邢州处越州上，殊为不然。若邢瓷类银，越瓷类玉，邢不如越一也；若邢瓷类雪，则越瓷类冰，邢不如越二也；邢瓷白而茶色丹，越瓷青而茶色绿，邢不如越三也。晋杜育《荈赋》所谓：‘器择陶拣，出自东瓯。’瓯，越也。瓯，越州上，口唇不卷，底卷而浅，受半升已下。越州瓷、岳瓷皆青，青则益茶。茶作红白之色，邢州瓷白，茶色红；寿州瓷黄，茶色紫；洪州瓷褐，茶色黑；悉不宜茶。”

此外，在论述实用性时，《茶经》不时以审美的方式阐述，在描写上采用比喻、拟人、渲染等文学手法，让读者在理解、认知和认同上得到共鸣，同时享受到艺术审美的熏陶。

3. 原则性与灵活性的统一

在《茶经》中，陆羽对一些具体的技术内容，如用火、用器等的技术要点提出了鲜明的观点，但也留下一定的思考空间。如对于煮茶用水，他提出“山水上，江水次，井水下”的判断原则，但是他也考虑到水源的复杂性和生活区域的特殊性，又补充了特别的考虑和要求，对不同的地域和时段，需要不同的选择；“其水，用山水上，江水次，井水下。其山水，拣乳泉、石池慢流者上；其瀑涌湍漱，勿食之。久食令人有颈疾。又多别流于山谷者，澄浸不泄，自火天至霜郊以前，或潜龙蓄毒于其间，饮者可决之，以流其恶，使新泉涓涓然，酌之。其江水取去人远者。井取汲多者。”对器具也一样，在材质的选择上，实际的生活中的情况和理想的材质不符，也有不同的应对和调整：“其造具，若方春禁火之时，于野寺山园，丛手而掇，乃蒸、乃舂，乃炀，以火干之，则又棨、扑、焙、贯、棚、穿、育等七事皆废。其煮器，若松间石上可坐，则具列废。用槁薪、鼎䥶之属，则风炉、灰承、炭挝、火筴、交床等废。若瞰泉临涧，则水方、涤方、漉水囊废。若五人已下，茶可末而精者，则罗废。若援藟跻岩，引絙入洞，于山口炙而末之，或纸包、合贮，则碾、拂末等废。既瓢、碗、竹筴、札、熟盂、鹾簋悉以一筥盛之，则都篮废。但城邑之中，王公之门，二十四器阙一，则茶废矣。”

这些观点都体现出灵活性的一面，使操作者可以在生活中比较容易地把握和运用其技术。原则性和灵活性的统一，也正是《茶经》具有强大生命力的原因之一（图5-1）。

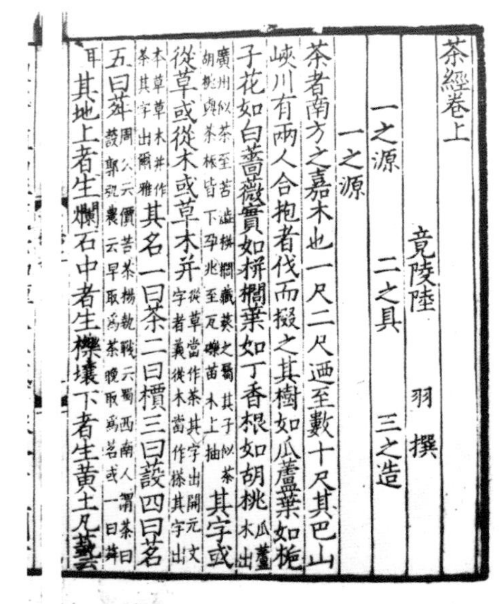

茶經卷上

竟陵陸　羽　撰

一之源　二之具　三之造

一之源

茶者南方之嘉木也一尺二尺迺至數十尺其巴山峽川有兩人合抱者伐而掇之其樹如瓜蘆葉如梔子花如白薔薇實如栟櫚葉如丁香根如胡桃（瓜蘆木出廣州似茶至苦澀栟櫚蒲葵之屬其子似茶胡桃與茶根皆下孕兆至瓦礫苗木上抽）其字或從草或從木或草木并（從草當作茶其字出開元文字音義從木當作𣗪其字出本草草木并作荼其字出爾雅）其名一曰茶二曰檟三曰蔎四曰茗五曰荈（周公云檟苦荼楊執戟云蜀西南人謂荼曰蔎郭弘農云早取為荼晚取為茗或一曰荈耳）其地上者生爛石中者生櫟壤下者生黃土凡藝

图5-1　陆羽《茶经》部分

第六章
古代茶类与饮茶方式的演变

传说是神农氏最早发现并利用茶。陆羽《茶经》说："茶之为饮，发乎神农氏。"并引《神农食经》："茶茗久服，令人有力、悦志。"刘禹锡有诗云："炎帝虽尝未辨煎，桐君有录那知味。"神农氏是我国古代的三皇之一，由于他发明了火食，所以称他为"炎帝"，又由于他教民稼穑，亲尝百草，所以被尊为"神农氏"，他是我国农业生产和中医药业的开山鼻祖。

最初人们利用的是野生茶叶，在经历了一个很长的时期以后，才出现了人工栽培的茶树。中国科学院自然科学史研究所2016年公布"中国古代重要科技发明创造"88项，其中第42项为茶树栽培，发明年代在周代（前1046—前256）。

到了春秋时代（前770—前476），茶叶用作祭品或煮羹作菜食。《晏子春秋》中说到，晏婴在齐景公时（前547—前490）虽身为国相，吃的是"脱粟之饭，炙三弋五卵，茗菜而已"。至今少数民族地区仍沿袭古法，有"凉拌茶菜"和"油茶"等吃法。

第一节　茶自秦汉间推广为饮用

秦汉至两晋南北朝这800多年，是茶继药用、食用拓展为饮用的早期阶段。秦汉、三国间，茶的饮用方式比较粗放，进入两晋后渐趋讲究，对水、具、法式都有所讲究。

一、秦汉间采叶做饼混煮羹饮

"自秦人取蜀后始知茗饮"（清顾炎武《日知录》），这就是说，原本当作药或菜食的茶，大约到了秦惠王更元九年（前316），惠王命司马错由陕西率兵灭蜀国，继而灭巴国和苴国后，茶才开始作饮用。

茶叶在汉时已经逐步推广为饮品。有一则重要的文献可以佐证——西汉王褒的《僮约》（汉宣帝神爵三年，即前59年作）中有两处提及茶叶："脍鱼包鳖，烹茶尽具""武阳买茶，杨氏池中担荷"（或为"武都买茶"）。这两处史料背后有一个关于茶的故事。

王褒是四川资中的一个官僚地主。一天，他到成都一个叫杨惠的寡妇家去，王褒差使杨家一个名叫便了的仆人去沽酒。便了是杨惠丈夫在世时买入的家奴，他不听从王褒的差使，跑到亡故的主人坟上大哭。说当年大夫买我来，"但要守家，不为他人男子沽酒"。王褒恼羞之下，定要把便了买回家去。便了提出：你买我回去后要我做的事情，就得说定写在纸上，今后凡纸上没有写的，我不干。王褒承诺，随即取笔写下了这纸《僮约》。在这个约定中，详细开列了各种各样的劳役项目，其中有烹茶尽具和武阳（今四川省眉山市彭山区）买茶两项。

从《僮约》中可以看出，早在西汉时期，我国四川一带饮茶、种茶就已日趋普遍。在官绅富有之家，茶已成为日常饮品，而且茶已商品化。依山傍水的武阳，早在2000多年前就已经是一个闻名的茶叶交易市场了。

秦汉至三国年间，茶的饮用大多采取混煮羹饮的方法。三国后魏的张揖在《广雅》中记述："荆巴间，采叶作饼，叶老者，饼成以米膏出之。欲煮茗饮，先炙令色赤，捣末置瓷器中，以汤浇覆之，用葱、姜、橘子芼之。"汉时茶叶多"取其叶作屑煮汁饮"，到三国时已制成紧压的饼茶。

这种混煮成羹的茶饮料，在西晋的文献中被称作"茶粥"。傅咸（239—294）的《司隶教》中就有"蜀妪作茶粥卖"的记载。蜀妪卖茶粥的"南市"，是在今河南洛阳。可见，饮用那种混煮成羹的"茶粥"的风俗，晋时已从巴蜀一带扩展至中原地区（图6-1）。

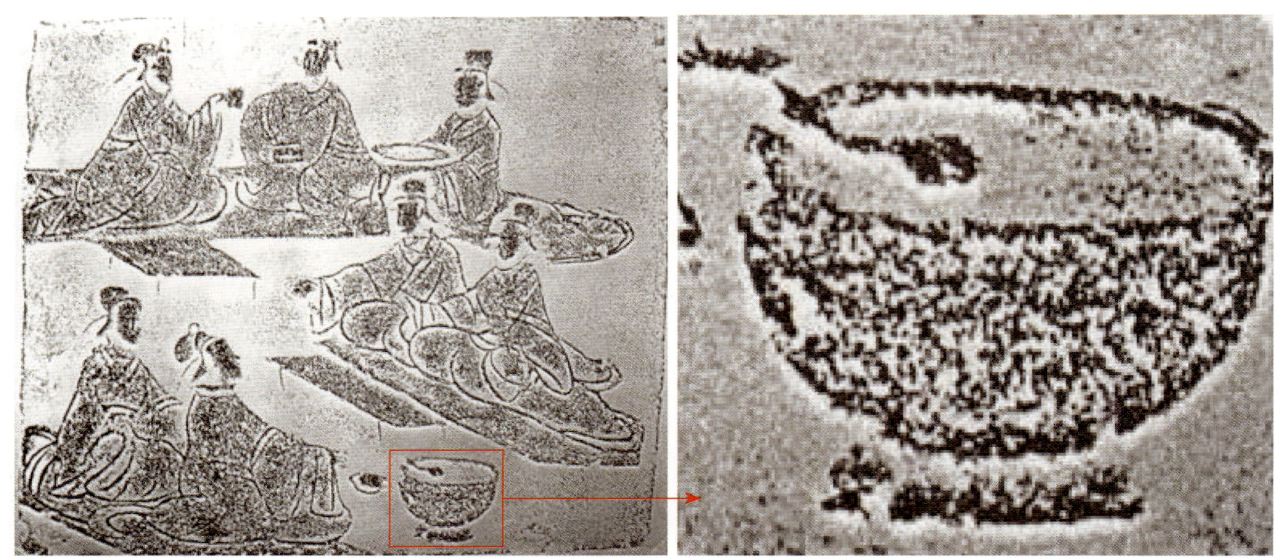

图6-1　东汉《宴饮画像砖》（四川大邑）

二、两晋初现茶汤沫饽之美

两晋时期茶叶饮用得到宣传推广。竹林风流的年代，人们多好酒，把酒当饮料来喝。后来发现茶才是最好的饮料。西晋文学家张载在《登成都楼》诗中就有"芳茶冠六清，溢味播九区"的赞咏。"六清"即古王室贵族的六种饮料。《周礼》中有浆人之职为：掌供王之六饮；水、浆、醴、䣼、医、酏，入于酒府。

西晋文学家左思有一首《娇女诗》，陆羽在《茶经》中有摘引：

"吾家有娇女，皎皎颇白皙。
小字为纨素，口齿自清历。
有姊字惠芳，眉目粲如画。
驰骛翔园林，果下皆生摘。

贪华风雨中，倏忽数百适。

心为茶荈剧，吹嘘对鼎铴。”

诗人以无比深沉的父爱，用诗句为他两个女儿描绘了一幅天真活泼的生活画像。“心为茶荈剧，吹嘘对鼎铴”两句，描绘两个活泼可爱的女孩子在玩得口渴想喝茶时的情景：两人乖乖地匐于茶鼎前，鼓腮“吹嘘”，一副猴急的样子。说明早在1700多年前左思生活的时代，饮茶在士大夫中间就已经很普遍，连儿童也已习惯饮茶。

与张载、左思同时代的杜育有一篇《荈赋》，陆羽在《茶经》中曾两次引用此文，可见其重要价值。杜育《荈赋》首次描绘茶汤沫饽之美：“沫沉华浮，焕如积雪，晔若春敷。”此文称得上是最早的茶艺作品（南北朝时期的瓷茶盏见图6-2）。

图6-2　南北朝 青釉刻莲花纹带托瓷盏（国家博物馆藏）

第二节　唐代的团饼茶和煮茶法

唐代是古代茶叶加工制作和饮用方式的成熟阶段，开创蒸青制饼法，推行煮茶清饮，极大提升了茶汤品质，迎来茶叶产销的第一个高潮。

一、蒸青制饼和煮茶清饮

据陆羽《茶经》所记，唐代已“饮有粗茶、散茶、末茶、饼茶者”，但社会的推广主流是饼茶。陆羽《茶经·三之造》讲，团饼茶的采造有采之、蒸之、捣之、拍之、焙之、穿之、封之七道工序，制成的饼茶有“自胡靴至于霜荷八等”（图6-3）。

图6-3　仿制唐代蒸青饼茶

唐代团饼茶是煮来喝的，提倡清饮，不再“用葱、姜、橘子芼之”，只加适量的盐。团饼茶碾煮的步骤是先炙茶，再碾末，然后煮水煎茶。具体的操作方法，陆羽在《茶经·五之煮》中有详细的记述。

1. 炙茶

炙烤的目的是要把饼茶内的水分烘干，用火烤出茶的香味。炙茶时不要迎风，火焰飘忽不定会使冷热不匀；还要经常翻动，否则也会“炎凉不均”。炙烤好的饼茶，要趁热用纸袋贮藏好，不让茶的香气散失。

2. 碾末

炙烤过的饼茶，待冷却后碾成末。陆羽认为“末之上者，其屑如细米；末之下者，其屑如菱角”。但从陕西扶风法门寺出土的宫廷系列茶具中的茶罗看，在陆羽之后，可能对末茶的要求趋向于细。法门寺出土的茶罗极为细密，似已近乎宋人点茶的末茶了。

3. 煮水

陆羽认为煮茶用的水以山水为最好，江水次之，井水再次之。煮水用一种称为“鍑”的锅（图6-4）。煮茶的燃料最好用木炭，其次用硬柴，沾染了膻腻或油脂较多的柴薪以及朽败的木料都不能用。“茶须缓火炙，活火煎”，活火是指有火焰的炭火。煮水分三沸，“如鱼目，微有声，为一沸；缘边如涌泉连珠，为二沸；腾波鼓浪，为三沸”。

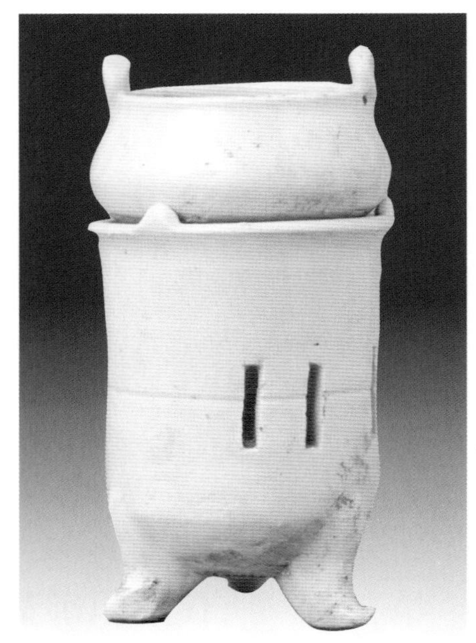

图6-4 五代白釉瓷风炉、茶鍑（传河北唐县出土 国家博物馆藏）

4. 煎茶

当水至一沸时，即加入适量的盐调味；到第二沸时，先舀出一瓢水来，随即环激汤心，即用茶筴在锅中围绕搅动，使沸滚均匀，出现水涡时，就用则取一定量的末茶，从漩涡中心投下，再用茶筴搅动。搅时动作要轻缓，陆羽说“操艰搅遽，非煮也”，就是说动作不熟练或者搅得太急促，都不算会煮茶。当茶汤出现“势若奔腾溅沫”时，将先前舀出的那瓢水倒进去止沸，以培育“沫饽”，也叫汤花。然后把鍑从炉上拿下来，放在“交床”上。

5. 酌茶

舀茶汤倒入碗里，需使“沫饽”均匀。“沫饽”是茶汤的精华，薄的叫“沫”，厚的叫“饽”，细轻的叫汤花。一般每次煎茶一升，酌分五碗，趁热饮茶。因为茶汤热时“重浊凝其下，精英浮其上”，不然待到茶汤冷了，“精英随气而竭”，茶的芳香都随热气散发掉了，饮之索然寡味。

二、唐诗绘画中的煮茶饮茶

唐代的团饼茶煮饮，除了陆羽《茶经》的详细记述外，初唐宫廷画家阎立本的《萧翼赚兰亭图》中，在画左下部为我们留下了初唐时煮茶的场景：一老者正手持茶箸在炉边煮茶，茶将煮好，一童子捧着带托的茶碗，等待舀盛茶汤。他们是在为萧翼和辩才煮茶。

唐代许多诗人以诗描绘煮茶。皮日休《煮茶》：“香泉一合乳，煎作连珠沸。时看蟹目溅，乍见鱼鳞起。声疑松带雨，饽恐生烟翠。倘把沥中山，必无千日醉。”白居易有句：“汤添勺水煮鱼眼，末下刀圭搅麴尘。”

第三节 宋代的团片、散茶和点茶法

宋代团饼茶制作穷极精巧，芽叶散茶成为新宠，点茶成为主流的饮用方式，是古代茶叶品饮最浪漫多彩的阶段。

一、穷极精巧的龙团凤饼

宋代的茶叶分两大类：一类是团饼茶，因蒸压成片，故又称片茶或蜡茶；另一类是散茶，采摘芽叶后经蒸青干燥而成，又称草茶。欧阳修说：“腊茶出于剑建，草茶盛于两浙。”散茶分上、中、下三号，另有称苗茶，亦分三等。

宋代贡品片茶产于福建建安的凤凰山一带，又名北苑，所以当地产的茶又叫北苑茶。太平兴国（976—983）初，宋太宗“特制龙凤模，遣使即北苑造团茶，以别庶饮。”（图6-5），从此北苑专制龙凤团茶，以区别于民间百姓饮用的茶。北苑贡茶品类繁多，一代比一代精巧，穷极奢华，真所谓“争新买宠各出意”。据《宣和北苑贡茶录》载：至道（995—997）初，有诏造金铤、石乳、的乳、白乳。庆历（1041—1048）中，蔡君谟创造小龙团，二十八片才一斤，其价值金二两。两府共赐一饼，四人分之。元丰（1078—1085）间，有旨造密云龙。有诗云：“小璧云龙不入香，元丰龙焙乘诏作。”绍圣（1094—1097）间，改为瑞云翔龙。大观（1107—1110）初，宋徽宗推崇一种白叶茶，此茶与常茶不同，偶然生出，非人力可致。又创制三色细芽、御苑玉芽、无比寿芽等。宣和（1119—1125）年间，郑可简创“银丝水芽”，将新抽出茶枝上的嫩芽采下，经泉水浸泡后，剥去稍大的外叶，“只取其心一缕，光明莹洁，若银线然，以制方寸新銙”，号“龙团胜雪”。民间片茶有歙州的华英、先春、来泉，池州的庆合、福合、运合，饶州的仙芝、头金、头骨，袁州的玉津、金片、绿英，及明州片茶，婺州茶，常州大卷，复州大方、开卷等。

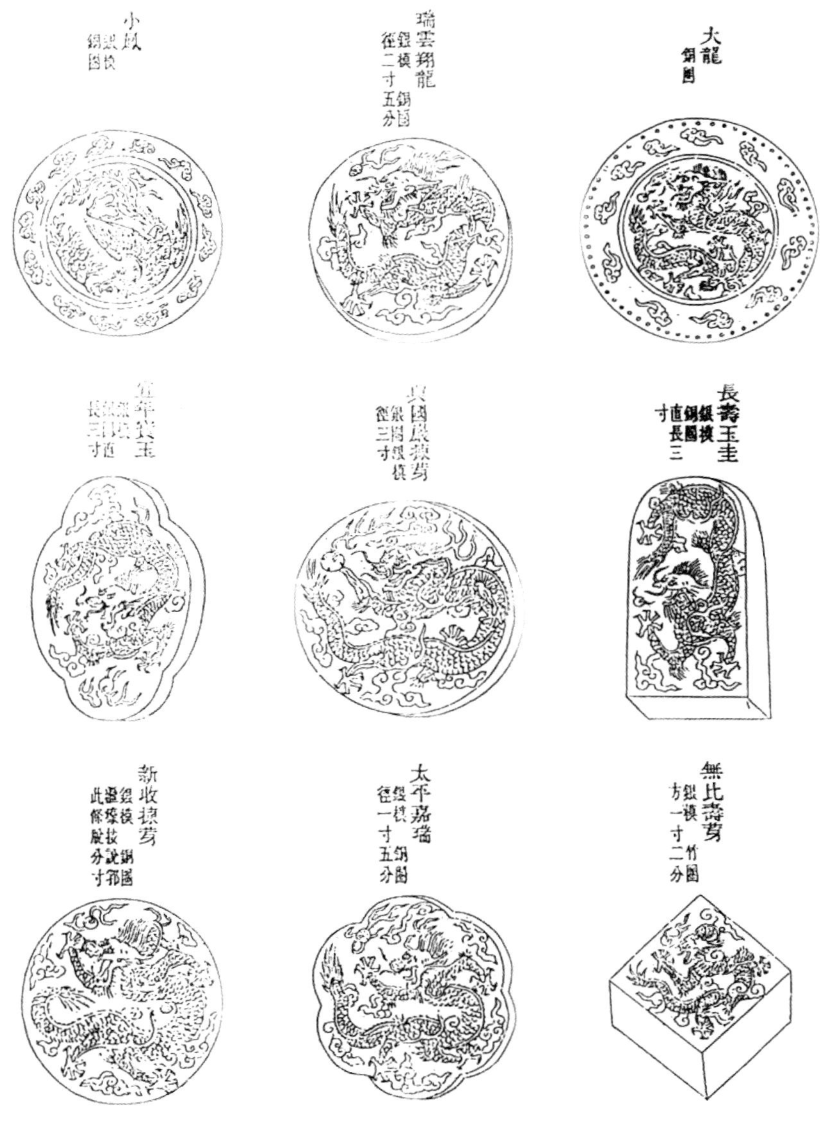

图6-5　龙凤图案的茶银模图

二、点茶的程序和技法

宋代的点茶与唐时煮茶最大的不同是煮水不煮茶，茶不再投入锅里煮，而是用沸水在盏里冲点。点茶操作，蔡襄《茶录》和赵佶《大观茶论》中有记述。

1. 炙茶

经年陈茶，需将茶饼在洁净的容器中用沸水浸渍，待涂在茶饼表面的膏油变软，刮去外层，然后用茶夹钳住茶饼，在微火上炙干，下一步就可以碾碎了。当年新茶则没有此道程序。

2. 碾茶

茶饼在碾前，先用干净的纸包起来捶碎，捶碎的茶块要立即碾用，碾时要快速有力，称为“熟碾”。这样碾出的末茶洁白纯正，若经宿，会致茶汤色昏。

3. 罗茶

碾后的末茶过筛称为罗茶。茶罗以绝细为佳，“罗细则茶浮，粗则水浮”。宋徽宗也认为，末茶绝细，才能“入汤轻泛，粥面光凝，尽茶色”。

4. 候汤

用沸水冲点末茶，水温的恰到好处至关重要。汤“未熟则末浮，过熟则茶沉”。宋代煮水与唐代不同，不再用锼而是用瓶，锼敞口能目辨汤变，而茶瓶辨汤就比较困难，所以蔡襄说：“瓶中煮之不可辨，故曰候汤最难。”宋代茶人在茶事操练中提出了“声辨法”“气辨法”，即依靠水的沸声和蒸气的升腾来判别煮水是否适度。

5. 熁盏

点茶之前先要熁盏，即将茶盏用开水冲涤温热，“冷则茶不浮”。宋徽宗也认为“盏惟热，则茶发立耐久”。

6. 点茶

点茶是最为关键、也最体现技艺的一环。点茶的第一步是调膏。调膏需掌握末茶与水的比例，一盏中放末茶一钱，注汤调成极均匀的茶膏。再注汤，用茶匙或茶筅环回击拂，以盏内沫饽颜色鲜明、着盏无水痕为绝佳。宋徽宗在《大观茶论》中，详述点茶自“量茶受汤，调如融胶”后的七次注汤法：第一汤环注盏畔，勿使侵茶，搅动茶膏，渐加击拂，手轻筅重，指绕腕转，上下透彻，如酵蘖之起面，疏星皎月，灿然而生，则茶面之根本立矣。第二汤自茶面注之，周回一线。急注急止，茶面不动，击拂既力，色泽渐开，珠玑磊落。三汤多寡如前，击拂渐贵轻匀，周环旋复，表里洞彻，粟文蟹眼，泛结杂起，茶之色十已得其六七。四汤尚啬。筅欲转稍宽而勿速，其真精华彩，既已焕然，轻云渐生。五汤乃可稍纵，筅欲轻匀而透达。如发立未尽，则击以作之。发立已过，则拂以敛之。结浚霭，结凝雪，茶色尽矣。六汤以观立作，乳点勃然，则以筅着居，缓绕拂动而已，七汤以分轻清重浊，相稀稠得中，可欲则止。

南宋刘松年《撵茶图》描绘了碾茶烹点的场面。画中一人骑坐凳上，推磨磨茶，磨出末茶呈玉白色。另一人立于桌边正提汤瓶在点茶，左手边是煮水的炉、壶和茶巾，右手边是贮泉瓮，桌上是茶罗、茶盒、茶盏、茶托，左手桌角处一柄茶筅，一切显得安静整洁，专注有序（图6-6）。

点茶颇见功力，因此宋代常就点茶技法进行竞赛，称为“斗茶”。

图6-6　宋 刘松年《撵茶图》（局部，台北故宫博物院藏）

第四节　明清的散茶和撮泡法

明代开创了散茶撮泡的新时代。清代承前朝，又涌现出一大批散茶名品。

一、焕然一新的芽叶散茶

到了明代，饮茶方式可说焕然一新。穷极工巧的龙团凤饼为自然烘炒的散茶所替代，碾磨成末冲点而饮变革为沸水直接冲泡散茶而饮，开创了撮泡法。

明代撮泡法的推行，首先得力于明太祖朱元璋对贡茶制度的改革。明洪武二十四年（1391），明太祖朱元璋为减轻茶户劳役，下诏令："岁贡上供茶，罢造龙团，听茶户惟采芽茶以进。"这里所说的"芽茶"，实际上就是唐宋时代已经有的"草茶""散茶"。这种茶虽在唐宋时属于"非主流茶品"，但由于制作简易，又具有茶的原汁原味，到元时，散茶在民间已被当作日常饮用茶。明太祖下诏凡贡茶均按散茶制作，这在茶叶采制和品饮方法上是一次划时代的变革。

明人追求茶的真香原味，采摘茶叶的标准不再是宋代的越细越好，而是主张适度。"不必太细，细则芽初萌而味欠足；不必太青，青则茶已老而味欠嫩。须在谷雨前后，觅成梗带叶微绿色，而团且厚者为上。更须天色晴明，采之方妙。"（屠隆《茶说》）

明代的茶叶名品已全都是散茶。屠隆《茶笺》记述有虎丘、天池、阳羡、六安、龙井、天目六品。许次纾《茶疏》记有："近日所尚者，为长兴之罗岕，疑即古人顾渚紫笋也……歙之松罗、吴之虎丘、钱塘之龙井，香气浓郁，并可雁行与岕颉颃……浙之产，又曰天台之雁荡、括苍之大盘、东阳之金华、绍兴之日铸，皆与武夷相为伯仲。"

二、芽叶散茶的撮泡要领

明代流行芽叶散茶撮泡法，原自越人始，而后成为杭俗。清茹敦和《越言释》卷上载："今之撮泡茶，或不知其所自，然在宋时有之，且自吴越人始之。按炒青之名，已见于陆诗。""放翁《安国院试茶》……其自注曰：日铸则越茶矣。是撮泡者，对硙茶言之也。"

明代撮泡法虽比唐人煎茶、宋人点茶要简化、便捷不少，不必再炙茶、碾茶、罗茶等，但要泡好茶仍有许多技艺。仅以许次纾《茶疏》所述，撮泡法的要领有五点：

1. 火候

泡茶之水要以猛火急煮。煮水应选坚木炭，切忌用木性未尽尚有余烟的炭火，"烟气入汤，汤必无用。"煮水时，先烧红木炭，"既红之后，乃授水器（即把水壶搁火上），仍急扇之，愈速愈妙，毋令停手。停过之汤，宁弃再烹。"

2. 选具

泡茶的壶杯以瓷器或紫砂为宜。"茶瓯古取建窑兔毛花者，亦斗碾茶用之宜耳。其在今日，纯白为佳，兼贵于小，定窑最贵。"茶壶亦主张小，"小则香气氤氲，大则易于散漫。大约及半升，是为适可。独自斟酌，愈小愈佳。"

3. 荡涤

泡茶所用汤铫、壶、杯要干燥清洁。"每日晨兴，必以沸汤荡涤，用极熟黄麻巾帨向内拭干，以竹编架，覆而庋之燥处，烹时随意取用。修事既毕，汤铫拭去余沥，仍覆原处。"放置茶具的桌案也必须干净无异味，"案上漆气食气，皆能败茶。"

4. 烹点

泡茶时，"先握茶手中，俟汤既入壶，随手投茶汤，以盖覆定。三呼吸时，次满倾盂内，重投壶内，用以动荡香韵，兼色不沉滞。更三呼吸顷，以定其浮薄，然后泻以供客。则乳嫩清滑，馥郁鼻端。"泡茶的次序应是：先称量茶叶，待水烧滚后，即投茶于壶中，随手注水入壶，先注少量水，以温润茶叶，然后再注水于另一只盂内，将盂内水注入壶。第二次注水入壶要"重投"，即高冲，以加大水的冲击力，所谓"动香韵""色不沉滞"。

5. 饮啜

细嫩绿茶一般冲泡三次。"一壶之茶，只堪再巡。初巡鲜美，再则甘醇，三巡意欲尽矣。"第三巡茶如不喝，可以留着，饭后供啜漱之用。

明代画家陈洪绶《品茶图轴》形象描绘了明人用壶泡茶，再斟茶到杯中品饮的场景。

自明以后的600多年，散茶撮泡法的基本格局未变。不过随着红茶、乌龙茶、白茶、黄茶等多种茶类的创制，呈现出丰富多彩的啜饮方式。

中国茶的啜饮方式，从总体上说经历了煎煮、冲点和撮泡三个阶段。日本茶人冈仓天心以艺术分类的术语，将其分别称为茶的古典派、茶的浪漫派和茶的自然派，倒也十分贴切。

第七章
茶事艺文的表现形式

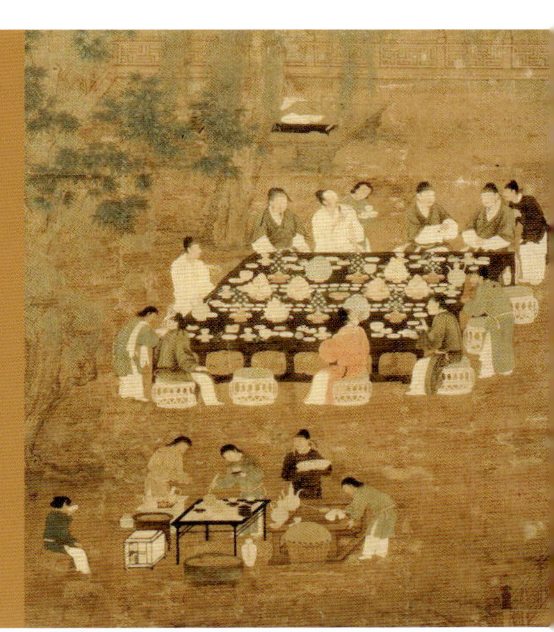

茶事艺文作为传统文化艺术的一个题材，无时无刻不体现着传统文化的精神，体现着传统艺术的魅力，同时，也为传统文化和艺术增添了独特的风采。
茶事艺文的每一种形式都有其独特的表现手法和技巧，因此，其在表现茶文化内容上也各有所长。茶事艺文表现形式主要有：金石书画、文学艺术、歌舞戏曲等。

第一节 金石书画

金石书画是中国古老的传统艺术，在记述和表现茶文化方面具有历史悠久、形式多样、人文气息浓郁和史料性强等特点。

一、金石篆刻

金石篆刻是以文字，特别是汉字形式为主要表现手法的书法雕刻艺术的统称。一般传统的称呼，金石是镌刻文字、颂功纪事的钟鼎碑碣类形式；篆刻则是中国传统的印章艺术，属于金石中比较特殊的一种形式。

1. 金石文字

金石文字的内容既有史料的价值，其形式又具有艺术的价值，而其载体还具有文物的价值。从历史上的茶事记载来看，金石文字是最直接的一种历史见证，是当时茶叶生产和文化状态的生动写照。在古代，有关茶的金石文字十分少见，但其中的信息量较大，是一笔弥足珍贵的文化遗产。不同载体的金石文字大致可以分为三类。

（1）摩崖

摩崖直接刻于山体石壁上，如唐代贡茶之地浙江长兴的顾渚山摩崖石刻，现主要存有《唐兴元甲子袁高题字》《唐贞元八年于頔题字》《唐大中五年杜牧题字》。这些刻石内容虽然比较简单，却反映了其背后丰富的历史内容。在煌煌唐诗中，袁高、杜牧、张文规、李郢等著名诗人在他们的作品中均记述了当时贡茶——紫笋茶生产的许多细节，可与摩崖之书相互印证（图7-1）。

据有关文献记载，浙江衢州烂柯山曾有一块宋代斗茶题名石刻。福建建瓯东峰镇现尚存有“北苑凿字岩纪事石刻”，比较详细地记述了宋代贡茶之事：“建州东凤凰山，厥植宜茶，惟北苑。太平兴国初，始为御焙。岁贡龙凤，上柬、东宫、西幽、湖南、新会、北溪属三十二焙。有署暨亭榭中，曰茶堂，后坎泉、甘泉，口曰御泉。前引二泉曰龙凤池。庆历戊子仲春朔柯适记。”

（2）碑刻

碑刻是刻在经过加工的石碑上的文字。有的是在碑上直接刻上文字，如河南洛阳济源石碑，上有“唐贤卢仝泉石”字样。有的是以字帖为底本的翻刻，如宋代蔡襄的小楷《茶录》，记述了宋代贡茶的冲点、品鉴及所用器具；徐渭有墨迹本行书《煎茶七类》，反映了明代文人的品茶生活，后来也翻成碑刻，作为书法范本（图7-2）。古代不少碑刻既是茶的文献，也是优秀的书法艺术作品。

（3）铭刻

刻制在器物上，如鼎盂、茶壶、瓷盘、扇骨等上的文字为铭刻，最典型的是壶铭。好的作品，所撰大多为佳句，所书大多为名家，铭刻之人大多为能工巧匠。铭文中也有民间无名氏的佳作为茶增趣增色，这些铭文内容非常丰富生动，有不少名句警言，如：“破烦”“笠荫暍，茶去渴，是二是一，我佛无说”“雪梅枝头活火煎，山中人兮仙乎仙”“可以清心也”等。

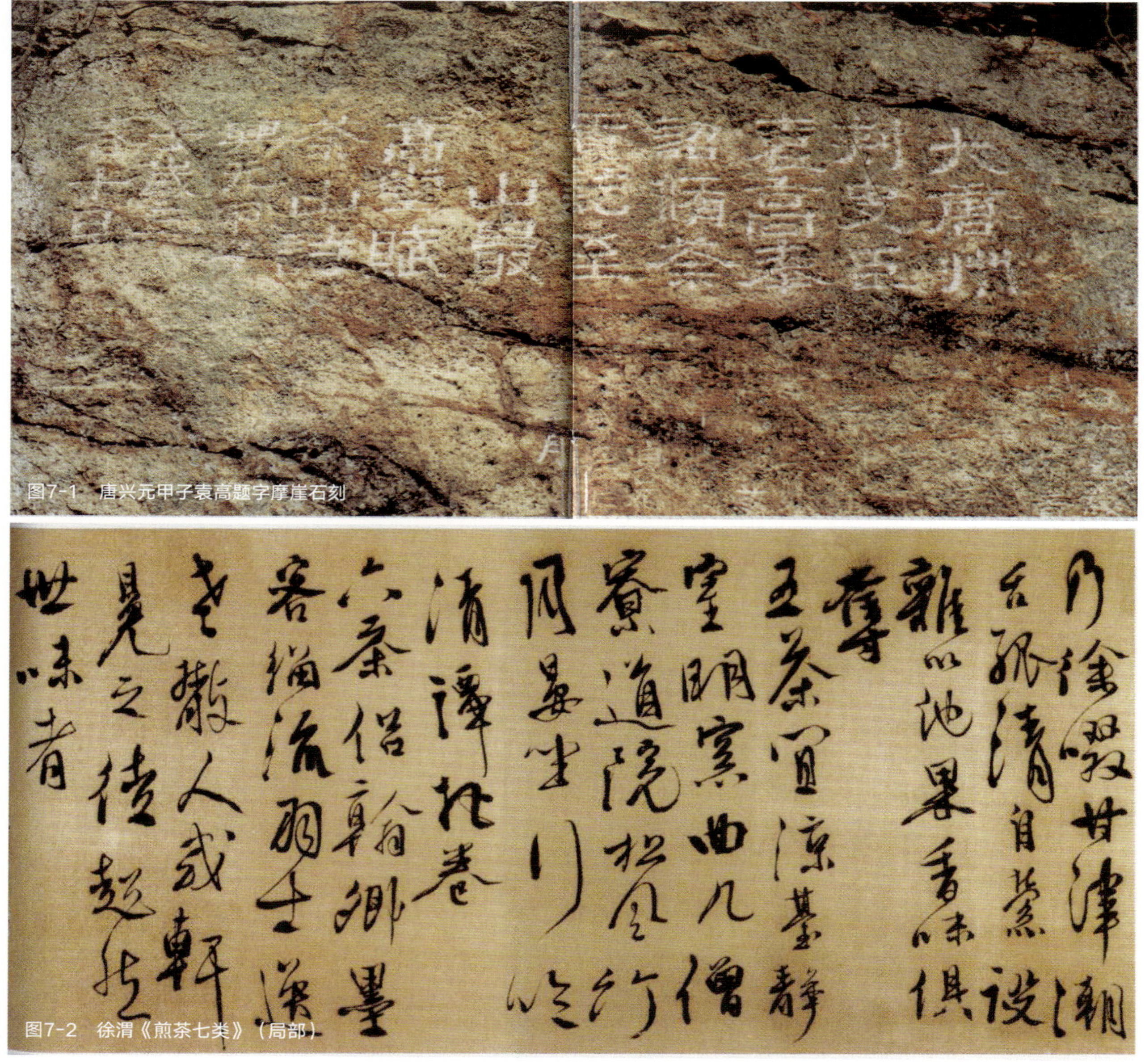

图7-1 唐兴元甲子袁高题字摩崖石刻

图7-2 徐渭《煎茶七类》（局部）

2. 篆刻艺术

篆刻是印章艺术的别称。从商周开始，印章成为一种独特的凭信之物，在社会生活中使用极为广泛。印章有私人姓名章、官名爵位章，其他还有吉语印、肖形印等，主要是用来封缄信函、证明身份和佩带辟邪等。从元代开始，印章的一部分功能慢慢脱离了完全的实用性，而逐渐成为一门刀法、书法相结合的独立的印章艺术形式。篆刻的文字内容有传统的姓名、斋馆名号，也有不少是诗词佳句，创作形式上把书法和雕刻结合，形成刀笔相映成趣的艺术特征，变化非常丰富，精微之处见宏大，刀笔之中抒性情，产生了多种艺术风格和艺术流派，有“方寸之间，气象万千”之誉。与茶相关的，如长沙马王堆西汉墓出土石印“茶陵”等（图7-3）。到元代，篆刻中茶文化的元素逐渐增多。尤其从明代开始，篆刻中的茶元素日见增加，如丁云鹏《玉川煮茶图》上有明代王振声的《拂石安茶器，移床选树阴》白文押角章；明代吴钧的《我是江南桑苎家》所用印文是宋代诗人陆游的诗句，反映出其对陆游的倾慕；清代黟山派的黄牧甫和西泠八家中的黄易均有明代诗人李日华《茶熟香温且自看》的诗句印；吴昌硕有“茶禅”“茶村”等字号印；赵之谦则刻有“茶梦轩”的斋室印等，不一而足。从这些篆刻作品中可以看到茶文化在历史过程与日常生活中的印记。

图7-3　汉印《茶陵》

二、书法艺术

书法艺术是为大众所熟知的一种艺术形式，按其内容可分为与茶事相关的书信手札、诗词、茶事专著、文学小品、楹联警句等，其书写形式也因场合不同而各具特点。书法艺术来自生活实用，同时又具备艺术之美的要素，是一门实用性与艺术性高度统一的艺术。书法作品往往用纸张的不同开幅来称呼，比较常见的有如下几种。

1. 尺牍、条幅

尺牍，即古人对信件、便条的称呼。尺牍篇幅、形式短小，语句精炼而通俗，内容贴近生活，最能反映作者及其相关者的生活状态与性情，大多采用行书或草书，如唐代怀素的《苦笋帖》、宋代苏东坡的《一夜帖》《新岁展庆帖》、蔡襄的《精茶帖》等都是尺牍中的精品。

条幅，是指开幅狭长竖式的书法形式，比较常见，多悬挂于厅堂、书房旁壁，五体书都有，如金农的隶书《采英于山著经于羽，荈烈薮芳涤清神宇》等。

2. 中堂、对联

中堂开幅较大，且多为长方形，因悬挂于客厅的中堂而得名。内容以长篇诗文为常见，五体书都有，如汪士慎的隶书《幼孚斋中试泾县茶》等。

对联的形式比较特殊，由上、下联两件组成，其文字内容要求对仗、音律要求平仄合辙。多用于中堂两边和亭台楼阁的柱子上，五体书都有，如扬州八怪中汪士慎的隶书《茶香入座午阴静，花气侵帘春昼长》、郑板桥的行书《墨兰数枝宣德纸，苦茗一杯成化窑》（图7-4）。

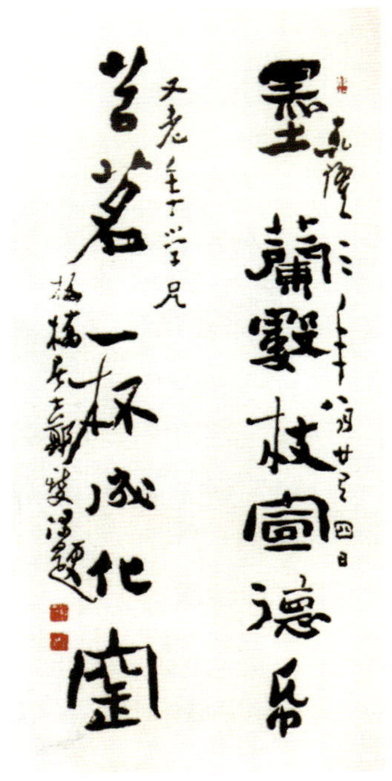

图7-4　郑板桥行书：“墨兰数枝宣德纸，苦茗一杯成化窑”

3. 横披、长卷

横披，相当于条幅横置。如用于斋室、楼阁、亭榭等的名号，时亦称“匾额”，五体书均可，如吴昌硕篆书“角茶轩”。

长卷类似于横披形式的延伸，较长，宜于横向舒卷，便于书写和携带，以写多字数作品为常见，如明代文彭的草书《卢仝饮茶诗》。

4. 册页、扇面

册页的形式可以看作是折叠式的长卷，合为书籍形，拉开则如长卷，便于书写和携带。其中的一片或一面，也称作镜片，如蔡襄的《即惠山泉煮茶》。此为蔡襄手书墨迹，存于其《自书诗卷中》，藏于故宫博物院，也是蔡襄的主要传世作品之一。

扇面，可分为折扇和团扇（又称纨扇）两类。如文彭的《行书扇面》：“仲夏新晴事事宜，定垆香爇海南奇。闲临淳化羲之帖，细读杜甫开元诗。石鼎飕飗时斗茗，楷枰剥啄试围棋。新篁脱粉芭蕉绿，不怕星星两鬓丝。”

三、绘画艺术

绘画艺术最大的特点是有较强的具象性，有较为明确的形象感。中国传统绘画中最主要的为中国画，简称国画。其种类按表现形式分有白描、工笔、写意等；按内容分有花鸟、山水、人物、博古、蔬果；按载体材质分又有壁画、瓷画、屏风画等；按画面开幅分，也如书法一样有扇面、长卷、中堂、立轴、条屏、册页等。中国画是表现茶事绘画的主要形式。除此之外，中国还有外来画种如漫画、水彩、水粉、油画等。

不论哪种画种，以题材分类来看，主要可分为山水、花鸟和人物等，其中花鸟画涵盖的范围比较大，如博古、静物等也都可以归入其中。

1. 山水

表现饮茶环境和饮茶情志的绘画大多以山水为主，有的虽然以人物命名，但却是一种清远山水，烘托一种幽静的氛围，有时比较曲折地反映作者对饮茶生活的理解，如元代赵原的《陆羽烹茶图》、明代文徵明的《林榭煎茶图》等。当然由于时代不同，以山水表现茶事的意境也发生着较大的变化，如《狮峰茶讯》（现代陆维钊作）表现的是茶山的蓬勃生气，与以往反映隐士生活的“山林气”境界截然不同。

2. 人物

人物画是茶事绘画中较多的一类，历史上的茶事绘画作品多表现文人和仕女的饮茶。其中有的表现宫廷饮茶生活，如唐代的《调琴啜茗图卷》（周昉）和《宫乐图》（佚名）；有的表现某个传说或故事，如唐代的《萧翼赚兰亭图》（阎立本）；有的表现文人士大夫饮茶，如宋代的《文会图》（赵佶）（图7-5）；有的表现一个特定时代饮茶风俗，如宋代刘松年、元代赵孟頫的《斗茶图》；有的表现涉茶名人，如元代钱选、明代丁云鹏的《卢仝煮茶图》、明代文徵明的《惠山茶会图》；有的表现野老隐逸，如清代黄慎的《采茶图》、明代陈洪绶的《品茶图》等。

在茶事人物画中，另有一种壁画形式的作品。如20世纪七八十年代发现的一些墓道壁画，绘有不少茶事的内容，十分形象地再现了当时的饮茶情景。画面中出现的许多茶具和点茶的动作和人物，都为我们提供了那个时代最真切可靠的研究资料。古代壁画的内容，往往具有很高的史料价值。

茶事漫画比较特殊，主要是以夸张的笔调来记述生活中的茶事。内容常具有言简意赅、生动有趣、耐人寻味的特色，寥寥数笔，意趣横生。其中以丰子恺的作品最为著名，如《人散后，一钩新月天如水》（图7-6）和《茶店一角》等。

图7-5　赵佶《文会图》（局部）

图7-6　丰子恺《人散后一钩新月天如水》

3. 花鸟

这类作品多以茶具、茶点、文房四宝、古器物等为题材，表现饮茶的高雅之气和饮茶中的生活情趣，以条幅、册页、扇面为常见，如清代李鱓的《煎茶图》与《壶梅图》，清代李方膺的《梅兰图》，齐白石的《煮茶图》，吴昌硕的《品茗图》，以及丰子恺的漫画《好鸟枝头亦朋友》《茶壶的KISS》等。

第二节　文学艺术

文学艺术起源于生产劳动，而文学艺术产生之后，又极大地作用于生产劳动和生活。与茶相关的文学艺术是茶事艺文中的一个大类，不仅内容极其丰富，形式和体裁也是精彩纷呈。这些作品中有的以茶为主题、是比较纯粹的茶事文学，有的则是在作品中提及茶，但无论哪种情况，在反映茶的生产生活和茶文化的丰富多彩上均起到了独特的作用。

一、诗词

诗词是指以古体诗、近体诗和格律词为代表的中国古代传统诗歌。《诗经》是中国最早的一部诗歌总集，共收入自西周初年至春秋中期约五百多年的诗歌三百零五篇。《尚书·虞书》：“诗言志，歌咏言，声依咏，律和声。”诗词是按照一定的韵律要求，用凝练的语言、充沛的情感以及丰富的意象来表现人的精神世界和社会生活的艺术。中华诗词源自民间，源自社会生活。诗在唐代进入鼎盛时期，词则流行于宋代。仅唐、宋两代，据不完全统计，茶诗词就有六千余首。

1. 诗

茶诗在茶事文学中所占的比例很大，上自晋唐，下至当代，源源不断，所涉及内容也相当广泛，几乎述及茶的所有方面，如种茶、采茶、茶具、饮茶、茶的功效、茶的历史、茶的传说等；茶诗作者，从皇帝高官至平民百姓，从文人墨客到武士将军遍布各层面；从体裁来看，有古诗、律诗、绝句、长短句、联句及其他如杂体诗类，如“宝塔诗”等特殊形式。如唐代元稹的《茶》：

茶。
香叶，嫩芽。
慕诗客，爱僧家。
碾雕白玉，罗织红纱。
铫煎黄蕊色，碗转曲尘花。
夜后邀陪明月，晨前命对朝霞。
洗尽古今人不倦，将知醉后岂堪夸。

2. 词

词，即歌词，本指一切可以合乐歌唱的诗体。唐代称当时的杂曲歌词为“曲子词”，后来简称为词。又称“长短句”“诗余”，顾名思义，词是诗的衍生。词有很多调子，每调有一个名称，如“满江红”“雨霖铃”等。从晚唐、五代开始，词逐渐兴起，发展到宋代，在抒发性情上形成了鲜明的特色，达到了巅峰。宋代也是茶事兴旺的时代，茶的制作、品饮以及文人借茶明志，尤其是借茶抒情等，在宋词中也得到了充分的体现，如黄庭坚的《品令》：“凤舞团团饼。恨分破、教孤令。金渠体净，只轮慢碾，玉尘光莹。汤响松风，早减了、二分酒病。味浓香永。醉乡路、成佳境。恰如灯下，故人万里，归来对影。口不能言，心下快活自省。”

3. 楹联、民谣、谚语、谜语

楹联用词讲究对仗，音律符合韵辙，与诗的要求相同，有的还嵌入典故。楹联可以看作是律诗的对仗部分，或者直接取诗词的一部分合成。有的是长联，更见构思创作丰采。楹联大多悬挂于亭台、楼阁、大堂之中，以茶为题材的楹联在茶馆中最为常见，不乏佳作。如：

欲把西湖比西子，从来佳茗似佳人。

品泉茶，三口白水；竺仙庵，二个山人。

秀萃明湖游目频来过溪处，腴含古井怡情正及采茶时。

小住为佳，且吃了赵州茶去；曰归可缓，试同歌陌上花开。

一掬甘泉好把清凉洗热客，两头岭路须将危险告行人。

相对于楹联，民谣、谚语、谜语等的形式较为轻松活泼，有浓郁的历史和地方特色，其内容多涉及喝茶风俗、茶的功效、茶叶生产技术等，如南宋诗人戴复的“桐树发花，茶户大家”。

二、文赋

赋和散文较有时代性，往往以短小精悍、文辞优美、意境隽永著称。因此，文赋具有传诵和普及茶文化的功能。

1. 赋

赋从秦汉就开始出现，称为辞赋，初期内容格调大气磅礴，后来往往夸张失实。到了西晋又开始出现讲究用典，韵律、对偶、铺张，更具有形式感的骈赋。自晋代开始，与茶相关的赋有晋代杜育的《荈赋》，唐人顾况和宋人吴淑的《茶赋》，宋人黄庭坚的《煎茶赋》，梅尧臣的《南有嘉茗赋》，元人赵孟頫的《茶榜》，明代周履靖的《茶德颂》等。其中以《荈赋》为最早和有代表性，且为陆羽《茶经》多次引用。《荈赋》全文为：

灵山惟岳，奇产所钟。瞻彼卷阿，实曰夕阳。厥生荈草，弥谷被冈。承丰壤之滋润，受甘露之霄降。月惟初秋，农功少休；结偶同旅，是采是求。水则岷方之注，挹彼清流；器泽陶简，出自东瓯；酌之以匏，取式公刘。惟兹初成，沫沈华浮。焕如积雪，晔若春敷。若乃淳染真辰，色绩青霜，白黄若虚。调神和内，倦解慵除。

2. 散文

散文是比较实用、轻松的一种文体。殷商时期的甲骨文中的卜辞可以说是散文的雏形，后来的先秦诸子政论也是散文形式。唐代开始，茶的散文初现，如张又新的《煎茶水记》、王敷的《茶酒论》；自宋元至明清时，茶的散文较多，特别是以拟人手法描写茶叶的散文更是脍炙人口，著名的如宋代苏东坡的《叶嘉传》、元代杨维桢的《清苦先生传》、明代徐爌的《茶居士传》等。此外，以小品散文形式描写品茶境界的也不少，如宋代唐庚的《斗茶记》、元代杨维桢的《煮茶梦记》。明张岱的散文《兰雪茶》生动描述了越地日铸茶的一段历史；张岱的《闵老子茶》记述了作者与南京闵汶水鉴茶品泉的情景。

《闵老子茶》仝文如下：

周墨农向余道闵汶水茶不置口。戊寅九月，至留都，抵岸，即访闵汶水于桃叶渡。日晡，汶水他出，迟其归，乃婆娑一老。方叙话，遽起曰："杖忘某所。"又去。余曰："今日岂可空去？"迟之又久，汶水返。更定矣。睨余曰："客尚在耶，客在奚为者。"余曰："慕汶老久，今日不畅饮汶老茶，决不去。"汶水喜，自起当炉。茶旋煮，速如风雨。导至一室，明窗净几，荆溪壶、成宣窑瓷瓯十余种，皆精绝。灯下视茶色，与瓷瓯无别而香气逼人，余叫绝。余问汶水曰："此茶何产？"汶水曰："阆苑茶也。"余再啜之，曰："莫绐余。是阆苑制法，而味不似。"汶水匿笑曰："客知是何产？"余再啜之，曰："何其似罗岕甚也？"汶水吐舌曰："奇，奇！"余问水何水，曰惠泉。余又曰："莫绐余！惠泉走千里，水劳而圭角不动，何也？"汶水曰："不复敢隐。其取惠水，必淘井，静夜候新泉至，旋汲之。山石磊磊藉瓮底，舟非风则勿行，放水之生磊。即寻常惠水，犹逊一头地，况他水耶！"又吐舌曰："奇，奇！"言未毕，汶水去。少顷持一壶满斟余曰："客啜此。"余曰："香扑烈，味甚浑厚，此春茶耶？向瀹者的是秋采。"汶水大笑曰："予年七十，精赏鉴者无客比。"遂定交。（《陶庵梦忆》卷三）

近现代许多作家也写过有关茶的散文，内容非常丰富，如鲁迅和周作人都有名为《喝茶》的散文，但所含的内容与意味迥然不同；冰心《我家的茶事》记录她爱喝茉莉花茶的起始；杨绛《将饮茶》中收录有"孟婆茶"一文；汪曾祺《寻常茶话》讲述了自己几十年来的寻常喝茶；黄裳的《茶馆》写四川各具特色的茶馆；范烟桥《茗饮》述说苏州茶俗及吴下旧俗以茶订婚或款待亲友等。

3. 小说

司马迁《史记》开创了中国的传记文学，其通俗优美的语言、丰富的修辞手法、生动的人物塑造，对后来的小说也产生了重大影响。小说到了晋代又有了新的发展，可谓初具规模，成就最高的当属干宝的志怪小说《搜神记》，此书中也记述了茶的故事。唐代小说称为“传奇”。明清时期，小说可谓达到高峰，不少名著在故事情节之中穿插讲述有关茶的内容，贴近生活，非常通俗，其中以曹雪芹的《红楼梦》最为典型。此外，在清代蒲松龄的《聊斋志异》、李汝珍的《镜花缘》、吴敬梓的《儒林外史》、刘鹗的《老残游记》等作品中都不同程度地写到了以茶待客、祭祀、作聘礼、赠朋友的情景。当代沙汀的中篇小说《在其香居茶馆里》、陈学昭的长篇小说《春茶》、王旭烽的《茶人三部曲》都描写了茶区、茶人的生活并由此折射出中国社会的变迁。

第三节　歌舞戏曲

茶的歌舞源于民间，最早应直接起源于劳动，有两种形式：一是茶歌，在云南、巴蜀、湘鄂一带少数民族中最为流行。如在湘西，未婚男女以“踏茶歌”的形式进行订婚仪式。又如在江西、福建、浙江、湖北、四川等地有一些诸如“采茶调”等的歌曲曲调，以茶为题材，歌唱地方的民情民风。二是以“采茶歌”“采茶舞”为名的地方民歌，借“茶”之名，但内容可能与茶叶没有什么关系。

民间有关茶事的舞蹈主要是一种被称为“茶灯”（亦称采茶灯、茶歌、采茶、茶篮灯、壮采茶等）的舞蹈形式。随着茶文化的深入普及，涌现出不少与茶相关的优秀歌舞戏剧作品。

一、歌舞

《礼记·乐记》中有：“诗，言其志也；歌，咏其声也；舞，动其容也；三者本于心，然后乐器从之。”歌曲与舞蹈往往互相关联，在歌舞作品中出现的茶事作品涵盖面广、题材丰富、数量可观，出现了许多具有时代性、地域性和文化性的代表作。

1. 歌曲

当代比较著名的茶曲是由浙江音乐家周大风创作词曲的《采茶舞曲》，表现了江南茶乡的山水风光和采茶姑娘的劳动情景，流传很广。

周大风（1923—2015），浙江省镇海人，研究员，一级作曲家，1958年作《采茶舞曲》。乐曲采用了越剧音调，融进了滩簧叠板的曲式，又吸收了浙东民间器乐曲的音调作引子，并采用有江南丝竹风格的伴奏。这首采茶舞曲保持了汉族传统采茶歌舞的基本风格，曲调欢快、跳跃，再现了采茶姑娘青春焕发的风貌。《采茶舞曲》在20世纪50年代有较大的社会影响，20世纪60年代初，由著名民歌歌唱家叶彩华独唱、中国唱片公司等灌制了唱片，首次灌制80万张，突破了当时中国唱片史上的最高发行纪录，风行海内外。1987年，《采茶舞曲》被联合国教科文组织收入亚太地区优秀民族音乐教材，这是中国历代茶歌茶舞得到的最高荣誉。

此外还有一首《请茶歌》，由文莽彦作词，女作曲家解策励作曲。文莽彦（1925—1983）原名文劲础，江西萍乡人。早在20世纪50年代，他就创作了大量新诗，对革命根据地有着强烈的感情。解策励生于1932年，湖南长沙人，1949年参加革命，多次走访井冈山革命根据地，学习民间音乐及地方戏曲，收集红色歌谣，从而使她的音乐作品曲调优美、特色浓郁。《请茶歌》在江西创作，据她的回忆：“当我找到文莽彦同志《井冈山诗抄》中的‘请茶’时，兴奋的心情很难形容。文莽彦在诗中所表达出来的感情，同我对井冈山的认识和感受是那样地相似，说出了我的心里话。我决心要为它插上翅膀……”此歌曲诞生于20世纪50年代，在中华人民共和国成立四十周年之际，《请茶歌》在全国广播歌曲评选中被评为28首金曲之一。

2. 舞蹈

以茶事为内容的舞蹈，主要是流行于我国南方的“茶灯”或“采茶灯”，是比较常见的一种民间舞蹈形式。茶灯是福建、广西、江西和安徽“采茶灯”的简称。它在江西，还有“茶篮灯”和“灯歌”的名字；在湖南、湖北，则称为“采茶”和“茶歌”；在广西又被称为“壮采茶”和“唱采舞”，歌舞并举，主要表现茶园的劳动生活。除汉族和壮族的民间舞蹈“茶灯”外，有些民族盛行的盘舞、打歌，往往也以敬茶和饮茶为内容，如彝族打歌，往往是有客人光临并坐下后，主办打歌的村子或家庭老老少少恭恭敬敬地，在大锣和唢呐的伴奏下，手端茶盘或酒盘，边舞边走，把茶、酒献给客人，然后再边舞边退。云南洱源白族打歌和彝族打歌极其相像，人们手中端着茶或酒，在领歌者的带领下，唱着白语调，弯着膝，绕着火塘转圈，边转边抖动和扭动上身，边歌边舞。从某种角度看，也可以说这是一种茶艺舞蹈。

二、戏曲

中国传统的戏曲艺术经历了漫长的发展过程。原始的戏曲主要以音乐为主，结合说唱与舞蹈。随着其反映的生活内容的不断丰富，戏曲的叙事性、情节性慢慢增加，因此，也被称为戏剧。可以说，中国传统的戏曲和戏剧在历史上是一种发展关系，在内容和表现形式上有所侧重，但两者之间更多的是一种包容性和相融性，反映茶文化的戏曲更是如此。

1. 茶戏

茶戏开始就是“采茶戏”的简称。采茶戏是由具有采茶内容的歌曲和舞蹈发展而来的。采茶歌、采茶舞产生、形成与之相关的曲牌即为戏曲。采茶戏最早的曲牌是“采茶歌”。采茶戏是流行于中国江西、湖北、湖南、安徽、福建、广东、广西等产茶区的一种戏曲类别。其中还以流行地区的不同，被冠以地名加以细分，如广东“粤北采茶戏”、江西“赣南采茶戏”等。其形成的时间，大致都在清朝中期至清末时期。中国是世界上唯一以茶事命名剧种的国家。

有些地方的采茶戏，如蕲春采茶戏，在演唱形式上多少保持了过去民间采茶歌、采茶舞的一些传统。其特点是一唱众和，使曲调更婉转、节奏更鲜明，风格独具。

2. 戏曲中的茶事

广义的“茶戏”除了“采茶戏”外，还应包括所有与茶有关的、有茶题材内容的戏曲。戏曲起初也都是在茶馆演出的。

明代的《鸣凤记》中就有借品茶辨明忠义与奸佞、辨明是与非的故事。

《玉簪记》是明代戏曲家高濂的作品，写的是南宋时潘必正与陈娇莲因父母之命，以玉簪为聘，指腹为婚的故事。其中“茶叙”一幕，在当时干净、清新的饮茶环境中，陈娇莲用阳羡名茶给潘必正喝，表明了人物内心的感情。

以茶待客是戏曲中的重要组成部分，除此之外戏曲中还有用茶饭祭奠、以茶为礼。如汤显祖的《牡丹亭》第三十出《欢挠》中用了“老道姑送茶”作为深夜拜访的理由，推动了故事情节发展。汤显祖还运用“茶堂”“禅房烹茶”“陪茶”等推进故事情节。第五十三出《硬拷》中的“纳采下茶”就是明朝婚姻关系中茶的应用，泛指男方向女方提供聘礼，如果女方接受聘礼，就意味着双方定亲、建立婚约。

孔尚任的《桃花扇》以李香君和侯方域的爱情故事为主线，借离合之情，抒兴亡之感，其中马士英的唱词："不须月老几番催，一霎红丝联喜，花花彩轿门前挤，不少欠分毫茶礼。"茶礼即古代女子受男家聘、完婚的称谓，或称"下茶"。

传统剧目《西园记》的开场词中，即有"买到兰陵美酒，烹来阳羡新茶"之句，有特定的乡土民情气息。又如20世纪20年代初，中国著名剧作家田汉创作《环珴璘与蔷薇》时，有意识地插进了不少诸如煮水、取茶、泡茶、斟茶、品饮的场面或情节，使全剧更贴近生活，更具真实感和形象化的效果。

老舍（1899－1966），原名舒庆春，字舍予，老舍是他的笔名，他是中国著名的现代文学家，20世纪20年代即享有盛名。老舍的三幕话剧《茶馆》创作于1957年，第一幕写的是戊戌变法失败后，帝国主义的势力越来越大，"大清国要完"时国家的积弱积贫和政治黑暗；第二幕写民国初年军阀割据，民不聊生，老板王利发尽管竭力维护、改良茶馆，但也难以维持生计；第三幕写抗日战争胜利后，国民党特务和美国兵在北京横行不羁，百姓命运堪忧，王利发被逼自缢。《茶馆》以北京裕泰茶馆这一典型环境刻画了数十个具有时代特征的人物形象，深刻而生动地反映了历史上中国社会前后长达五十年的沧桑变迁。这部话剧不仅在国内经久不衰，而且在巴黎献演，轰动了法国和整个西欧。

第四节　影视

影视，包括电影和电视，是建立在光电科技发展基础上的现代艺术形式，具有变化丰富、表现内容不受时空限制等特点。在茶文化的内容表现上更具有纵深感和宽广度，在表现力上更具有现代感。

一、电影

据《中国茶经》记载，1905年北京丰泰照相馆拍摄的戏曲片《定军山》，拉开了中国国产电影的序幕。在"襁褓阶段"的中国电影黑白无声片阶段，我国采茶人就已走进银幕，并成为电影的主角。1924年，由朱瘦菊编剧，徐琥导演，王谢燕、杨耐梅等主演的《采茶女》，是我国摄制的一部与"茶"有关的影片。该片讲述了一个富家子弟和采茶女之间的爱情故事，谴责了当时社会上"持富凌贫，有金钱无公理"的丑恶现象，同时，热情赞扬了男女主人公在金钱面前的爱心不移。《采茶女》与同时期的《玉梨魂》《空谷兰》《碎琴楼》《桃花湖》《红泪影》等影片的推出，对打开中国国产电影的发展局面，起到了不可低估的作用。

以茶为题材的故事影片有三十多种。常被提及的话剧和电影如《茶馆》和《喜鹊岭茶歌》以外，影响较大的茶叶故事影片还有《第一茶庄》《不堪回首》《春秋茶室》《茶色生香》《龙凤茶楼》《行运茶餐厅》《大马帮》《茶马古道》《绿茶》《菊花茶》以及《茶是故乡浓》《大碗茶》等十几部。

二、电视

电视包括电视剧和电视专题片，对茶文化的传播、宣传比电影影响更广，反映茶文化的内容更加全面。各电视台推出了多部大型茶文化系列专题片、以茶为主题的电视剧及与茶相关的电视作品，如大型纪录片《茶叶之路》《茶，一片树叶的故事》等，向全世界呈现茶的悠久历史和文化魅力。

技能篇

第八章
泡茶用具

大体而言，我国茶器文化的发展是随着茶类与烹茶方式的改变而演进的。

第一节　唐代煎煮茶法与茶器

茶形态的演变，一般可分为唐宋的片茶（固形茶——饼茶、团茶）和明代以后以散茶（叶茶）为主的两个阶段。唐宋固形茶的饮用法，大多先将茶研碾成末，唐人将茶末投鍑（或茶釜、茶铛等）煮饮。中唐陆羽撰有《茶经》，总结出一套专为煎煮末茶的茶器，正式奠定了茶器在饮茶史上的重要地位。

一、唐代茶器产生的文化背景

我国饮茶历史悠久，相传始于炎帝（神农）时期，但当时茶多作为药饮。茶正式见于文献记载，则为西汉宣帝神爵三年（公元前59年）王褒所著《僮约》内所记的“烹荼尽具”“武阳买荼”。契约上规定了奴仆便了必做的工作中有“烹荼尽具”“武阳买荼”。这是目前为止有关茶器的最早文字资料（唐代以前“茶”字多写成“荼”。“荼”字一直沿用至中唐，陆羽《茶经》已用“茶”字，不过在出土的长沙窑茶碗内仍书有“荼埦”“荼盏子”，然亦有写成“茶”字的，如“镇国茶瓶”“大茶合”等，可见“荼”“茶”相通。）

虽无法了解汉代的茶器，但此段文字应可视为记录烹茶饮茶用器的开端。唐代以前，饮茶仅流行于长江以南地区——即今四川、湖南、湖北、浙江、江南等产茶区，唐代以后茶饮才遍及全国。唐代封演所著《封氏闻见记》中说道：“茶早采者为茶，晚采者为茗，《本草》云：‘止渴、令人不眠。’南人好饮之，北人初不多饮。开元中泰山灵岩寺有降魔师大兴禅教，学禅务于不寐，又不夕食，皆恃其饮茶，人自怀挟，到处煮饮，从此转相仿效，遂成风俗。起自邹、齐、沧、棣，渐至京邑，城市多开店铺，煎茶卖之，不问道俗，投钱取饮。其茶自江淮而来，舟车相继，所在山积，色类甚多。”北方由于气候及地理环境的关系，不适合茶的生长，因此茶皆由江淮运送北上。至唐玄宗开元时（713—741），全国不分道俗，都把饮茶视为日常生活的一部分。而陆羽《茶经》的问世，更把吃茶一事推向艺术领域。所以《封氏闻见记》记载：“楚人陆鸿渐为《茶论》，说茶之功效，并煎茶、炙茶之法，造茶具二十四事……于是茶道大行，王公朝士无不饮者。”

陆羽《茶经》内容完备，涉及广泛，几乎囊括了茶学的每一个领域。《茶经》中记述：“饮有觕茶、散茶、末茶、饼茶者”等四种茶，由此可知叶茶（觕茶、散茶）在唐代已经饮用，只是叶茶在唐代并不占重要地位，也不是主要的茶类，至少在士大夫、文人间并不流行。

二、陆羽《茶经》中记载的煎煮茶法

煎煮茶法为唐代的主要饮茶方式，风行于文人、僧道之间，在诗文中通常以“煎茶”称之。《茶经·五之煮》中以一卷篇幅专论茶的煎煮操作方式，以饼茶研碾成末后煮茶。饼茶即茶叶经过“采之、蒸之、捣之、拍之、焙之、穿之、封之”而成（图8-1）。饮用方法根据《茶经》的“四之器”和“五之煮”二章的描述还原，其操作顺序如下（图8-2）。

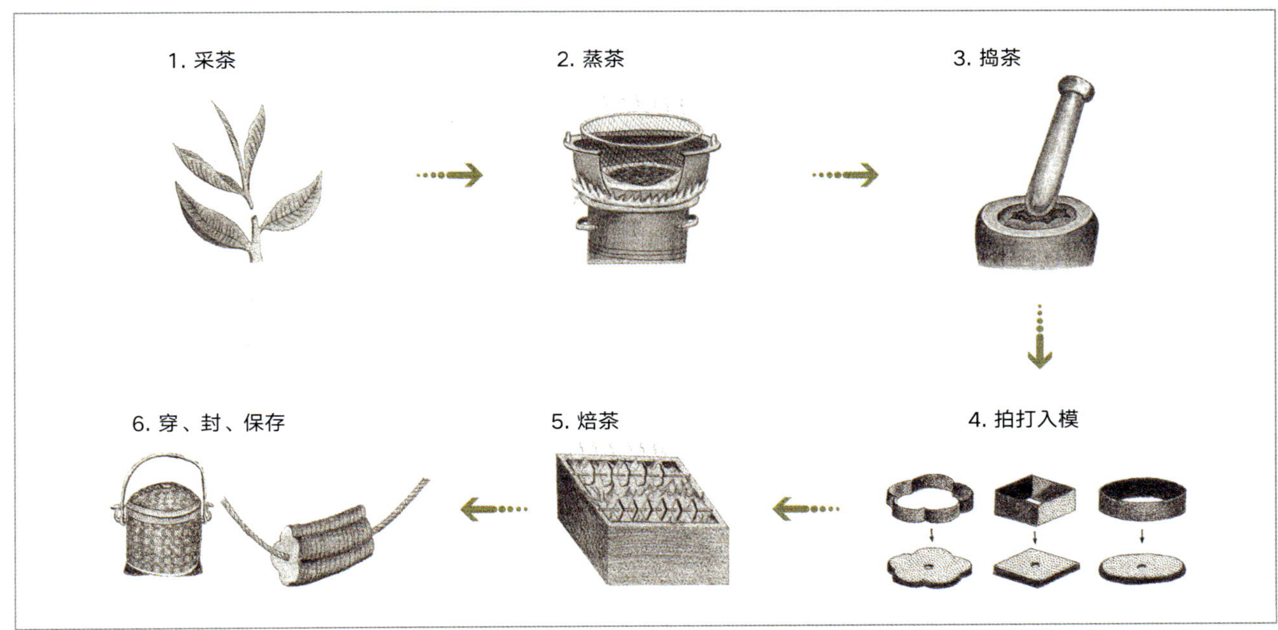

图8-1　唐代制茶工序简图（作者经考证后绘制）

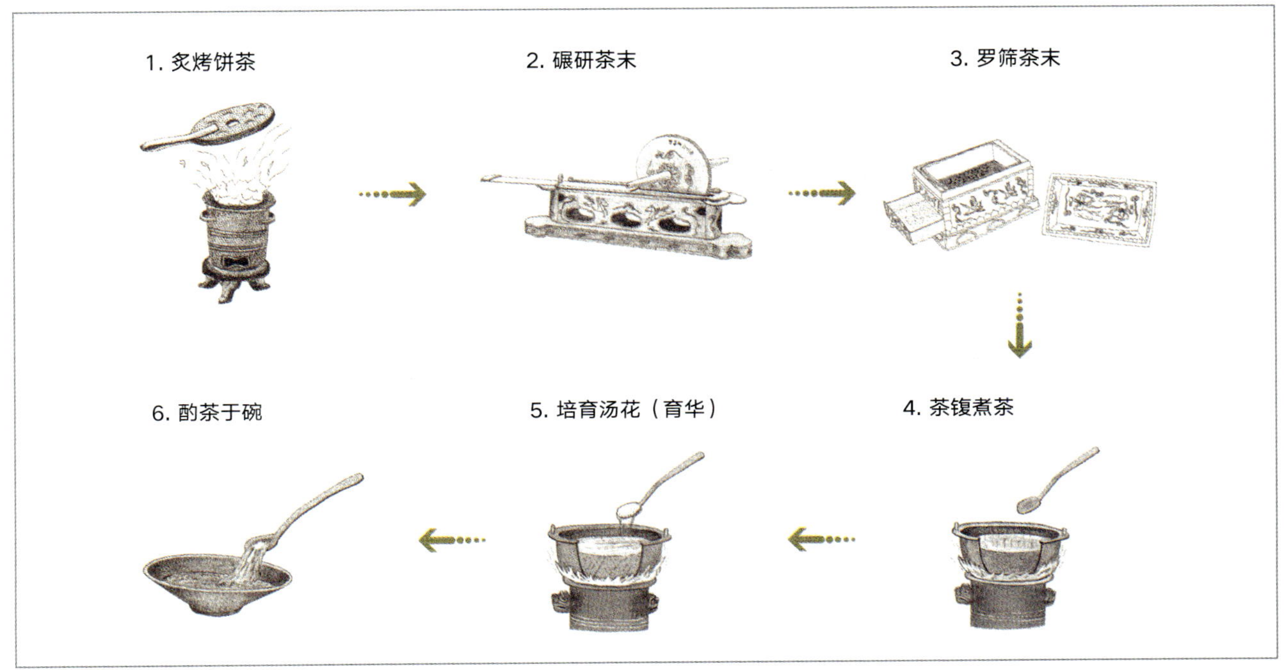

图8-2　唐代煎茶简图（作者经考证后绘制）

1. 备茶

首先炙烤饼茶，以“竹夹”夹茶就炙，炙好后将其储放于“纸囊”使香气不散失。待饼茶晾凉后，以“碾”研磨成粉末，经“罗”筛滤出细茶末，再存于“合”内。

2. 煮水

以“鍑”（茶釜或茶铛）盛水，置于“风炉”上煮沸。

3. 投茶、搅拌茶末，并育华

加盐调味及投茶末煮茶，水第一沸时，依“鍑”内汤之多寡，从“鹾簋”中取出适量的盐添入，用以调味。待水第二沸时以“瓢”（长柄勺）酌汤一勺备用，一面以“竹夹”在鍑汤中心循环击拂搅动，再以“则”（茶量）量茶末，对着鍑中心下末，片刻，茶汤势如奔涛溅沫，此为第三沸，此时浇入先前置旁的第二沸水止沸，以做培育汤花之用。汤花为放入茶末之后沸水中搅拌所产生，汤花之薄者曰“沫”，厚者曰“饽”，细轻者曰“花”。

4. 酌茶于茶碗，分茶、奉茶

至第三步，茶已烹煮完毕，将煮好的茶分酌于“碗”，茶碗专作饮茶之用，分茶时必须沫饽平均。

煮茶操作程序中还需用到一些清洁用具，例如“涤方”是贮放污水容器，“滓方”贮茶沫、渣滓，“巾”擦拭茶渍。饮茶器一律陈设置于“具列”之上，茶事完毕则以“札”刷洗“鍑”，茶器清洁后收容于“都篮”。

三、唐代代表性茶器

细品《茶经》记载的烹煮法，不难发现“四之器”和“五之煮”是相互关联的，有一定的程序与准则，茶器为煮茶时的必备用具。陆羽列举了二十五种茶器，在煮饮过程中，两者互相配合，遂成煎茶、品茶之道。

饮茶以一定的方式煎煮，唐代文献普遍称为“煎茶”。煮茶与煎茶所用茶器为“鍑”或“茶釜”、“茶铛”，操作方式类似。

现今查考文献，尚未发现唐代以前品茶程序的叙述记载。唐代茶风的开展与禅寺僧人关系密切，封演《封氏闻见记》中已言及北方饮茶最初是由禅院兴起，学禅务于不眠，茶有提神的作用，因此广为流传。都城长安的各大寺院，自然亦把饮茶视为学禅时的重要课业之一，长安西明寺出土了大量邢窑白瓷茶碗、执壶以及带铭文的“西明寺石茶碾”（图8-3）即可概知当时寺院的饮茶盛况。而西明寺亦在饮茶文化东传日本时，扮演着重要的桥梁角色。

图8-3　唐　西明寺石茶碾（西安市博物馆藏）

唐代茶器除中唐《茶经》所述之外，晚唐陆龟蒙、皮日休亦作有《茶具十咏》。实物则有西安法门寺地宫出土的一套由唐懿宗（859—872）及唐僖宗（873—888）供奉的茶器，有茶碗和茶托（图8-4）、茶碾（图8-5）茶罗（图8-6）、鹾簋等。各地出土的唐代茶碗与茶托亦有不少，如越窑茶碗（图8-7）、邢窑茶碗以及金银茶碗等。

图8-4　唐 琉璃茶碗、茶托（法门寺博物馆藏）

图8-5　唐 鎏金鸿雁流云纹银茶碾子（法门寺博物馆藏）

图8-6　唐 鎏金仙人驾鹤银茶罗子（法门寺博物馆藏）

图8-7　唐 越窑青釉璧形足茶碗（连云港市博物馆藏）

近几年，洛阳白居易邸宅出土邢窑茶碗及茶托。沉船中亦发现长沙窑带铭“茶盏子”（图8-8）、“茶埦”。另外，2015年，河南巩义市出土的数套小型陪葬用茶器等是目前出土的较为完整的成组唐代茶器（图8-9），《茶经》中所述主要茶器，占半数以上。另外唐代茶碗中最为常见的越窑青瓷及邢窑白瓷璧形足茶碗（图8-10），在日本、伊朗亦皆有出土，而台北故宫博物院所藏《宫乐图》中仕女们所持茶碗亦为青瓷系茶碗。

图8-8 唐 长沙窑青釉褐绿彩“茶盏子”铭茶碗（印尼海域黑石号沈船出水）

图8-9 唐（中晚期）单彩、三彩茶器一组，有茶碾、风炉、炉座、茶釜、茶瓶、茶碗茶托、茶食盘、具列（茶器台）（2015年河南省巩义市小黄冶村出土）

图8-10 唐 邢窑白釉璧形足茶碗（西安文物考古研究院藏）

第二节 宋代点茶法与茶器

宋代为饮用末茶的黄金时代，茶器方面的论述亦非常丰富，如：蔡襄《茶录》、宋徽宗赵佶《大观茶论》、审安老人的《茶具图赞》，均提及点茶、斗茶等的主要茶器。而斗茶所需的建窑黑釉茶碗，更是宋代文人竞相吟咏的对象。

一、宋代茶器演进的文化背景

宋代饮茶方式与唐代差别不大，以团茶和草茶为主。进贡团茶的制作尤其讲究，早在宋太宗太平兴国二年（977）起，朝廷就开始派遣转运使（贡茶使）至北苑督造贡茶，同时又特颁龙凤图案模具，制作龙凤团茶，自此掀开建安龙凤贡茶辉煌的一页。丁谓、蔡襄皆做过福建转运使，蔡襄主理北苑时更创制小龙团饼茶，龙团茶之珍贵，从北宋文人士大夫梅尧臣、欧阳修、苏东坡、黄庭坚、张耒等人的诗作中可见。

宋代团茶的制法在黄儒的《品茶要论》（约成书于1075年）、宋徽宗的《大观茶论》（成书于1107年）、北宋赵汝砺的《北苑别录》（成书于1186年）中均有详细记载。据《北苑别录》记载，其制造工序为采茶、拣茶、蒸茶、榨茶、研茶、造茶（茶放入圈形、铸形模具即入模，大小龙凤团、方铸、花铸即在此时固定成型）、过黄（成型的茶再经数日火焙，使其干燥硬结、面生光泽）等七道主要工序。

二、历史文献记载中的宋代点茶法

宋代点茶法一改唐代直接将茶末置于鍑（茶釜或茶铛）中煎煮的方式，点茶之前需把饼茶研碾成末，首先把团茶以绢纸密裹，持“钤”烘焙，再以“槌”捶碎。陈渊《留龙居士试建茶既去辄分送并颂之》诗说道：“末下钤锤墨如漆，已入筛罗白如雪。”即为形容团茶表面漆黑捶碎碾筛后现出白色茶末。宋代团茶贵色白，为长久保存，加工一道，即《北苑茶录》中所提及的过黄工艺。经过锤碎的茶，将其移至“茶碾”（饼茶）或“茶磨”（草茶）加以研碾成细末，最后经“罗”筛滤，使茶末更加细致（图8-11）。

以上为点茶前的准备工作，宋代的点茶法大致分为点茶、斗茶。

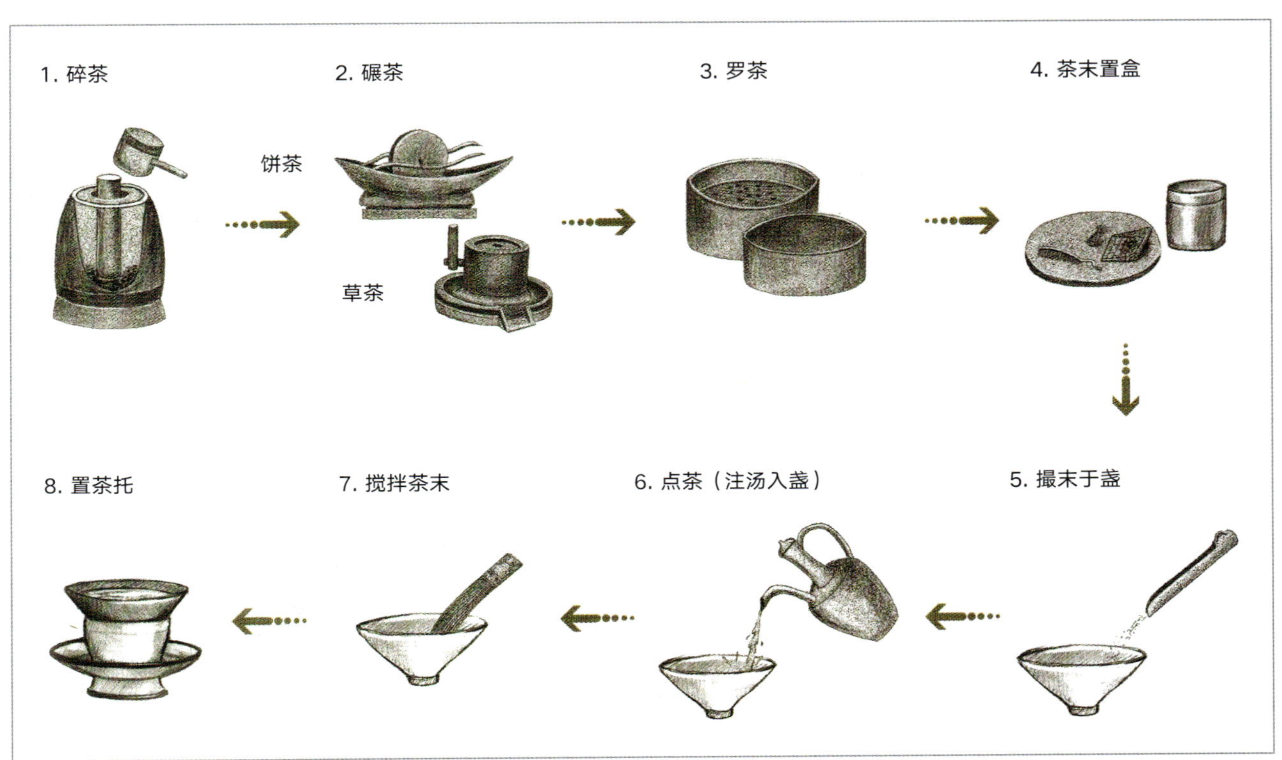

图8-11　宋代点茶法简图（作者经考证后绘制）

1. 点茶

茶末置于茶盏，汤瓶注汤六分，以茶匙或茶筅搅匀，即为点茶。点茶的“点”为滴注之意。点茶用末茶为建茶及其以外的草茶、双井及日铸等散茶，均研碾成末后使用。点茶所需茶器为“茶瓶”（汤瓶），用以煮水注汤；“茶盏”及“茶托”用以盛置茶末及饮器；“茶匙”（蔡襄《茶录》所载）或“茶筅”（图8-12）（北宋晚期以后使用，《大观茶论》始出现，用以击拂搅拌茶末）。

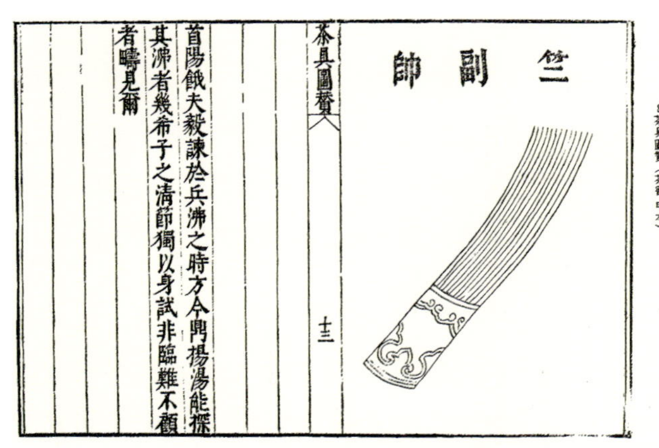

竺副帥

茶具圖贊 十三

首陽餓夫毅諫於兵沸之時方今鬨揚湯能探其沸者幾希子之清節獨以身試非臨難不顧者疇見爾

8 茶具圖贊（茶書 甲本）

图8-12 南宋 审安老人《茶具图赞》中的“竺副帅”茶筅

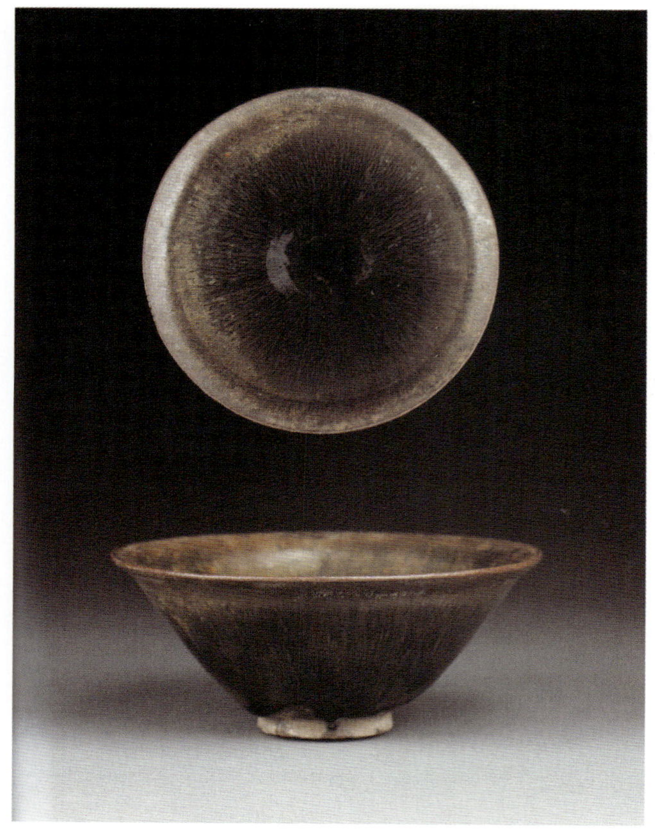

图8-13 北宋 建窑黑釉兔毫茶盏
（陕西蓝田吕氏家族墓出土）

2. 斗茶

斗茶为斗试比赛，更讲究点茶技巧，点茶过程中衍生的茶汤的变化，操作技巧的高低，击拂茶汤使茶沫、汤花所呈现的结果均为考评重点。斗茶进行时，必须注意注汤技巧，先把茶末与汤调成浓稠的膏状，再注汤至六分，以茶匙或茶筅击拂搅匀，茶筅的击拂需有轻重缓急。若茶末未经碾细、精筛，或击拂无力、搅拌不匀，皆容易造成茶末下沉，或分散在四周。茶末搅匀，茶沫、汤花浮面，紧贴盏沿（碗壁四周）不退的，称为“咬盏”。斗茶时不能出现茶面汤花或茶末和汤分开的现象，如汤花或茶沫与茶汤分开，或不咬盏沿即为“云脚散”（水脚散），开始会在碗内壁或汤花面上呈现水痕，这种汤花分散，不再咬住盏沿，或“茶沫”、汤花自茶盏面退散先出现者便为输家。蔡襄《茶录》中载：“视其面色鲜白，着盏无水痕者为绝佳。建安斗试，以水痕先者为负，耐久者为胜，故较胜负之说，曰相去一水两水。”可见斗茶不仅需有绝佳技巧，也讲究茶色贵白，因此需要黑釉茶盏来衬托茶色（图8-13）。宋人祝穆《方舆胜览》中谈到斗茶：“茶色白，入黑盏其痕易验。”一般以江浙草茶茶末点饮则不受此限，青瓷、白瓷、青白瓷（影青瓷）为饮草茶常用之茶盏，宋代茶诗中经常提起的“冰瓷雪碗”就是指此类茶盏。

三、宋代代表性茶器

宋代茶书论及茶器者，有北宋蔡襄《茶录》器论篇所论及的茶焙、茶笼、砧椎、茶钤、茶碾、茶罗、茶盏、茶匙、汤瓶等九种；宋徽宗《大观茶论》中罗、碾、盏、筅、瓶、杓等六种；南宋审安老人《茶具图赞》中录茶具十二式，分列图、赞，假以官职名作为器名，并附茶具十二先生姓名、字号。器有韦鸿胪（茶焙，烘茶笼）、木待制（茶臼、碎茶器，图8-14）、金法曹（茶碾，图8-15）、石转运（茶磨）、胡员外（贮茶器，或为舀水器）、罗枢密（茶罗、筛茶器）、宗从事（茶刷、茶帚，为扫拂

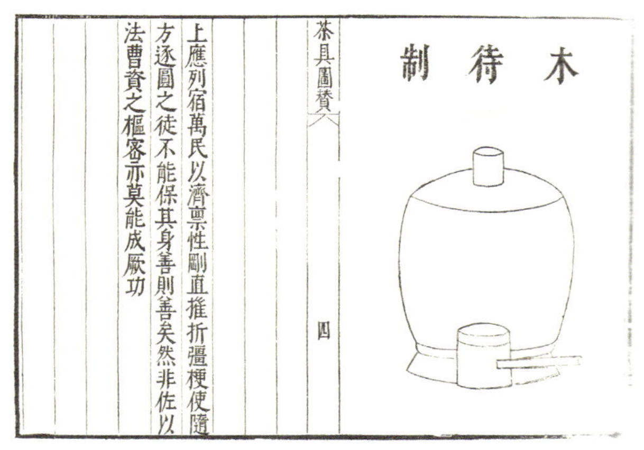
木待制

茶具圖贊　四

上應列宿萬民以濟禀性剛直摧折彊梗使隨
方逐圓之徒不能保其身善則善矣然非佐以
法曹資之樞密亦莫能成厥功

图8-14　南宋 审安老人《茶具图赞》中的“木待制”（茶臼）

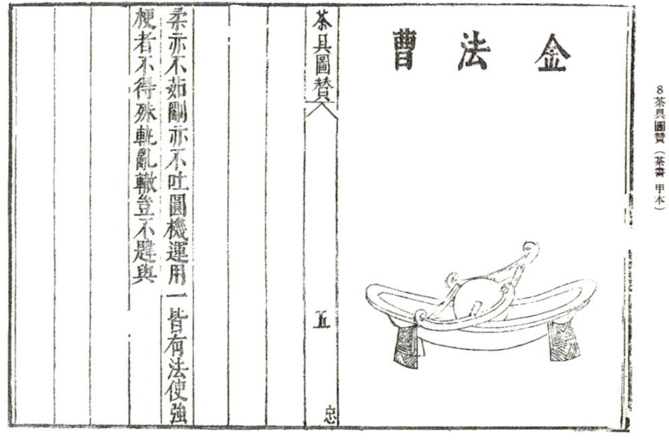
金法曹

茶具圖贊　五

柔亦不茹剛亦不吐圓機運用一皆有法使強
梗者不得殊軌亂轍豈不韙歟

8 茶具圖贊（茶書 甲本）

图8-15　南宋 审安老人《茶具图赞》中的“金法曹”（茶碾）

茶末之器，《茶经》的札、棕帚则为洗涤茶器之用）、漆雕秘阁（漆制茶托）、陶宝文（兔毫茶盏）、汤提点（茶瓶、汤瓶）、竺副帅（竹制茶筅）、司职方（茶巾）等十二种。从传说宋刘松年绘《撵茶图》、宋徽宗《十八学士图》中皆可见多项类似的茶器，如茶磨、茶筅、茶帚、茶盏、兔毫盏、黑漆茶托、朱漆茶托（图8-16）、茶瓶（图8-17）、茶巾等。

三本茶书所列茶器数目不一，显然作者仅列举了主要茶器，未述及次要或附属茶器。这或可解释为宋代茶书仅列点茶、斗茶所需用器，其他茶器或为约定俗成之器，故予以省略。仔细察看宋人的点茶程序及参照宋代诗歌和绘画，茶器还应包括风炉（煎煮茶汤、开水用的火炉）、都篮（贮藏茶器之用）等器具。宋人对点茶、斗茶乐此不疲，士大夫、文人间常对茶器赋诗作记，显见茶器仍居于重要地位。

图8-16　南宋 朱漆花口茶托
（江苏武进南宋墓出土 南京市博物馆藏）

图8-17　北宋 铁茶瓶
（陕西蓝田吕氏家族墓出土）

第三节　明代泡茶法与茶器

明代废团茶兴散茶，饮茶方式和茶器随之变化。明代中期以后，江南文人泡茶品茶之风极盛，茶器亦有划时代的变化。

一、明代茶器演进的文化背景

至明代，饮茶的习俗发生了饮茶史上的一大变革。洪武二十四年（1391）明太祖朱元璋下诏："罢造团茶，惟采芽茶以进。"正式废除福建建安团茶进贡，禁造团茶，改制叶茶（散茶）进贡，就此改变了饮用末茶的习惯，也结束了以团茶为主导的历史。末茶没落，连带的以茶筅击拂的点茶法亦渐行消失，从此国人少有知末茶、点茶为何物者。

由于叶茶的制法与泡饮方式焕然一新，饮茶文化进入新的时期，采摘后的茶叶多以揉捻、炒、焙制成，与今日茶叶的做法大致相同，不复宋代制法的繁复费工。明人谢肇淛《五杂俎》中记载："古人造茶，多舂令细末而蒸之。唐诗'家僮隔竹敲茶臼'是也；至宋始用碾。揉而焙之，则自本朝始。"炒青制茶法自明代以后即成为茶叶制作的主要方式，并且传播至全世界。散茶（叶茶）为条状，所以明人改用茶壶容茶，沸水冲泡，然后再将茶水注入茶杯（明清时期称为"茶钟"）品饮，这种壶、杯搭配的基本茶器组合一直沿用至今。

二、明代饮茶方式的变化

明人的饮茶方式以冲泡为主，相当接近现在的泡茶法。明代许次纾《茶疏・烹点》（成书于1597年）中说道："未曾汲水，先备茶具，必洁必燥，开口以待。盖或仰入，或置磁盂，勿意覆之。案上漆气食气，皆能败茶。先握茶手中，俟汤既入壶，随手投茶汤，以盖覆定，三呼吸时，次满倾盂内，重投壶内，用以动荡香韵，兼色不沈滞，更三呼吸项，以定其浮薄，然后泻以供客，则乳嫩清滑，馥郁鼻端。"非常清楚地说明了泡茶过程，即以第一泡茶汤倾入盂内，第二道茶汤冲泡供饮，表明明人重视茶色、茶香、茶韵等细节，实与今日泡茶方式相去不远。

三、明代代表性茶器

明代茶器与饮茶方式一样发生了变化。旧时饮用末茶的茶器，如茶碾、茶罗、茶筅、茶杓等，都因叶茶的冲泡方式而弃用。另外有些器皿，如茶壶，特别是宜兴的紫砂茶壶（图8-18至图8-21），在明代中期以后成为茶器新贵，成为文人、茶人争相使用、收藏的对象。明代以后的茶器，茶壶居主要地位，茶壶的大小、好坏亦关系到茶味，这是唐宋时期未曾有过的现象。明人重视江苏宜兴所产紫砂壶，明代文人文震亨在其《长物志》中说："茶壶以砂者为上，盖既不夺香，又无熟汤气。"冯可宾在《岕茶笺》（约成书于1623年）中亦说道："茶壶，窑器为上……茶壶以小为贵，每一客壶一把，任其自斟自饮，方为得趣。何也？壶小则香不涣散，味不耽阁。"故而宜兴所产紫砂、朱泥茶壶，自明代以来兴盛不衰，直至今日仍为广大爱茶者喜欢。不过冯可宾所说"壶以小为贵"的小壶，在多数明代出土实物或绘画上倒是罕见，一般所见出土茶壶，如江苏南京太监吴经墓出土的提梁壶、福建漳浦工部侍郎芦维桢墓出土的鼎足盖圆壶（图8-19）、华涵莪墓出土的时大彬制紫砂三足圆壶（图8-20）、陕西延安市出土的明末杨如桂墓大彬紫砂提梁壶（图8-21）等皆为较大型的茶壶；而由清宫旧藏的明代早期至晚期的茶器，似乎看不到使用小壶的趋势。明代宫廷留下的茶壶实物并不多，且多为瓷壶（图8-22）。

图8-18　明　时大彬款紫砂茶壶
（明末清初隐元禅师携带赴日京都黄蘖万福寺）

图8-21　明　大彬款提梁壶
（陕西延安市杨如桂墓出土）

图8-19　明　时大彬制宜兴鼎足盖圆壶
（福建漳浦工部侍郎卢维桢墓出土）

图8-22　明万历　青花高士图六棱提梁壶
（台北故宫博物院藏）

图8-20　明　时大彬制三足圆壶
（华涵莪墓出土　无锡市锡山区文体局藏）

台北故宫博物院所藏宣德紫金釉桃形壶、隆庆青花云龙纹提梁壶、万历青花六棱高士图提梁壶，及唐寅《品茶图》《事茗图》、仇英《松亭试泉图》、王问《煮茶图》（图8-23）等明代绘画作品中的茶壶，形制尺寸均不属小壶，因此冯可宾所撰“茶壶以小为贵”或专指特定区域、特定饮法。

1. 明代茶书中记录的茶具

明代茶器除顾元庆（1487—1565）《茶谱》（约1536）、高濂（1573—1620）《饮馔服食笺·茶泉类——茶器》（1591）及屠隆（1542—1625）《茶笺·茶具》（约1590）中详载器名和器用之外，余则大多为相互抄袭或零星记载。三书中的茶器几乎完全相同，唯《茶谱》比《饮馔服食笺》多一项，为苦节君行省（收纳茶炉的竹箱，图8-24），《茶笺》则比《饮馔服食笺》多四项。《饮馔服食笺》所记茶器有茶具十六器及总贮茶器七具（包括行省在内则有八项）、共二十四式，两部分文字大致如下：

（1）茶具十六器

① 商象（古石鼎也，用以煎茶）。

② 归洁（竹筅帚也，用以涤壶）。

③ 分盈（杓也，用以量水斤两）。

④ 递火（铜火斗也，用以搬火）。

⑤ 降红（铜火箸也，用以簇火）。

⑥ 执权（准茶称也，每杓水二斤，用茶一两）。

⑦ 团风（素竹扇也，用以发火。《茶笺》记为湘竹扇）。

⑧ 漉尘（茶洗也，用以洗茶）。

⑨ 静沸（竹架，即《茶经》支腹也）。

⑩ 注春（磁瓦壶也，用以注茶，即为茶壶）。

⑪ 运锋（劖果刀也，用以切果）。

⑫ 甘钝（木碪墩也）。

⑬ 啜香（磁瓦瓯也，用以啜茶）。

⑭ 撩云（竹茶匙也，用以取果）。

⑮ 纳敬（竹茶橐也，用以放盏）。

⑯ 受污（拭抹布也，用以洁瓯）。

图8-23　明 王问《煮茶图》卷局部（台北故宫博物院藏）

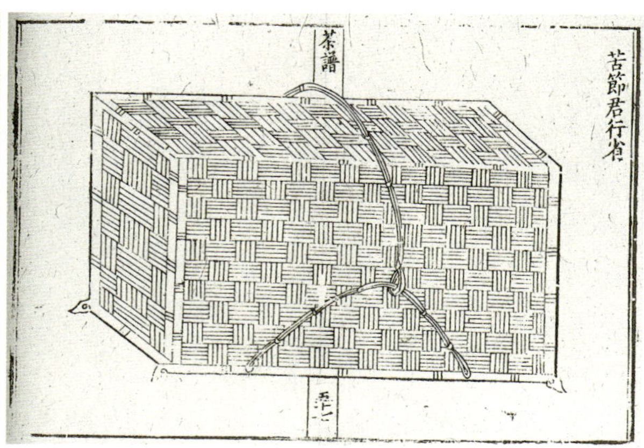

图8-24　明 顾元庆《茶谱》中苦节君行省（收纳茶炉的竹箱）像

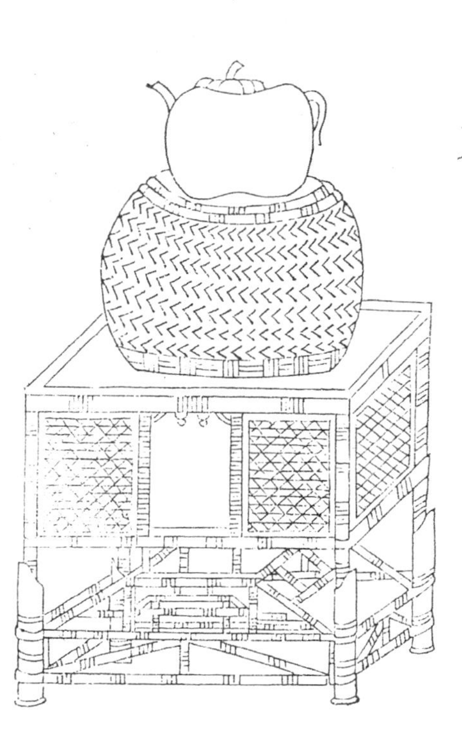

图8-25　明 郑熠校本《茶经》内收录的明顾元庆《茶谱》中苦节君（竹炉）像

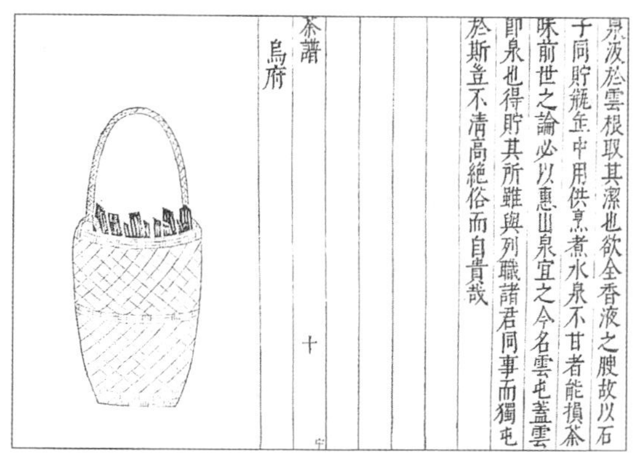
茶譜

烏府

泉汲於雲根取其潔也欲全香液之腴故以石子同貯瓶缶中用供烹煮水泉不甘者能損茶味前世之論必以惠山泉宜之今名雲屯蓋雲即泉也得貯其所雖與列職諸君同事而獨屯於斯豈不清高絕俗而自貴哉

十

图8-26　明 顾元庆《茶谱》中乌府（炭笼）像

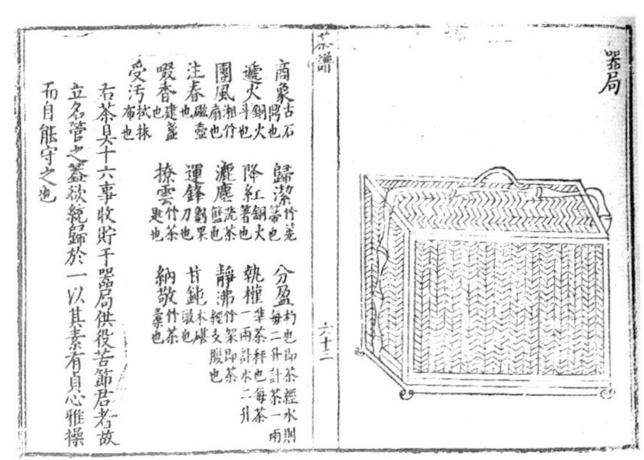
茶譜

器局

商象 古石鼎也
遞火 銅火斗也
團風 湘竹扇也
注春 磁壺也
啜香 建盞也
受汚 拭抹布也
歸潔 竹筅箒也
降紅 銅火箸也
漉塵 洗茶籃也
運鋒 劖果刀也
撩雲 竹茶匙也
分盈 杓也即茶經水則每二升計茶一兩
執權 準茶秤也每茶一兩計水二升
靜沸 竹架即茶經支腹也
甘鈍 木碪墩也
納敬 竹茶橐也

右茶具十六事收貯于器局供役苦節君者故立名管之蓋欲統歸於一以其素有貞心雅操而自能守之也

六十二

图8-27　明 顾元庆《茶谱》中器局（竹编方箱，收纳茶具用）像

（2）总贮茶器七具

① 苦节君及行省（煮茶竹炉也，用以煎茶，更有行省收藏，共计两项茶器）（图8-25及图8-24）。

② 建城（以箬为笼，封茶以贮高阁）。

③ 云屯（磁瓶用以杓泉，以供煮也。《茶笺》所记云屯为泉缶）。

④ 乌府（以竹为篮，用以盛炭，为煎茶之资）（图8-26）。

⑤ 水曹（即磁缸瓦罐，用以贮泉，以供火鼎。《茶笺》所记水曹为涤器桶）。

⑥ 器局（竹编为方箱，用以收茶具者）（图8-27）。

⑦ 品司（竹编圆橦提盒，用以收贮各品茶叶，以待烹品者也）。

以上总归茶器二十四项，并附说明，茶器名称与南宋审安老人《茶具图赞》相似，如：分盈为茶杓，用以量水；注春为茶壶，用以注茶；啜香为茶杯，用以啜茶。前者为动词说明其用途，后者为名词或形容词象征其义。总贮茶器中的“云屯”用以贮泉，意谓集天地灵气，它相当于《茶经》的“水方”；“乌府”是盛炭的炭笼；“苦节君”则是竹茶炉的代名词。正如高濂在《饮馔服食笺·茶具十六器》开篇所言：“收贮于器局供役，苦节君者，故立名管之，盖欲归统于一，以其素有贞心雅操而能自守之也。”反映了明代士人以茶、以器明志的情操。

2. 茶钟

虽然茶器名称改变，但大多未离唐宋器名范畴，只有茶壶（注春）、茶杯（啜香）及运锋（劖果刀）等几种茶器，是为了适应明代叶茶冲泡方式而产生的新形制茶器。啜茗的茶杯在明清等多数古籍中多以“茶钟”称之，清代宫中陈设档案也大多以“茶钟”登载，亦有以“茶碗”登录者。根据明清文献记载，“茶钟”一般钟口直径约10厘米；“茶碗”碗口直径则为12厘米左右。

在明代《江西省大志》中记载的饮茶茶盏，有嘉靖二十六年烧制的“白色暗龙花茶钟”、万历十九年烧制的“暗花云龙宝相花全黄茶钟”，其形制与永乐甜白半脱胎划花龙纹茶钟（图8-28）、宣德宝石红茶钟、宣德黄釉绿彩云龙纹茶钟、嘉靖白色暗龙花茶钟、嘉靖青花云龙纹茶钟、万历青花梵文茶钟等器形制大致相同，皆为撇口、弧壁、矮圈足，口直径约10厘米，高5厘米，底足直径约4厘米左右。虽然明早期永乐甜白半脱胎划花龙纹茶钟等器，清代旧名皆记载为茶钟，但明代早期并无确切记录，而据《江西省大志》有关景德镇御窑的记载，上述嘉靖二十六年以及万历十九年的两件茶钟形制，应是饮茶方式改变后出现的一种新式样；而且此类茶钟始现于明代初期，一直延续至清代晚期。清代乾隆时期之后，撇口形茶钟仍继续烧制，少数配有成套瓷盖，而明代茶钟是不带器盖的。雍、乾时期，茶钟较少带瓷盖者，实物及佚名《乾隆帝雪景行乐图轴》右面侍仆们烹煮三清茶的小几的茶盘上绘有带盖茶钟。清宫造办处乾隆时期《各做成作活计清档》资料显示，多有另配紫檀木钟盖记录。

明代李日华善书画、精鉴藏，世称博物君子，曾官至太仆少卿，万历二十六年春受命选拣御用各色窑器，其著作《味水轩日记》万历三十七年（1609）八月七日记载：“购得万历初窑真言字茶杯二只，甚精雅可玩。近鄱善国告，苏摩罗青（苏麻离青）已竭，而景德镇匠手率偷薄苟且，烧造虽繁，恐难复睹此矣。然近日建窑造白器物（福建德化窑白瓷），日以精良，岂人事搏埏之工亦随造物转移耶。”李日华所言万历青花真言字茶杯，正与1924年“清室善后委员”会清点故宫文物时所编辑的《故宫物品点查报告》上清宫定名的“明万历青花番字（梵文真言）茶钟”（口径9.3厘米，高5.1厘米，足径3.4厘米）（图8-29）、“明万历青花番字（梵文真言）平足茶钟”（口径12.0厘米，高4.2厘米，足径5厘米）（图8-30）等类似。景阳宫“清室善后委员会”所编代码为“律”，“律一六三之12”共有四十四件万历茶钟。

除上述造型之外，另外也有几款明代文人推崇的白瓷茶钟，如永乐、宣德白釉小莲子茶盏（图8-31、图8-32）在文震亨《长物志》（约成书于1621年）中被赞誉为：“宣庙有尖足茶盏，料精式雅，质厚难冷，洁白如玉，可试茶色，盏中第一。”相同形制亦有青花品类，这类尖足，外底心呈尖底状，胎壁比一般宣德器略厚。图8-33则是《江西省大志》上记载嘉靖二十五年烧制的。

明代茶器的发展如前所述，与茶制、饮茶方式的改变有密不可分的关系。明代晚期文人饮茶如《茶疏》《长物志》《茗笈》所载，为呈现茶汤色，故以白瓷茶钟为上。而御窑烧制的茶钟花色如黄釉、回青、青花、五彩、斗彩等品类应有尽有。

第四节　清代宫廷饮茶与茶器

清代继承明代的茶类与饮茶方式，饮茶用器亦如此，不过清代盖碗的使用远比明代多。又由于南北用茶不同，茶器的使用也略有不同，北方多使用大壶、大杯（茶碗或茶钟），为了保温，带托盖碗的使用最为普遍；而闽粤地区则以“工夫茶”的泡茶方式为主，茶器以小型茶壶、茶杯为多。

一、清代茶器演进的文化背景

清代与明代的饮茶风尚大致相同。尽管产于江南的高品质茶品多数进贡宫廷，但宫廷饮茶方式与民间并无多大差异。清朝康熙、雍正、乾隆三代国势强盛，财力丰富，景德镇窑和宜兴窑生产各类茶器品种丰富，创造了多种装饰技法，造就了康、雍、乾三代茶器之精与饮茶风尚之盛。

图8-28　明永乐 甜白半脱胎划花龙纹茶钟
（台北故宫博物院藏）

图8-29　明万历 青花番字（梵文真言）茶钟
（台北故宫博物院藏）

图8-30　明万历 青花番字（梵文真言）平足茶钟
（台北故宫博物院藏）

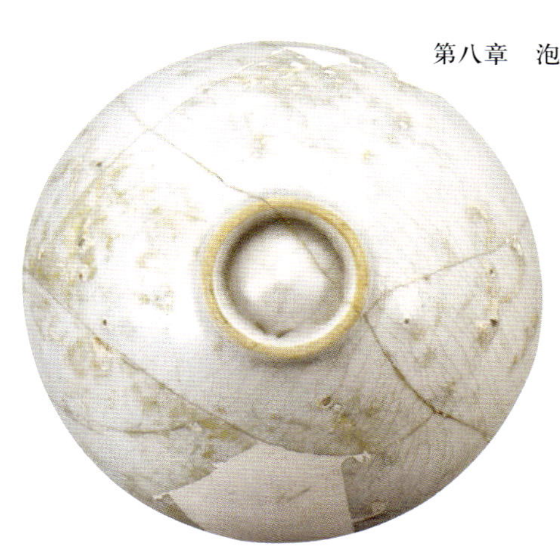

图8-31　明永乐 白釉莲子（尖足）茶钟
（景德镇陶瓷考古研究所藏）

图8-32　明宣德 白釉莲子（尖足）茶钟
（台北故宫博物院藏）

图8-33　明嘉靖 青花团龙菱花茶钟
（台北故宫博物院藏）

根据清宫档案记载，宫廷饮茶，康熙时期有福建武夷山的岩顶新芽、江西的林岕雨前芽茶以及云南的普洱茶、女儿茶等。雍正时期常见的贡茶则有武夷莲心茶、岕茶、小种茶、郑宅茶、金兰茶、花香茶、六安茶、工夫茶等。到了乾隆时期，各地贡茶又增加不少，品类丰富，多达七十余种，特别有名的如乾隆皇帝个人偏好的三清茶、龙井茶、顾渚茶、武夷茶等。乾隆皇帝在位六十年，一生嗜茶，举办过多次茶宴，更留有千余首品茶诗文。由《清高宗御制诗文全集》可见，乾隆皇帝对品茶极为讲究，以自封天下第一泉的“玉泉山玉泉水”“雪水”或采集荷叶上的露水汇成的“荷露”烹茶。

清宫常用的贡茶除云南普洱茶为团茶外，大多为散茶，因此作为叶茶冲泡的茶壶与茶钟，及保存贮藏茶叶的茶罐或茶叶瓶成为清代茶器的一大特色，清代宫廷所藏茶器之精美与华丽前所未有。嘉庆、道光之后，国力渐衰，御用瓷器的制作呈衰退之态，道光之后茶器的质量、造型及数量皆难与清三代盛世相比。

二、清代宫廷茶器的兴与衰

清代宫廷茶器兴衰与时代的盛衰、统治者的品位，以及文人、士大夫的喜好等相关。如明末清初江苏宜兴窑紫砂、朱泥器盛行，康熙御用茶器中就有不少宜兴紫砂胎珐琅彩茶壶、茶钟、盖碗，其胎于宜兴制坯烧制精选后，再送至清宫造办处由宫廷画师加上珐琅彩绘，二次低温烧制而成（图8-34）。这些茶器均有“康熙御制”款识，茶器形制亦与同时代的民间紫砂器略有不同，因此称其为“宫廷紫砂器”。对照清道光十五年（1835年）七月十一日立《珐琅玻璃宜兴磁胎陈设档案》（以下简称《陈设档》）及光绪元年（1875年）十一月初七日《陈设档》，宜兴胎珐琅彩茶器的详目记载，四十年间仅少了一件为咸丰四年（1854年）咸丰皇帝赏给皇后钮祜禄氏的“宜兴胎画珐琅包袱壶一件”，道光十五年七月十一日，《陈设档》翔实记载了十个项目的宜兴胎珐琅彩茶器。其中“宜兴胎画珐琅包袱壶一件”记录文字下“咸丰四年十月初五日小太监如意传：上要去，赏皇后用宜兴画珐琅包袱壶一件。”其余十九件现藏于台北故宫博物院。这些带有“康熙御制”款识的宜兴紫砂胎茶器长久以来受到清宫的珍惜。

图8-34　清康熙　宜兴胎画珐琅四方花卉壶及四季花卉盖碗
（台北故宫博物院藏）

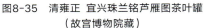

图8-35　清雍正 宜兴珠兰铭芦雁图茶叶罐
（故宫博物院藏）

图8-36　清雍正 青花折枝花果纹茶叶罐
（台北故宫博物院藏）

现存清代宫廷茶器主要以茶碗、茶钟为最大宗，其次为茶叶罐和茶壶。

康熙、雍正、乾隆时期茶叶罐的形制、纹饰有颇多类型，形制与锡制或宜兴样式类似。

由外国传教士推介，康熙皇帝颇喜爱西洋珐琅彩器，并在宫中成立珐琅作坊，制作各种珐琅彩器。由康熙朝少数的瓷胎画珐琅及宜兴胎画珐琅彩器，已见为日后珐琅彩瓷的发展奠定了基础。到了雍正时期，珐琅彩器无论胎釉、彩绘更臻于成熟，雍正皇帝不仅亲评珐琅彩器质量的优劣，还提供宫中所收藏宜兴茶壶作为参照物，命人依样烧造或略为修改，故雍正时期的珐琅茶器精美绝伦，为清代珐琅彩之冠。雍正皇帝赏赐给大臣贡茶时，常连茶带瓶一起赠送，由奏折可知其中有大小瓷瓶、锡罐等，清宫中雍正时期的大小茶叶罐收藏颇为丰富，大部分盖罐形的茶叶罐都受到当时宜兴紫砂茶罐形制的影响（图8-35、图8-36），器形十分相似，唯茶叶罐盖上多加盖纽，或小小有变化而已。

雍正年间曾命人烧制珐琅彩瓷茶壶、茶钟或茶碗，这些珐琅彩器，器胎在景德镇御窑场烧成白瓷后，再运至紫禁城或圆明园造办处，由宫廷画匠以珐琅彩绘画图案，二次低温烧成。当时各式花样大多仅烧制一对，绝少大量生产，因而此类珐琅茶器弥足珍贵。

乾隆时期珐琅彩瓷茶器的情形也是如此，《陈设档》内记录的茶器略多于雍正时期，如：瓷胎画珐琅山水人物茶钟（两件）、瓷胎画珐琅富贵长春茶钟（两件）、瓷胎画珐琅番花寿字茶钟（两件）等。

乾隆皇帝啜饮“三清茶”时必用“三清茶诗茶碗”，有青花、矾红彩，陈设档上登录为“青花白地诗意茶钟拾件”“红花白地诗意茶钟拾件”。其他还有漆器、雕漆等品类，另有洋彩三清茶诗茶壶，这些器皿上皆书有乾隆皇帝御制《三清茶诗》。《三清茶诗》是乾隆十一年（1746年）秋巡五台山时，回程经定兴遇雪，乾隆皇帝于毡帐中以雪水烹煮三清茶所作之诗，后命景德镇御窑制作茶碗，书御制《三清茶诗》于其上。关于《三清茶诗》乾隆皇帝曾多次题咏，如乾隆四十六年御制《咏嘉靖雕漆茶盘》诗注中加以说明：“尝以雪水烹茶，沃梅花、佛手、松实啜之，名曰三清茶。纪之以诗，并命两江陶工作茶瓯，环系御制诗于瓯外，即以贮茶，致为精雅，不让宣德、成化旧瓷也。”乾隆皇帝正月于重华宫举

图8-37　清乾隆 青花三清茶诗盖碗及款识（故宫博物院藏）

办茶宴，经常赐饮三清茶，饮罢并赐三清茶碗，如乾隆五十一年《重华宫茶宴廷臣及内廷翰林用五福五代堂联句复得诗二首》中提及："……茗碗文房颁有例，浮香真不负三清。诗注：重华宫茶宴，以梅花、松子、佛手用雪水烹之，即以御制三清诗茶碗并赐。"（图8-37）可见《三清茶诗》茶碗制作量较大。

《陈设档》中未登记的茶器仍有不少，如整组的《荷露烹茶诗》茶壶、茶碗，这是乾隆皇帝专为荷露煮茶时使用的。此套茶器上的《荷露烹茶诗》作于乾隆二十四年（1759）秋天，内容为采集新秋荷上的露水烹煮，诗云："秋荷叶上露珠流，柄柄倾来盎盎收。白帝精灵青女气，惠山竹鼎越窑瓯。学仙笑彼金盘妄，宜咏欣兹玉乳浮。李相若曾经识此，底须置驿远驰求。"采取荷露烹茶的雅事并非始于乾隆皇帝，明代嗜茶文人早有先例。乾隆皇帝喜爱采用不同时节的荷露烹茶，并留下多首《荷露烹茶诗》。

清代自康熙时期开始，宫廷使用宜兴茶器，不过康熙御制的宜兴胎茶壶或茶碗几乎都施珐琅彩，纯以宜兴胎泥不施釉彩则始于雍正时期，但无款识。乾隆时期开始，才出现带有帝王年号款识的宜兴茶器，而且大部分皆以乾隆御制诗作为器面装饰，如北京故宫博物院所藏各色胎泥的一面绘画、一面御制诗装饰的茶器（图8-38、图8-39）。

图8-38　清乾隆 宜兴黄泥御制诗烹茶图茶壶·茶叶罐（故宫博物院藏）

图8-39　清乾隆 宜兴灰泥御制诗松石图茶壶（故宫博物院藏）

乾隆皇帝喜爱宜兴茶壶，乾隆七年，乾隆皇帝作《烹雪叠旧作韵》诗，文中有："玉壶一片冰心裂，须臾鱼眼沸宜磁。诗注；宜兴磁壶煮雪水茶尤妙。"可见乾隆皇帝使用宜兴茶壶烹煮雪水茶。宫廷茶器受宜兴茶壶或茶叶罐的形制影响颇大，如前述雍正皇帝即曾命人仿照宜兴茶壶制珐琅彩器，而瓷器单色釉或彩瓷茶叶罐、瓶形制都可见到与宜兴茶叶罐的相似之处。

清代茶器的制作在嘉庆时期之后渐走下坡路，少见精致茶器，大都是沿袭前代造型。据嘉庆十八年《清可轩陈设清册》载，清漪园（光绪时期重新修建后改称颐和园）清可轩内陈设有紫檀茶具几、紫檀茶具格、竹炉等茶器，足见嘉庆继承或沿用乾隆旧制，亦于清可轩设竹炉品茗，而此处的布置可能从乾隆时期以来未有更动——清漪园清可轩为乾隆皇帝偶临品茶休憩之所，它虽然不像乾隆时常驾临品茗的其他行宫园囿，如西苑"千尺雪""焙茶坞"、玉泉山静明园"竹垆山房"、香山静宜园"试泉悦性山房"等，但清可轩内亦设竹炉茗碗，为品茗之所，轩内陈设、器物很可能从乾隆朝至嘉庆朝未曾变动。而由清宫旧藏实物来看，嘉庆时期以后的茶器，无论数量还是质量，实难与前朝相比。

清代晚期一套三件式的盖碗倒是一直流行至今。而明代晚期闽粤流行以小茶壶、小杯饮茶的风尚似未被清廷所接受。使用小壶、小杯冲泡的所谓工夫茶饮茶方式仍仅流行于闽南及潮州地区，并未风行北方各地，饮茶方式与当地的地理环境及饮茶品种等有关。

三、清代工夫茶与茶器

清代工夫茶流行于福建汀州、漳州、泉州以及广东潮州等地，因此又称"潮汕工夫茶"（潮州属潮汕地区）。清徐珂《清稗类钞》一书中提及："闽中盛行工夫茶，粤东亦有之，盖闽之汀、漳、泉、粤之潮，凡四府也。烹治之法，本诸陆羽《茶经》而器更精。"工夫茶主要使用的茶器称为"潮汕四宝"或"乌龙茶四宝"，有潮汕风炉（茶炉）、玉书碨（汤壶、煮水壶、汤瓶）、孟臣壶（泡茶壶）、若深杯（"若深珍藏"款识茶杯）等。有关工夫茶最早的著述，或见于乾隆五十八年时任广东兴宁县典史俞蛟所著的《梦厂杂著》（嘉庆六年，1801年）卷十《潮嘉风月》中："工夫茶烹治之法，本诸陆羽《茶经》，而茶器更有精致。炉形如截筒，高约一尺二三寸，以细白泥为之；壶出宜兴窑者最佳，圆体扁腹，努嘴曲柄，大者可受半升许；杯、盘则花瓷居多，内外写山水人物，极工致，类非近代物，然无款志，制自何年不能考也。炉及壶、盘各一，惟杯之数则视客之多寡，杯小而盘如满月，此外尚有瓦铛、棕垫，纸扇、竹夹，制皆朴雅。壶、盘与杯，旧而佳者贵如拱璧，寻常舟中不易得也。”又提及工夫茶泡法：“先将泉水贮铛，用细炭煎至初沸，投闽茶于壶内冲之，盖定，复遍浇其上，然后斟而细呷之，气味芳烈较嚼梅花更为清绝。”说明工夫茶法源自陆羽《茶经》，但茶器更精巧讲究；泡茶方式也与后来晚清记载的工夫茶法大同小异，显见后来著书如《清稗类钞》、咸丰四年（1854年）《蝶阶外史》卷四内提及的《福建工夫茶》，主要引用《梦厂杂著》撰成。

闽南、粤东素有饮啜浓茶的习惯，明清时期文人士大夫盛行品茗，茶壶也成为身份、学识、地位的标志，因而精致的宜兴朱泥、紫砂器也大量流入闽地。然而明末清初的制壶大师如时大彬、陈鸣远等制作的名家茶器，也只有达官贵人才可拥有，清乾隆福建漳浦蓝国威墓葬中也出土整套工夫茶器（图8-40）。蓝国威为康熙六十年贡生，乾隆二十三年（1758年）入葬，墓葬出土有“陈鸣远制”款茶壶及四件“若深珍藏”青花款白釉茶杯、青花彩绘山水人物茶盘及小锡茶叶罐，茶叶罐内装满茶叶，并附墨书“素心”茶叶名的白纸签等，一起出土有带“丙午仲夏，鸣远仿古”款识的朱泥小壶，因而确定，这批茶器的制作年代应为丙午雍正四年（1726年）至乾隆二十三年（1758年）。

除清初茶器名家时大彬、陈鸣远等制作的茶壶外，福建漳浦出土了乾隆晚期至嘉庆期间的茶器，有“明月清风客　孟臣制”款朱泥小壶、“若深珍藏”四个一组的青花茶杯、茶盘、文房用具等。出土文物证明，至少在清康熙至乾隆年间，工夫茶茶器已相当流行，这些出土茶器亦与俞蛟《梦厂杂著》所载茶器相去不远，而闽人爱好品饮工夫茶及武夷茶等，有茶具随葬的习俗。工夫茶及用器也由闽东传至日本，“孟臣”款朱泥小壶、“若深珍藏”青花茶小杯以及小锡茶叶罐也影响了日本煎茶道，至少工夫茶茶器的形式样貌可在煎茶茶器上寻到一些痕迹。“孟臣”款壶后来成为成为一种商品壶款式，大量外销至东南亚及日本，形制简约朴拙，底部常饰有诗句。

清咸丰四年（1854年）《蝶阶外史》工夫茶中提及的工夫茶器则有风炉、茶铫、宜兴茶壶、茶杯、茶盆、无烟炭，羽扇、玻璃瓮等。清光绪年间，翁辉东在著作中谈及工夫茶的冲泡程序有“治器、纳茶、候汤、冲点、刮沫、淋罐、烫杯、洒茶、品茶”等，凸显工夫茶以品为要，讲究井然有序的饮茶方式；茶器则有“茶壶、盖瓯、茶杯、茶洗、茶盘、茶垫、水瓶、水钵、龙缸、红泥火炉、砂铫、羽扇、铜筯、锡罐、茶巾、竹箸、茶桌、茶担”等十八种，可见工夫茶讲究泡茶方式与茶器。

明末清初，随着东南沿海的人员往来，饮茶习俗传至台湾地区，逐渐生根发展。台湾茶文化基本上继承了福建工夫茶或潮汕工夫茶法，进而发展出以乌龙茶为主的泡法。近代台湾学者连横在其著作《雅堂文集·茗谈》中说，台湾人品茶与中原不同，而与漳、泉、潮相同，“盖台多三州人，故嗜好相似。茗必武夷，壶必孟臣，杯必若深；三者为品茶之要，非此不足自豪，且不足待客。”时至今日，台湾工夫茶注重品茶时感官的提升及口感的均匀，20世纪80年代发展出闻香杯、品茶杯“双杯品茗”，茶海、茶盅也适时出现。好茶人仍在不断研究、改良，以获得更理想的品茶器具与更优美典雅的品茶方式。

当今品茶讲究器用与茶品，古今器物混搭的茶席、陈设已蔚然成风。这种风尚将在茶事的建构、茶器的发展历史上留下浓重的一笔。

图8-40　清雍正—乾隆 陈鸣远制朱泥茶壶，青花山水人物茶盘，“若深珍藏”印花白瓷茶杯，以及锡茶叶罐等工夫茶器（1990年福建省漳浦县蓝国威墓出土，漳浦博物馆藏）

第五节　现代常用茶器

现今，品茶不仅品饮用好茶，也讲品赏茶器，讲究器用。“工欲善其事，必先利其器。”泡好茶需使用适合的方式冲泡，也需配搭适宜的茶器，茶与器相辉映，才能升华饮茶的文化与美感。

一、现代常用茶器的材质

茶器材质、形制多样，其中以瓷、陶为多，也有玻璃、玉、竹、木、锡、铁、金、银、亚克力等。

1. 瓷

瓷制茶器为使用最广的材质之一，单色釉、青花、彩瓷中均可见各式茶器。明代茶书已记载白釉瓷器“洁白如玉，可试茶色”，道出白瓷茶器凸显茶汤、茶色的特点，因此最得大众喜爱。瓷器有受热、散热快的特性，适合搭配轻发酵的茶，如轻发酵乌龙茶等为宜（图8-41）。

图8-41　瓷茶器

2. 陶

陶制茶器自古以来即广受欢迎，由于受热、散热慢，适合搭配重喉韵的茶，如普洱茶、黑茶、重发酵乌龙茶等。而各式风炉、茶壶、茶池或茶叶罐也频见使用陶制品（图8-42）。

图8-42　陶茶器

3. 紫砂

紫砂矿土由紫泥、绿泥和红泥三种基本泥构成，统称紫砂泥，因产自江苏宜兴，又称宜兴紫砂。紫砂壶具特殊的双气孔结构，能吸收茶香、色、味，故茶界有“一壶不侍二茶”之说。紫砂壶的胎多有细微气孔，烧制温度比一般陶器高，因其吸附性佳，长时间使用可令泥色加深，尤显润泽（图8-43）。

图8-43　紫砂茶器

4. 玻璃

以玻璃制作茶器使用的历史由来已久。为欣赏茶叶在杯中舒展的姿态，可选择耐热玻璃杯泡茶。现今玻璃茶器种类多样，有汤瓶、茶壶、茶盅、茶杯、茶托、茶则等（图8-44）。

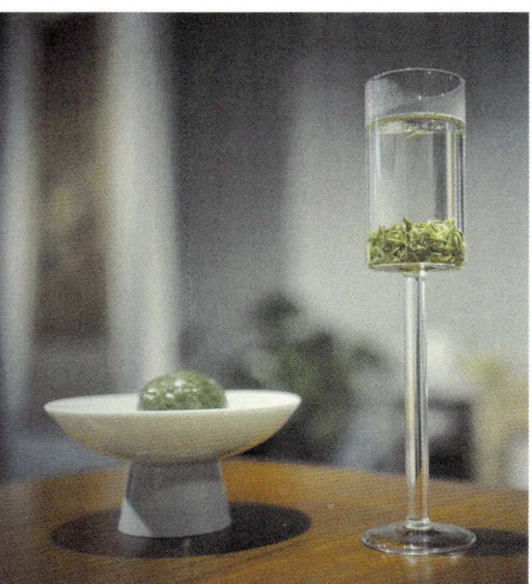

图8-44　玻璃茶器

5. 锡

锡制茶器具有保鲜、净化、防潮作用，不易氧化，有“绿色金属”的美誉，又有“盛水水清甜，盛酒酒甘醇，储茶色不变，插花花长久”之说，故自古以来深受喜爱。锡茶壶、茶托、茶叶罐等古朴素雅，又可刻画诗、书、画、印于其上，表现文人趣味，因此颇受现代中外茶道界人士欢迎（图8-45）。

图8-45　锡茶器

二、当前常用的茶器具

一般常见的茶器具有风炉、煮水壶、茶壶、壶承、茶盅（也习惯称公道杯、匀杯）、茶杯、盖碗、茶托、茶叶罐、水盂等。茶器大多兼具实用与观赏性，除了主体茶以外，茶器、品茗空间氛围的营造，茶席间的陈设布置，花艺、香具、造景等皆能使品茶空间增加视觉美感（图8-46）。

图8-46　现代茶席茶器

1. 风炉

烧水用器，唐陆羽《茶经》称之为“风炉”，唐宋时期以青铜鼎式火炉最为多见，现在以各种电热炉为多。还有锡、铁、玻璃等，内置工业酒精灯为热源。现在复古之风兴起，白泥风炉与侧把煮水壶与潮汕工夫泡法再掀热潮。

图8-47　风炉及侧把烧水壶

2. 煮水壶

烧水用器，一般以陶（图8-47）、玻璃煮水壶为多，也有很多人喜欢用铁壶，讲究者则使用金银器。

3. 茶壶

泡茶及斟茶用的壶，由壶盖、壶身、流、把组成，造型应具美感，出水也必须流畅，倾倒茶水时滴水不漏（壶盖与壶身的密合度好），宜兴壶外以不含杂质的陶瓷器为佳。

4. 壶承

亦称茶池，置壶于内，可保护茶壶及保温，也可以盛烫壶的开水。造型有盘形、碗形等。

5. 茶杯

盛茶饮用器具，以陶、瓷、玻璃质地最为常见，杯内最好上釉，以白色或浅色为佳，可观茶色。茶杯有各类形制、釉色及纹饰，一般以单色釉瓷为佳，既可闻香又可观茶色。

6. 茶托

为防止茶水渍溅落桌面，使用茶托比较整洁，可增强仪式感。茶托有各类材质及造型，使用时应与茶杯相搭配。

7. 茶盅

亦称匀杯、公道杯或茶海。用茶壶冲泡出的茶汤直接注入茶盅，再倒入茶杯，可使杯内茶汤浓淡合适，避免茶叶浸泡太久茶汤味道苦涩，并可在茶盅上加滤网，避免茶叶末直接倒入茶杯内。

8. 茶则

量取茶叶用，避免手指直接碰触茶叶。还可用于赏茶时盛放茶叶。较常见的茶则为竹制、金属制。

9. 茶荷

茶置于茶荷中，可供赏茶，亦可以茶匙辅助置茶于壶内，避免茶叶外落。常见的有各式材质的茶荷。

10. 渣匙

用以与茶则、茶荷配合取茶、置茶、掏舀泡过的茶叶。有的渣匙一头为尖锥状，可通壶流。多为竹木、金属材质。

11. 茶罐

贮放茶叶用，材质多元，有银、锡、铁、铝、陶、竹木、漆器、玻璃等。容量有大小，一般储茶罐容积较大，茶席布置则以小型茶叶罐置茶为佳。

12. 茶巾

又称“受污”或“洁方”，用于擦拭茶渍。习惯上将擦拭泡茶饮茶器具上的水滴或溢出的茶汤的称为洁方，擦拭茶桌的称为受污。

13.盖碗

泡茶、饮茶用具。盖碗在清代以后比较盛行，不过清代主要作为饮茶用器，现在多用于泡茶，用法同茶壶。盖碗一般配有茶托，一盖、一碗、一托三式合一，泡茶时，可闻盖香。盖碗材质多样，瓷器为多，各类釉色之外，近来玻璃盖碗也颇盛行。

第九章
泡茶用水

自古以来的泡茶用水的经验和科学研究已证实了水质对冲泡茶汤品质的影响。进一步学习自然界中的水质类型、特点及其对茶汤中主要品质成分的影响以及主要影响因素等相关知识，系统了解泡茶用水的选择和使用方法，可为今后泡茶用水的正确选用与品质评价奠定基础。

第一节　自然界水质类型及其标准

地球上存在着一个大气、海洋、陆地间相互转换的自然水循环系统（图9-1），其中陆地上的地表水、地下水和大气降水与人类的生活、生产、生态最为密切。虽然水自身的化学结构（H_2O）非常简单，但大气降水到陆地后，通过与周边环境、生物等的相互作用与影响，在地球水循环中形成了一个极为复杂的水质化学组成与时空分布，加上人类的各种活动，溶入了颗粒悬浮物、有机物、无机物、气体等各种物质，造就了多样化的地表水质等级和地下水化学类型。这些复杂的不同水源水直接造成了人们日常饮用水的多样性及在安全、口感和对健康影响的差异化。

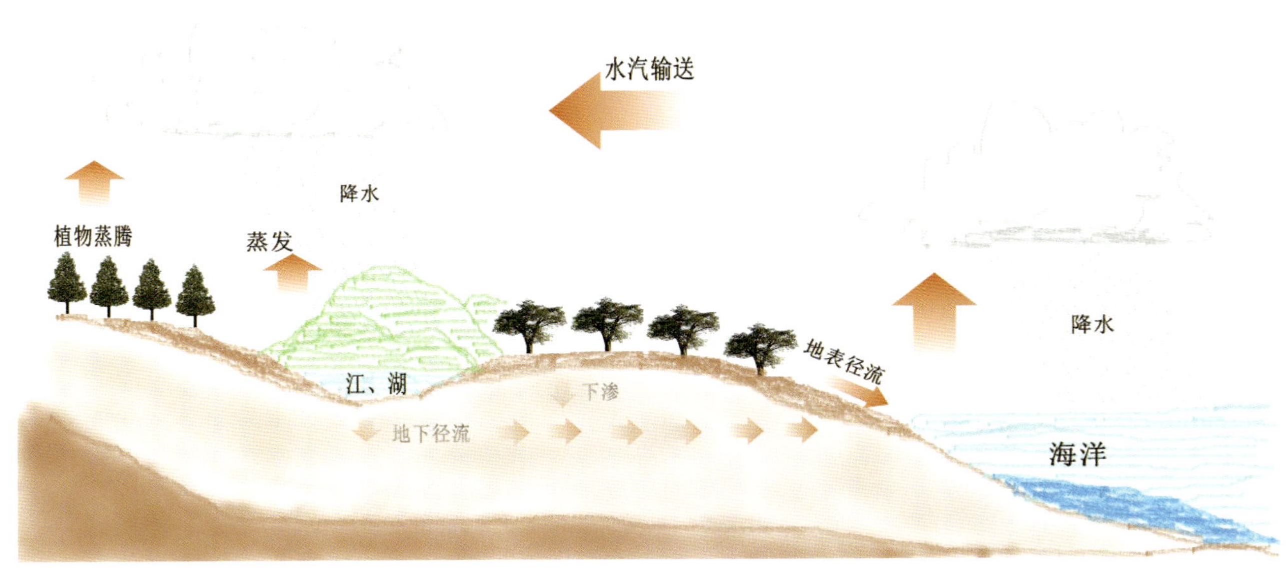

图9-1　自然界水循环系统

一、地表水与主要分类标准

地表水是陆地表面上动态水和静态水的总称，亦称“陆地水”，主要包括河流、湖泊、沼泽、冰川、冰盖等各种液态和固态水，最常见的是江水、河水、湖水和水库水（图9-2）。

江水　　河水　　湖水　　水库水

图9-2　常见地表水

地表水不仅受起源、所处自然环境、生物等的影响，也深受人类现代生产和生活的影响，其水的基本特性和安全性指标都会存在较大的差异。依据地表水保护目标和水域功能的高低，GB3838—2002《地表水环境质量标准》将我国地表水划分为Ⅰ、Ⅱ、Ⅲ、Ⅳ、Ⅴ等五类，明确了不同等级水的主要用途，并对五类水质的水体pH、溶解氧、COD、氨氮、总磷、总氮、微生物、重金属、有机物等基本项目标准限值都进行了规范（表9-1）。

表9-1　地表水环境质量标准基本项目标准限值

序号	标准值 分类 项目	Ⅰ类	Ⅱ类	Ⅲ类	Ⅳ类	Ⅴ类
1	水温（℃）	人为造成的环境水温变化应限制在： 周平均最大温升≤1 周平均最大温降≤2				
2	pH（无量纲）	6～9				
3	溶解氧 （毫克/升）	饱和率90% （或7.5）	≥6	≥5	≥3	≥2
4	高锰酸钾指数 （毫克/升）	≤2	≤4	≤6	≤10	≤15
5	化学需氧量（COD） （毫克/升）	≤15	≤15	≤20	≤30	≤40
6	五日生化需氧量（BOD_5） （毫克/升）	≤3	≤3	≤4	≤6	≤10
7	氨氮（NH_3-N） （毫克/升）	≤0.15	≤0.5	≤1.0	≤1.5	≤2.0
8	总磷（以P计） （毫克/升）	≤0.02 （湖水、水库水≤0.01）	≤0.1 （湖水、水库水≤0.025）	≤0.2 （湖水、水库水≤0.05）	≤0.3 （湖水、水库水≤0.1）	≤0.4 （湖水、水库水≤0.2）
9	总氮（湖水、水库水，以N计） （毫克/升）	≤0.2	≤0.5	≤1.0	≤1.5	≤2.0

续表

序号	标准值 分类 项目	Ⅰ类	Ⅱ类	Ⅲ类	Ⅳ类	Ⅴ类
10	铜（毫克/升）	≤0.01	≤1.0	≤1.0	≤1.0	≤1.0
11	锌（毫克/升）	≤0.05	≤1.0	≤1.0	≤2.0	≤2.0
12	氟化物（以F^-计）（毫克/升）	≤1.0	≤1.0	≤1.0	≤1.5	≤1.5
13	硒（毫克/升）	≤0.01	≤0.01	≤0.01	≤0.02	≤0.02
14	砷（毫克/升）	≤0.05	≤0.05	≤0.05	≤0.1	≤0.1
15	汞（毫克/升）	≤0.00005	≤0.00005	≤0.0001	≤0.0001	≤0.0001
16	镉（毫克/升）	≤0.001	≤0.005	≤0.005	≤0.005	≤0.01
17	铬（六价）（毫克/升）	≤0.01	≤0.05	≤0.05	≤0.05	≤0.1
18	铅（毫克/升）	≤0.01	≤0.01	≤0.05	≤0.05	≤0.1
19	氰化物（毫克/升）	≤0.005	≤0.05	≤0.2	≤0.2	≤0.2
20	挥发酚（毫克/升）	≤0.002	≤0.002	≤0.005	≤0.01	≤0.1
21	石油类（毫克/升）	≤0.05	≤0.05	≤0.05	≤0.5	≤1.0
22	阴离子表面活性剂（毫克/升）	≤0.2	≤0.2	≤0.2	≤0.3	≤0.3
23	硫化物（毫克/升）	≤0.05	≤0.1	≤0.2	≤0.5	≤1.0
24	粪大肠菌群（个/升）	≤200	≤2000	≤10000	≤20000	≤40000

二、地下水质标准与水化学类型

地下水是指赋存于地面以下岩石空隙中的水，特指地表以下饱和含水层中的水，人们日常看到的各类泉水、井水等都属于地下水。依据水质及其对人体健康风险控制的要求，GB/T 14848—2017《地下水质量标准》将我国地下水质量分为Ⅰ、Ⅱ、Ⅲ、Ⅳ、Ⅴ等五类，并从感官及一般化学指标、微生物指标、毒理指标、放射性指标等几个方面对常规指标及限值进行了规范。

表9-2 地下水质量常规指标及限值

序号	指标	I类	II类	III类	IV类	V类
感官性状及一般化学指标						
1	色（铂钴色度单位）	≤5	≤5	≤15	≤25	＞25
2	嗅和味	无	无	无	无	有
3	浑浊度（NTU[a]）	≤3	≤3	≤3	≤10	＞10
4	肉眼可见物	无	无	无	无	有
5	pH	6.5≤pH≤8.5			5.5≤pH＜6.5 8.5＜pH≤9.0	pH＜5.5或 pH＞9.0
6	总硬度(以$CaCO_3$计)/(毫克/升)	≤150	≤300	≤450	≤650	＞650
7	溶解性总固体/(毫克/升)	≤300	≤500	≤1000	≤2000	＞2000
8	硫酸盐/(毫克/升)	≤50	≤150	≤250	≤350	＞350
9	氯化物/(毫克/升)	≤50	≤150	≤250	≤350	＞350
10	铁/(毫克/升)	≤0.1	≤0.2	≤0.3	≤2.0	＞2.0
11	锰/(毫克/升)	≤0.05	≤0.05	≤0.10	≤1.5	＞1.50
12	铜/(毫克/升)	≤0.01	≤0.05	≤1.00	≤1.50	＞1.50
13	锌/(毫克/升)	≤0.05	≤0.5	≤1.00	≤5.00	＞5.00
14	铝/(毫克/升)	≤0.01	≤0.05	≤0.20	≤0.50	＞0.50
15	挥发性酚类(以苯酚计) /(毫克/升)	≤0.001	≤0.001	≤0.002	≤0.01	＞0.01
16	阴离子表面活性剂/(毫克/升)	不得检出	≤0.1	≤0.3	≤0.3	＞0.3
17	耗氧量(COD_{Mn}法，以O_2计)/(毫克/升)	≤1.0	≤2.0	≤3.0	≤10.0	＞10.0
18	氨氮(以N计) /(毫克/升)	≤0.02	≤0.10	≤0.50	≤1.50	＞1.50
19	硫化物/(毫克/升)	≤0.005	≤0.01	≤0.02	≤0.10	＞0.10
20	钠/(毫克/升)	≤100	≤150	≤200	≤400	＞400
微生物指标						
21	总大肠菌群/(MPN[b]/100毫克/升或CFU[c]/100毫克/升)	≤3.0	≤3.0	≤3.0	≤100	＞100
22	菌落总数(CFU/毫克/升)	≤100	≤100	≤100	≤1000	＞1000
毒理学指标						
23	亚硝酸盐(以N计)/(毫克/升)	≤0.01	≤0.10	≤1.00	≤4.80	＞4.8
24	硝酸盐(以N计)/(毫克/升)	≤2.0	≤5.0	≤20.0	≤30.0	＞30.0
25	氰化物/(毫克/升)	≤0.001	≤0.01	≤0.05	≤0.1	＞0.1
26	氟化物/(毫克/升)	≤1.0	≤1.0	≤1.0	≤2.0	＞2.0
27	碘化物/(毫克/升)	≤0.04	≤0.04	≤0.08	≤0.50	＞0.50
28	汞/(毫克/升)	≤0.0001	≤0.0001	≤0.001	≤0.002	＞0.002
29	砷/(毫克/升)	≤0.001	≤0.001	≤0.01	≤0.05	＞0.05
30	硒/(毫克/升)	≤0.01	≤0.01	≤0.01	≤0.10	＞0.1

续表

序号	指标	I类	II类	III类	IV类	V类
31	镉/(毫克/升)	≤0.0001	≤0.001	≤0.005	≤0.01	>0.01
32	铬(六价)/(毫克/升)	≤0.005	≤0.01	≤0.05	≤0.10	>0.10
33	铅/(毫克/升)	≤0.005	≤0.005	≤0.01	≤0.10	>0.10
34	三氯甲烷/(微克/升)	≤0.5	≤6	≤60	≤300	>300
35	四氯化碳/(微克/升)	≤0.5	≤0.5	≤2	≤50.0	>50.0
36	苯/(微克/升)	≤0.5	≤1.0	≤10.0	≤120	>120
37	甲苯/(微克/升)	≤0.5	≤140	≤700	≤1400	>1400
放射性指标[d]						
38	总α放射性/(贝可勒尔/升)	≤0.1	≤0.1	≤0.5	>0.5	>0.5
39	总β放射性/(贝可勒尔/升)	≤0.1	≤1.0	≤1.0	>1.0	>1.0

[a]NTU为散射浊度单位。
[b]MPN表示最可能数。
[c]CFU表示菌落形成单位。
[d]放射性指标超过指导值，应进行核素分析和评价。

与地表水系统相比，地下水分布、运动和水的性质都会受到岩土的特性及其贮存空间特性的深刻影响，因此地下水系统显得更为复杂和多样。一般按起源不同，地下水可分为渗入水、凝结水、初生水、埋藏水、包气带水；按含水层性质分类，可分为孔隙水、裂隙水、岩溶水；按矿化程度不同，可分为淡水、微咸水、咸水、盐水、卤水；按埋藏条件不同，可分为上层滞水、潜水、承压水。为了更好地分析、定义和利用不同地下水资源，根据地下水中常见的Ca^{2+}、Mg^{2+}、Na^{+}（K^{+}）、HCO_3^{-}、SO_4^{2-}和Cl^{-}等6种离子构成及其矿化度对地下水进行科学划分。国际上一般采用舒卡列夫水质分类法（表9-3），将Ca^{2+}、Mg^{2+}、Na^{+}（K^{+}）等3种阳离子和HCO_3^{-}、SO_4^{2-}和Cl^{-}等3种阴离子按单组分或多组分比例组合形成1～49类不同离子构成的水，按矿化度（M）的大小划分为4组：A组（M≤1.5克/升）、B组（1.5<M≤10克/升）、C组（10<M≤40克/升）、D组（M>40克/升），然后通过组合描述对不同水质特性进行分类。如1-A就是指矿化度不高于1.5克/升的HCO_3- Ca型水（1类离子构成为HCO_3-Ca）。

表9-3　水化学类型（舒卡列夫水质分类图标）

超过25%毫克当量离子	HCO_3	HCO_3+SO_4	HCO_3+SO_4+Cl	HCO_3+CL	SO_4	SO_4+Cl	CL
Ca	1	8	15	22	29	36	43
Ca+Mg	2	9	16	23	30	37	44
Mg	3	10	17	24	31	38	45
Na+Ca	4	11	18	25	32	39	46
Na+Ca+Mg	5	12	19	26	33	40	47
Na+Mg	6	13	20	27	34	41	48
Na	7	14	21	28	35	42	49

*K和Na合并。

第二节　饮用水与茶汤风味品质

自古以来，人们就知道冲泡用水对于茶汤风味品质至关重要。现代科学研究也证实了不同类型的水对茶汤香气、滋味、汤色等品质存在明显的影响。

一、不同类型饮用水对茶汤品质的影响

人们日常饮用的水主要是自来水和纯净水、天然矿泉水、天然泉水、饮用天然水等包装饮用水，其感官品质和硬度、酸碱度、矿化度等水质特性存在较大的不同，冲泡出的茶汤的品质也有较大的差异。

1. 水对茶汤滋味的影响

研究发现，不同类型饮用水中矿物质元素含量和比例存在明显的差异，对儿茶素及其氧化物、氨基酸、咖啡因、有机酸、黄酮醇苷、糖类物质等滋味物质的浸出含量和呈味特性等都有较大的影响。因此，不同类型的水冲泡的茶汤品质会呈现不同的特点和风格。

一般来说，纯净水冲泡的茶汤具有茶叶原汁原味的滋味品质风格，随着水中矿物质元素总量的提高，冲泡的茶汤滋味苦、涩、鲜度以及纯正度等都会降低，而醇和度会增加。水中的阴阳离子构成对这种变化也有较大的影响，特别是Ca^{2+}、Mg^{2+}含量过高导致水质硬度较高，或者因为阴离子构成不同导致的碱度较高（pH大于7）时，对冲泡的茶汤滋味的影响会更大，甚至出现熟汤滋味。因此，与纯净水相比，用矿化度较高的天然矿泉水冲泡的茶汤滋味会趋于明显的醇和或柔和，而介于这两种水之间的天然泉水或饮用天然水，由于矿化度、硬度和酸碱度的不同，会呈现不同的个性化滋味风格。

图9-3是不同类型的水冲泡的龙井茶滋味品质情况，从图中可以看出，随着水质矿化度的提高，滋味品质得分明显下降，并呈现清爽、清醇、醇尚爽、尚醇、醇正或醇厚、异味、熟味等不同的变化趋势。其中矿物质元素含量低于100毫克/升时，茶汤的滋味品质相对较好。

2. 水对茶汤香气的影响

研究发现，不同类型饮用水中矿物质元素含量和比例的差异会改变茶叶中醇类、醛类和酯类、酮类等不同香气组分的释放特性，改变香气释放的整体构成，从而使茶汤呈现出不同的香气品质和风格。

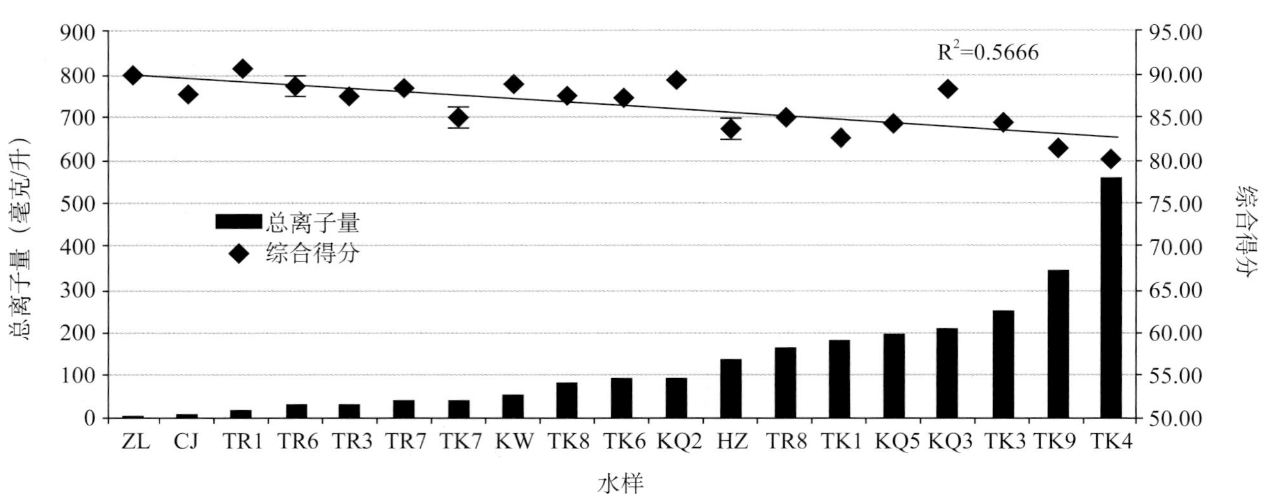

图9-3　水的矿化度对龙井茶汤感官滋味得分的影响图

一般来说，纯净水冲泡的茶汤具有茶叶原汁原味的香气品质风格，随着水中矿物质元素总量的提高，茶汤香气的浓郁度会逐渐提高，但香气的纯正度会明显下降，特别是用矿化度、硬度或pH过高的水泡茶时，香气的失真度会非常大，甚至导致异味的出现。因此，相比于纯净水，用低矿化度的天然泉水或饮用天然水冲泡的茶汤香气浓郁度会提高，但香气的纯正度会有一定下降；而用中高矿化度的饮用天然水和天然矿泉水等冲泡的茶汤香气会出现变闷、欠纯和失真，甚至原有香气风格全失的现象。

3. 水对茶汤色泽的影响

研究表明，水中的矿物质含量对茶汤的色泽有重要影响。一方面，水中的钙、镁、钠、锌等离子能促进茶多酚等物质氧化，导致茶汤的颜色变深，铁离子等还可以与茶多酚形成颜色反应，使茶汤变暗、变色。另外，阴阳离子构成差异导致水质pH为碱性时，也会加速茶多酚的氧化，促使茶汤变深。

一般来说，纯净水冲泡的茶汤具有茶叶原有的色泽品质，随着水中矿物质元素总量的提高，茶汤颜色总体偏于加深、变暗，特别是用矿化度、硬度或pH过高的水冲泡茶汤时，茶汤色泽甚至会出现暗紫色等现象。因此，相比较纯净水，用低矿化度的天然泉水或饮用天然水冲泡的茶汤色泽会稍显偏黄，放置一段时间后茶汤色泽的这种差异会更明显；用中高矿化度的饮用天然水和天然矿泉水等冲泡的茶汤色泽会出现明显的变深、变暗，甚至发黑现象（图9-4）。

图9-4　几种常用饮用水对冲泡龙井茶汤色的影响

二、不同类型饮用水对茶汤主要品质成分的影响

茶汤风味品质的好坏是其所含的茶多酚（儿茶素）及其氧化物、氨基酸、咖啡因、黄酮醇苷、糖类、有机酸以及香气组分等茶叶主要风味物质含量及其构成的综合反映。综合已有的研究来看，不同类型的水质对茶叶中的茶多酚（儿茶素）、氨基酸、咖啡因、茶汤固形物、香气成分、金属离子等物质浸出以及pH、电导率等都存在明显的影响，从而使冲泡出的茶汤风味品质形成较大的差异。

下面以具有代表性的西湖龙井茶为例，介绍15种不同类型的水对茶汤主要理化成分的影响。

1. 水对茶汤中常规品质成分的影响

研究结果表明，不同类型的水样对龙井茶茶汤中茶多酚、氨基酸、总糖和咖啡因等常规理化成分含量存在一定的影响（表9-4）。其中对茶多酚含量影响较大，随不同水样中总离子含量的增加茶多酚含量明显下降；氨基酸含量随水样总离子含量的增加存在下降的趋势；总糖含量变化较为复杂，不同水样冲泡的茶汤之间趋势不明显；茶汤间的咖啡因含量差异较小。其中纯净水、蒸馏水冲泡茶汤的茶多酚含量较高，5种天然泉水冲泡茶汤的茶多酚含量相对较高，而自来水、天然矿泉水处理的茶多酚含量相对较低，其中7种天然矿泉水处理的茶多酚的平均含量比纯净水低9.31%，自来水比纯净水低14.32%。究其原因，茶多酚含量的减少与水中离子含量和pH较高以及存在强氧化剂等有一定的关系。

表9-4 常用水样对冲泡龙井茶茶汤中常规成分含量的影响（毫克/升）

水样	茶多酚	氨基酸	总糖	咖啡因
自来水（HZ）	2415.95	293.95	458.90	441.94
纯净水（CJ）	2819.65	309.70	402.55	464.46
蒸馏水（ZL）	2783.15	308.95	354.45	449.45
5种天然水	2625.65	301.55	442.44	443.50
7种天然矿泉水	2557.05	288.91	439.87	436.88

2. 水对茶汤中儿茶素等重要滋味成分的影响

总体来看，随着不同水样中总离子含量的上升，儿茶素浸出总量呈下降趋势，其中EGCG明显下降，EGC、ECG有所下降；EC、GCG变化不大；GC明显增加，CG略有增加。纯净水、蒸馏水、矿物质水和多数天然泉水冲泡的龙井茶茶汤中儿茶素总量普遍较高，而天然矿泉水、自来水冲泡的龙井茶茶汤的儿茶素总量明显较低。这说明茶叶冲泡过程中儿茶素存在一定的氧化降解反应，水中的离子可以加速这一变化。

3. 水对茶汤香气组分含量释放的影响

不同水样对龙井茶茶汤中主要香气组分含量的影响存在明显的差异，特别是二甲硫、己醛、苯甲醛、苯乙醛、芳樟醇、水杨酸甲酯、香叶醇、β-紫罗酮等含量较高且对龙井茶香气影响较大的组分，都存在明显的差异。

第三节　泡茶用水的影响因素

了解水质影响茶汤风味品质的主要影响因素，可以为日常泡茶用水的选用奠定较好的理论基础。水中主要影响因素包括：颗粒物、有机物、无机化合物、气体等。

一、颗粒物、有机物等对茶汤品质的影响

由于与周边环境直接交流，未经处理的自然界水中常会存在较多的浑浊物和颗粒物，并产生异味。因此，直接采用水源水，常会因水质较差而影响所泡茶汤的风味品质。水质不佳的水源水不仅会影响水体的澄清度、色度等感官特性（图9-5），而且常会因为吸附周边异味或微生物分泌的次生代谢产物而产生土腥味（表9-5）。

图9-5 水源地水常见的浑浊问题

表9-5　水中常见气味类型及其来源*

嗅感物质	气体类型	味阈浓度	来源
2-甲氧基-3异丙基吡嗪	土，霉臭味，烂土豆味	2 纳克/升	放线菌
土臭素	土，霉臭味	10 纳克/升	放线菌，蓝藻细菌
2-甲基异冰片	土，霉臭味，樟脑味	10～15 纳克/升	放线菌，蓝藻细菌
2，4，6-三氯苯甲醚	霉臭味	7 纳克/升	氯酚的生物甲基化
β-环 柠檬醛	新鲜草味 干草/木头味 烟草味	<1 微克/升 2～20 微克/升 >10 微克/升	湖水（藻类暴发）或 饮用水
硫醇	硫黄味	—	已分解或活体的蓝绿藻
三卤甲烷类	药味	—	氯消毒法

*穆春芳等（2012）。

二、无机化合物对茶汤品质的影响

通过环境的影响，自然界水源中会溶入大量的无机化合物，这些无机化合物不仅会影响水的酸碱度、硬度和矿化度等水质特性，也同时会影响水质的咸味、涩味、酸味和鲜味、甜味等风味品质。因此，水中的无机物质也必然会影响冲泡出的茶汤的风味品质。

1. 水中阳离子对茶汤品质的影响

水中阳离子特别是Ca^{2+}、Mg^{2+}对茶汤品质存在直接影响。研究表明，无机离子对茶汤的品质及其稳定性有显著影响。其中Ca^{2+}、Mg^{2+}含量较高的硬水冲泡茶汤往往出现混浊、沉淀现象和颜色改变，随着Ca^{2+}浓度增加，茶汤颜色变黄；随着Fe^{2+}浓度增加，茶汤颜色变深；随着Al^{3+}浓度增加，茶汤颜色变浅。水中Ca^{2+}、Mg^{2+}、Fe^{2+}、Al^{3+}、Zn^{2+}等无机离子含量过量时，茶汤风味品质容易受到影响，出现茶汤变苦、变涩、变淡等风味变化。

一般茶汤中都会存在大量的无机离子，主要来自茶叶自身和水源。大自然水中主要由Ca^{2+}、Mg^{2+}、K^{+}、Na^{+}等四大阳离子构成，而茶叶中K^{+}、Mn^{2+}、Al^{3+}等阳离子含量较高。通过系统研究和分析发现，一般茶汤中大量的K^{+}多来自茶叶，茶汤中高含量的Na^{+}主要来源于水，而Ca^{2+}、Mg^{2+}等离子来自茶叶和水，两者都有影响。水质因子与茶汤风味的相关性分析表明，水质总离子量以及Ca^{2+}、Mg^{2+}、K^{+}、Na^{+}等大量阳离子含量与茶汤品质相关性较强，而这些离子的阈值验证试验发现，Ca^{2+}、Mg^{2+}对茶汤的影响阈值明显小于K^{+}、Na^{+}，影响力显著较大，因此Ca^{2+}、Mg^{2+}是影响茶汤品质的主要离子。这也说明，硬度过高的水质对茶汤的影响较大。

2. 影响茶汤风味品质的主要水质因子

不同阴阳离子组合及其引起的茶汤pH差异，是影响茶汤风味品质的主要水质因子。Cl^{-}、SO_4^{2-}、NO_3^{-}、HCO_3^{-}等是水中的四种主要阴离子。已有研究表明，水中不同阴离子不仅能影响阳离子的呈味特性，而且阴离子自身也会对水的口感产生影响。王汉生等（2008）的研究也发现，硫酸根离子1～4毫克/升容易使茶汤滋味变淡薄，当硫酸根离子含量达到6毫克/升以上时茶汤开始出现明显涩味。不同阴阳离子搭配的水同样对茶汤风味品质产生不同的影响。表9-6是Cl^{-}、HCO_3^{-}两种阴离子和Na^{+}、Ca^{2+}、Mg^{2+}等三种阳离子相互搭配的水样对冲泡茶汤品质的不同影响。

表9-6 不同阴阳离子搭配的水对冲泡茶汤品质的影响

序号	苦	涩	鲜爽	综合品质	
				评语	得分
CK	3.0±0. 0^{b}	1.8±0.3^{d}	4.3±0.3^{a}	尚鲜醇	88.0±0.0^{a}
NaCl	3.2±0.3^{b}	3.3±0.6^{c}	2.8±0.2^{c}	尚浓醇	87.0±0.5^{b}
$NaHCO_3$	2.0±0.5^{c}	2.2±0.3^{d}	3.3±0.6^{b}	尚清醇，显柔和	86.7±0.3^{b}
$CaCl_2$	2.7±0.3^{c}	5.2±0.8^{a}	1.7±0.3^{d}	尚浓醇，带苦涩	85.1±0.2^{c}
$Ca(HCO_3)_2$	2.8±0.2^{ab}	4.3±0.3^{b}	1.2±0.5^{d}	浓醇，钝熟	84.3±0.2^{c}
$MgCl_2$	4.1±0.8^{a}	3.1±0.3^{c}	3.2±0.3^{bc}	尚醇爽	87.2±0.23^{b}
$Mg(HCO_3)_2$	2.8±0.3^{bc}	3.0±0.6c	2.7±0.3^{c}	醇正	85.0±1.0^{c}

有研究发现，不同水样冲泡的茶汤pH与茶汤风味品质存在较强的相关性。王汉生等（2008）的研究指出，pH大于7的水对茶汤品质有显著影响，碱性条件下会促使茶汤中的多酚类物质产生不可逆的氧化，从而改变汤色和口感（图9-6）。不同酸度对茶汤品质影响的研究结果表明，pH5.5～6.5的中性偏弱酸性水样冲泡龙井茶的滋味品质较好，pH低于4.5或高于7.0的水质对龙井茶茶汤滋味品质有一定的影响，碱性条件影响较大（图9-7）。

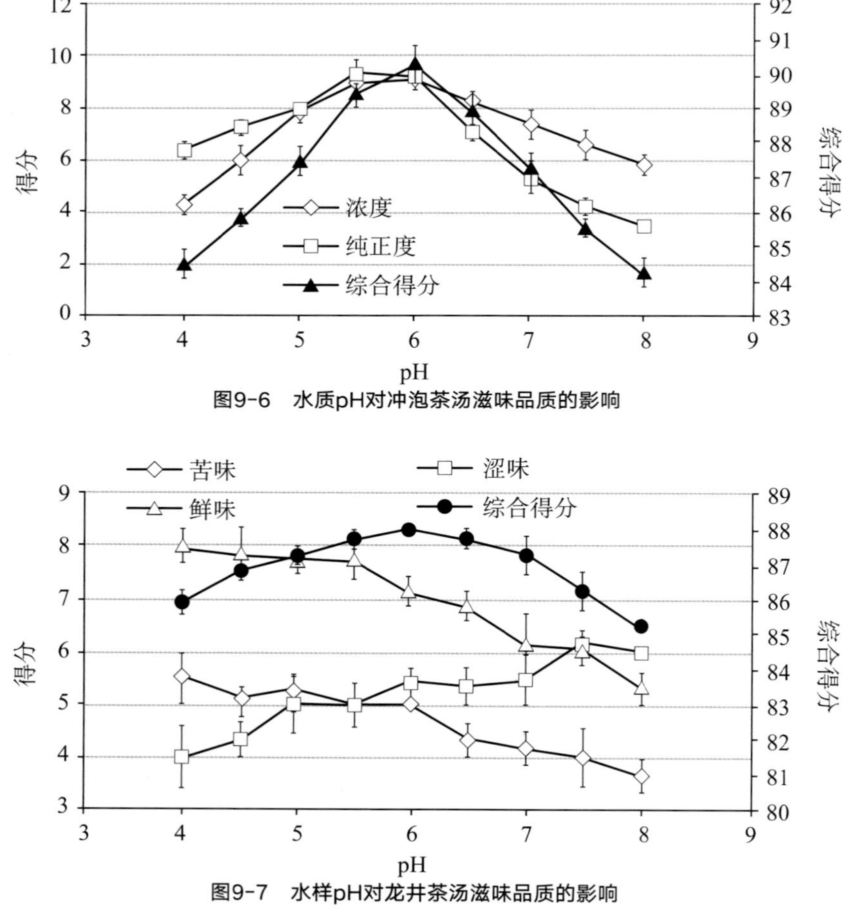

图9-6 水质pH对冲泡茶汤滋味品质的影响

图9-7 水样pH对龙井茶汤滋味品质的影响

三、水中气体对茶汤品质的影响

自然界水中一般都会溶入一些O_2、CO_2等气体。研究发现，水中溶入气体后，水质口感会变得更为清爽、活泼，茶汤更鲜爽，这与古人认为用流动的水泡茶为佳是一致的。表9-7是矿泉水及其冲入CO_2气体后对冲泡茶汤品质的影响。该矿泉水富含Ca^{2+}、Mg^{2+}、Na^{+}等金属离子和HCO_3^-离子，pH为7.04，水质偏碱，冲泡的龙井茶茶汤滋味鲜味降低，苦味增加，带熟味，得分明显低于纯净水；而充入CO_2的矿泉水冲泡的茶汤pH下降为6.51，呈弱酸性，茶汤的鲜爽味明显提高，综合品质还略高于纯净水冲泡的茶汤。这说明使用含CO_2的水泡茶可以明显改善茶汤的滋味品质。

表9-7　矿泉水中充入CO_2对龙井茶汤香气品质的影响

名称	茶汤pH	纯正度	香气浓度	综合	
				评语	得分
纯净水	6.29	9.0±0.3	9.2±0.2	清香，稍带栗香	90.0±0.5
矿泉水	7.04	5.7±0.6	7.2±0.8	尚纯有熟闷	84.5±0.5
充气矿泉水	6.51	8.7±0.6	9.3±0.3	较浓郁，带栗香	90.2±0.3

注：表中数据为三个平均值。

第四节　泡茶用水的选择与使用

选好泡茶用水是我们泡好一杯茶非常重要的一环。了解泡茶过程中水的选择要求、原则及其处理和使用方法，对我们提高泡茶技艺和日常灵活应用都具有重要的意义。

一、泡茶用水的选择

由于水中常带有一些影响茶叶风味成分释放和转化的物质，故从某种意义上讲，水是泡茶过程中的一种茶汤品质修饰因子，有的水能让茶“原汁原味”；有的可以对茶“适当修饰”，更好地发挥某类茶的独特品质或风格；但有的会使茶“过度修饰”，造成原有品质的改变甚至完全劣变。因此，泡茶用水的选择极为重要。泡茶用水不仅有一定的普遍性要求，也会因茶的特点、因人的爱好而异。

1. 一般性选择要求

现在人们泡茶用水的来源主要来自自来水厂、水源地直接取水和各类包装饮用水，不论哪种途径，水质好坏都与水源地的水质有直接关系，应根据具体情况进行选用。

（1）自来水

多数城市的自来水，特别是北方大城市的水源水质一般，且需要添加消毒剂，因此应尽量避免选用，或经特殊处理后使用；而水源地水质较好、人工处理较少的城市自来水也是可以用来泡茶的。

（2）包装水

包装水中的纯净水、蒸馏水基本不存在其他杂质，对于一般消费者而言是较佳的选择；达到低矿化度、低硬度、低碱度等“三低”指标要求的天然（泉）水是值得推荐的泡茶用水；而高矿化度天然泉水或天然矿泉水一般不宜选用。

（3）水源地水

这类水水质差异较大，在安全性、感官品质等情况达到国家饮用水标准的前提下，一般应选用高山流动山泉水或深井里的水，尽量不选择人口密集地区、污染物多的江、河、湖水以及不流动的井水；达到较优水质化学类型的水源地水是最佳选择之一。

2. 遵循“依茶配水”原则

中国茶叶品类及花色品种丰富多彩，具有不同的品质风味和风格。如绿茶以“清汤绿叶”为基本品质特征，具有清香、栗香、嫩香等香气和鲜爽滋味；乌龙茶以花香、浓醇甘爽等为主要品质特征；工夫红茶以“红汤红叶”为基本品质特征，具有甜蜜香、花香等香气和醇厚滋味；黑茶则以陈香和醇和滋味为特征。而这些特定风味和独特风格是由茶叶中的相关化学成分含量及其特定构成所决定的，用不同类型的水冲泡释放和风味形成过程中必定会产生不同的效应。因此，不同的茶叶应该有其适宜的冲泡用水。在了解泡茶用水的主要影响因子及其机制的基础上，采取“依茶配水”的原则，根据不同茶叶的品质需求特点，在不破坏其主体风味品质的前提下，可以通过选用不同水质的水来调整茶汤的风味，以适应不同消费者的需求。

（1）绿茶

清香、花香等淡雅型的绿茶一般可选用纯净水、蒸馏水，更能体现茶的清雅、清爽风格；而栗香、豆香型绿茶一般可选用“三低”的天然（泉）水，以增强茶汤栗香香气的浓郁度；苦涩味较重的绿茶可选用矿泉水。

（2）红茶

一般可选用纯净水、蒸馏水，花果香、甜香型红茶可以选用“三低”的天然（泉）水，以增强香气的浓郁度，适当增强滋味甘醇度。

（3）乌龙茶

一般选用纯净水、蒸馏水和天然（泉）水等类型的水，其中清香、甘爽型的乌龙茶可选用纯净水、蒸馏水，而花果香、甘醇型的乌龙茶可选用天然（泉）水。

（4）黑茶

可选用纯净水、蒸馏水和天然（泉）水、矿泉水等类型的水，其中陈醇度较好的黑茶可选用纯净水、蒸馏水，陈醇度不够的黑茶可选用有一定矿化度的矿泉水。

（5）白茶和黄茶

可选用纯净水、蒸馏水和天然（泉）水等类型的水，其中白茶选用纯净水、蒸馏水为佳，黄茶选用低矿化度的天然（泉）水为好。

3. 遵循“因人配水”原则

茶叶作为一种典型的风味嗜好品，对不同的人而言，茶叶风味品质没有最好，只有更好、更适合。不同泡茶水会形成不同的茶汤风味，因此在选择泡茶用水时必然会存在因人而异的结果。如有的人喜欢茶的本底自然风味，可选用纯净水、蒸馏水；有的人喜欢茶的浓郁香气和醇厚滋味，可选用低矿化度的天然（泉）水冲泡。与此同时，人的口感敏感性差异较大，不同的人对口感的要求不同，对水的选择与需求也会不一样。

总之，泡茶用水的选择应主要考虑水的普遍性要求，同时需要根据不同茶的特性和人的爱好而有所差异。市场上包装饮用水的水质一般较为稳定、卫生，已日益成为人们日常的主要饮用水，可根据所泡茶类和人群特点进行具体选用（表9-8）。通常高矿化度天然泉水和天然矿泉水冲泡的茶汤对风味的影响较大，一般只适用于普洱茶、黑茶等醇和风味的茶叶，或苦涩味、粗涩感较重的茶叶。

表9-8　几种常用泡茶饮用水的选用

水质类型	特点	适合的人群	适合茶类
纯净水、蒸馏水	能体现茶原有风味	适合水知识了解不多，或愿意感受茶叶原有风味的人	各类茶
低矿化度天然泉水（总离子量＜100毫克/升）	可以适当放大或修饰茶汤，不同水质类型影响不同	适合对于水知识了解较多、对茶叶风味要求较高的人，可进行针对性筛选	基本适合各类茶
高矿化度天然泉水或天然矿泉水（总离子量≥200毫克/升）	可以较大修饰和改变茶汤风格	适合对茶叶刺激性敏感的人，或暂时无法得到更合适水的人	部分适合醇和度要求高的茶类，如普洱茶、黑茶等茶叶

二、泡茶用水的处理与使用

1. 泡茶用水的预处理

现代人取得水的途径主要有自来水、包装饮用水和天然水源水。考虑到不同类型水的水质存在的差异，在泡茶使用前，需要采取不同的处理方法。

（1）天然水源水的处理

符合“三低”特征、洁净的泉水和江河湖水、井水等天然水源水，经过适当的静置处理（一般一昼夜以上）即可直接使用；达到生活饮用水安全卫生要求但感官品质不够好的水源水，可以借鉴古代茶书载录的一些方法进行处理，如采用沙石过滤和木炭吸附等“洗水”方法去除水中的细小颗粒物和杂质异味，还可以将取来的水倒入瓷缸中“养水”，以提高水质；对于矿化度和硬度较高的天然水源水，经过粗滤、活性炭和反渗透膜等多道处理，去除颗粒物、异味，使硬水变为软水后再使用会更好。

（2）自来水的处理

通常自来水厂供应的生活用水均已达到相关的国家标准，但出于卫生等方面的考虑，自来水中常会因消毒而残留一定含量的游离余氯，普遍带有漂白粉的氯气气味，因此自来水直接泡茶对茶汤风味影响极大，应进行适当的处理。优质水源的自来水一般可以直接使用，但绝大多数城市自来水都会使用消毒剂，泡茶前需要进行特殊处理：①卫生容器“养水”处理，将自来水放入陶瓷缸等卫生容器中放置一昼夜，让氯气挥发殆尽，改善水质；②采用家庭自来水处理系统，有条件的可以采用由高分子纤维、活性炭、RO膜等构成的家庭多层膜处理设备对水进行系统处理，去除杂质、异色、异味和无机离子后即可使用。

（3）包装饮用水的处理

包装饮用水，特别是矿化度较低的蒸馏水、纯净水、天然泉水等一般都符合卫生指标，可以直接正常使用。

2. 泡茶用水的使用

在中国，传统茶叶一般都用热水冲泡。由于不同水的品质特性存在较大差异，需要根据水质类型采取不同的加热处理方法。

（1）高矿化度、高硬度的自来水以及天然矿泉水或天然泉水

多数自来水含有较多的消毒剂异味，且矿化度、硬度普遍较高。研究发现，品质较差的自来水加热沸腾处理不仅可以去除异味，还可以降低硬度和矿化度，明显改善水质。因此，矿化度和硬度较高的自来水（包括天然矿泉水或天然泉水）加热煮沸30～60秒后，再冲泡茶叶的效果会更好。

（2）低矿化度的天然（泉）水

研究发现，天然水的感官品质会呈现出明显的热敏现象。天然（泉）水经加热煮沸一段时间后，水体出现碱化，总体口感滋味钝化、滞重，舒爽度下降。这种水质变化也会对冲泡茶汤的风味品质有直接的影响。采用85℃水温冲泡龙井茶时，煮沸的水冲泡出的茶汤比未煮沸的水冲泡出的茶汤鲜味下降、苦涩味上升，茶香的纯正度下降。因此，对于卫生达到标准的天然包装饮用水而言，加热到适合温度即可冲泡使用，如冲泡绿茶将水加热到80～85℃即可。另外，泡茶用水应避免反复沸腾。

第十章
绿茶审评

我国绿茶生产范围最广，产量规模最大，绿茶的外形形态在六大茶类中最丰富。审评绿茶，需要从形、色、香、味多个方面着手。

第一节　绿茶审评方法

绿茶审评分外形、汤色、香气、滋味、叶底五项因子审评。

一、操作方法

绿茶审评项目包括外形、汤色、香气、滋味和叶底。在现行的GB/T 23776—2018《茶叶感官审评方法》中，基本的规定为：使用通用的柱形标准审评杯，内质审评开汤按3.0克茶、150毫升沸水冲泡4分钟的方式进行操作。蒸青绿茶在开汤审评时有时会使用白瓷碗，每只茶样称取两份分别放入，加沸水冲泡后，一只碗在2～3分钟后用于嗅香气，另一只碗中茶叶捞出后，供看茶汤、尝滋味，并评叶底。

绿茶审评的操作流程为：取样→评外形→称样→冲泡→沥茶汤→评汤色→闻香气→尝滋味→看叶底（图10-1至图10-17）。

图10-1　把盘

图10-2　天平校准

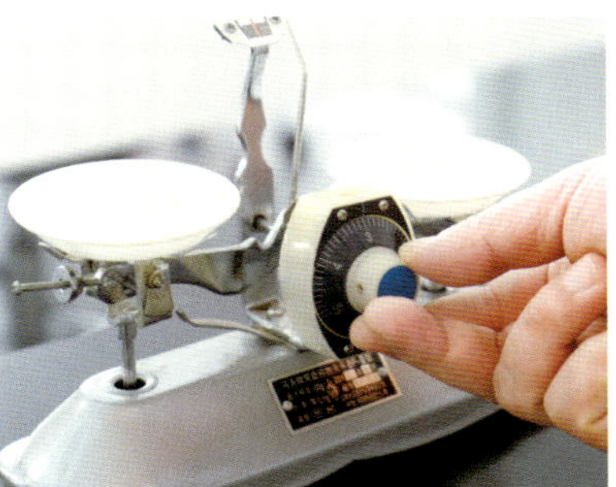

图10-3　确定称样量

图10-4　取茶

图10-5　称样1

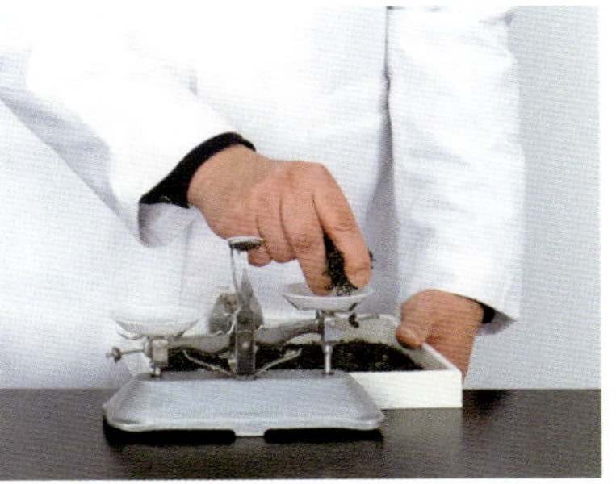

图10-6　称样2

图10-7　称样3

图10-8　冲泡

图10-9　执杯

图10-10　沥汤1

图10-11　沥汤2

图10-12　沥汤3

图10-13　汤色审评

图10-14　闻香

图10-15　尝味

图10-16　取叶底

图10-17　叶底审评

1. 外形审评

绿茶外形审评的内容很多，包括形态、色泽、整碎、肥瘦、大小、净度、粗细、长短、嫩度（级别）以及茶叶的产区、品种、茶别（生产日期）等；对包装茶而言，还包括包装用材、文字、色彩、代码、重量等。

绿茶外形中，上述内容有任一项不足的，即可视为存在“缺陷”。但种类不同，具体的一些指标要求也会存在差异。例如，茸毫丰富对多毫型绿茶如碧螺春、雪芽茶而言是一大优点，但对西湖龙井茶来说，却是明显的缺点。

审评绿茶外形的方法有两种，一种是把茶样倒入样盘后，再将茶样徐徐倒入另一只空样盘内，这样来回倾倒两三次，通过茶叶的往复移动，即可观察茶叶外形，做出判断；另一种是对已进行拼配的茶叶，通过“把盘”（图10-1）检视其拼配比例是否恰当。

2. 汤色审评

审评绿茶汤色的内容包括茶汤的色度、亮度和清澈度。审评汤色时，不同的季节、气温、光线以及汤温等都会影响绿茶汤色表现的结果。

在相同的温度和时间内，汤色的变化规律为大叶种大于小叶种、嫩茶大于老茶、新茶大于陈茶。因此一般在出汤后应尽快观察汤色，才能较好评判茶的原有汤色，如时间拖长，则很容易出现误判，把较浅的茶汤误评为明亮，或把较亮的汤色误评为欠亮，导致结果不准确。

3. 香气审评

审评绿茶香气是指嗅闻冲泡后茶叶散发的香味状况，包括香气类型、浓度、纯度、鲜陈、持久性等。最适合闻茶香的叶底温度是45～55℃，超过60℃就会感到烫鼻，但低于30℃时就觉得低沉，甚至难以鉴别出烟气等异杂味。

闻香时长最好是2～3秒，不宜超过5秒或小于1秒。审评时宜将整个鼻部探入杯内，这样使鼻子接近叶底，既可扩大香气接触面积，又能增强嗅觉对气味的捕捉能力。呼吸换气不能把肺内呼出的气体冲入杯内，以防冲淡杯内茶香的浓度而影响审评效果。

审评茶叶香气，在冬天要快，在夏天沥汤后过3～5分钟即应开始嗅香。

4. 滋味审评

滋味是指人的味觉能感受、辨别的茶汤味道，包括汤的浓淡、纯异、厚薄、醇涩、鲜钝、爽滞等内容。

审评绿茶滋味时，茶汤温度、数量、分辨时间、吸茶汤的速度、用力大小以及舌的姿态等，都会影响审评滋味的结果。

最适合评茶要求的茶汤温度是45～55℃，如高于70℃就会感到烫嘴，低于40℃的就显得迟钝，感到涩味加重、浓度提高。

从汤匙里吸茶汤要自然，速度不能快，把茶汤吸入口中后，舌尖顶住上层门齿，嘴唇微微张开，舌稍向上抬，使汤摊在舌的中部，再慢慢吸入空气，使茶汤在舌上微微滚动，吐出茶汤。若初感有苦味，应把茶汤压入舌的根部，进一步评定苦的程度。

对疑有烟味的茶汤，应把茶汤送入口后，嘴巴闭合，用鼻吸气，把口腔鼓大，使空气与茶汤充分接触后，再由鼻孔把气呼出。这样来回2～3次，对烟味茶的评定效果较好。

茶汤送入口内，在舌的中部回旋2次即可，较合适的时间是3～4秒。一般需尝味2～3次。

对滋味很浓的茶尝味2～3次后，需用温开水漱漱口，把舌上的高浓度的滞留物洗去后再复评。否则会味觉麻痹，影响后面的审评效果。

5. 叶底审评

叶底是指茶叶经冲泡后留下的茶渣。绿茶叶底审评包括茶叶嫩度、色泽、整碎、大小、净度等内容。

在评定绿茶叶底嫩度时，容易产生两种误判：一是易把芽叶肥壮、节间长的某些品种误评为茶叶粗老；二是陈茶色泽暗、叶底不开展，与同等嫩度的新茶对比时，也常把陈茶评为粗老。

二、品质评定评分方法

品质评定评分方法常用于需要进行茶叶品质按名次排序的活动中，如茶叶品质评比等。进行茶叶品质顺序的排列样品应在两只（含两只）以上。评分前，需对茶样进行分类、密码编号，审评人员应在不了解茶样的来源和密码的条件下进行盲评。根据审评知识与品质标准，审评人员按外形、汤色、香气、滋味和叶底等五个审评项目，采用百分制，在公平、公正条件下给每个茶样的每项因子进行评分，并加注评语，评语引用GB/T 14487—2017《茶叶感官审评术语》。再将单项因子的得分与该因子的评分系数相乘，并将各个乘积值相加，即为该茶样审评的总分，依照总分的高低，完成对不同茶样品质的排序。不同茶类的评分系数由GB/T 23776—2018《茶叶感官审评方法》设定。

第二节　绿茶品质特点

通过审评绿茶的色、香、味、形的表现后，可确定绿茶的感官品质特点。造型别致、汤清色绿、风味求“新”，这三点是绿茶类基本的共性要求。

一、外形

受茶树品种、采摘嫩度、加工工艺等影响，绿茶的外形形态特色各异，可谓所有茶类中表现最丰富的。从形态共性来看，一般嫩度好的绿茶产品会有幼嫩多毫、紧结重实、芽叶完整、色泽调和油润的特点；而嫩度差的茶呈现粗松、轻飘、弯曲、宽扁、老嫩不匀、色泽花杂、枯暗欠亮的特征；劣变茶的色泽更差；而陈茶一般都是枯暗的。

绿茶外形，有时需要通过把盘分出上、中、下三段茶，逐层检查其特征。通常上段茶（面张茶）轻、粗、松、杂，中段茶重实细紧，下段茶体小断碎，这三段茶比例适当为正常。如面张茶和下段茶多，而中段茶少，称为“脱档”，表明茶叶质量有问题。

常见的绿茶外形特征包括：

① 形态：如针形、扁形、条形、珠形、片形、颗粒形、团块形、卷曲形、花朵形、尖形、束形、雀舌形、环钩形、粉末形、晶形等（图10-18）。

② 色泽：如嫩绿、翠绿、深绿、墨绿、黄绿、嫩黄、金黄、灰绿、银白、暗绿、青褐、暗褐等。

图10-18　不同品种绿茶外形对比图

二、汤色

绿茶的汤色应清澈明亮，呈绿色或黄绿色；而低档茶汤色欠明亮；酸馊劣变茶的汤色混浊不清；陈茶的汤色发暗变深；杂质多的茶审评杯底会出现沉淀。

常见的绿茶汤色特征如：嫩绿、浅绿、杏绿、绿亮、黄绿、黄、黄暗、深暗等（图10-19）。

图10-19　不同品种绿茶汤色对比图

三、香气

绿茶香气以花香、嫩香、清香、栗香为优；淡薄、熟闷、低沉、粗老为差；有烟焦、霉气者为次品或劣变茶。

常见的绿茶香气特征如：毫香、嫩香、花香、清香、栗香、茶香等。

四、滋味

绿茶滋味以鲜、醇、甘为好，淡、苦、粗、涩为差；出现烟焦味、霉味或其他被沾染的异味，表明已是劣变或残次茶。

常见的绿茶滋味特征如：嫩鲜、清鲜、鲜醇、醇爽、醇厚、浓醇、浓厚、浓烈、醇和、淡、平和等。

五、叶底

绿茶的叶底，以原料嫩而芽多、厚而柔软、匀整、明亮的为好；以叶质粗老、硬、薄、花杂、老嫩不一、大小欠匀、色泽不调和为差；如出现红梗红叶、叶张硬碎、带焦斑、黑条、青张和闷黄叶，说明品质低下。叶底的色泽以嫩绿、鲜明一致为佳；其次是黄绿色；而深绿、暗绿表明品质欠佳（图10-20）。

图10-20　不同品种绿茶叶底对比

常见的绿茶叶底特征包括：

① 形态：如芽形、条形、雀舌形、花朵形、整叶形、碎叶形、末形等。

② 色泽：如嫩绿、嫩黄、翠绿、黄绿、鲜绿、绿亮、青绿、黄褐等。

第三节　绿茶常用审评术语

因绿茶花色、规格繁多，表述绿茶感官品质特征的审评术语也是最多的。需要注意的是，部分审评术语能够在多个审评因子的表述中出现，且部分审评术语可以组合使用，这相应扩大了审评术语的使用范围。部分常用于描述绿茶感官品质的术语如下。

一、外形审评术语

细嫩：芽叶细小，显毫柔嫩。多见于春茶期的小叶种高档茶。也用于叶底审评。

细紧：茶条细嫩，条索细长紧卷而完整，锋苗好。

细长：茶条紧细修长。

紧结：茶条卷紧而重实，嫩度稍低于细紧。多用于中上档条形茶。

扁平光滑：茶叶外形扁直平伏，光洁平滑。为优质扁炒青的主要特征。

扁片：粗老的扁形片茶。扁片常出现在扁形茶中。

糙米色：嫩绿微黄、鲜润的干茶颜色。用于描述早春杭州西湖产区加工的高档西湖龙井的外形色泽，与茶叶的自然品质有关。

嫩匀：细嫩，芽叶匀齐，大小一致，嫩而柔软。多用于高档绿茶。也用于叶底审评。

嫩绿：浅绿新鲜，似初生柳叶的颜色。富有生机。为避免重复，对同一只茶审评时，一般不连续使用。也用于汤色、叶底审评。

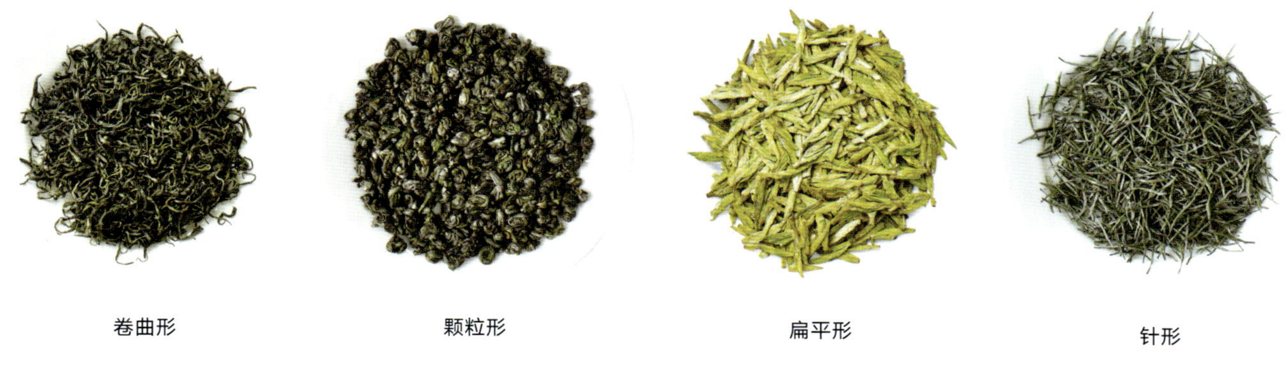

图10-18　不同品种绿茶外形对比图

二、汤色

绿茶的汤色应清澈明亮，呈绿色或黄绿色；而低档茶汤色欠明亮；酸馊劣变茶的汤色混浊不清；陈茶的汤色发暗变深；杂质多的茶审评杯底会出现沉淀。

常见的绿茶汤色特征如：嫩绿、浅绿、杏绿、绿亮、黄绿、黄、黄暗、深暗等（图10-19）。

图10-19　不同品种绿茶汤色对比图

三、香气

绿茶香气以花香、嫩香、清香、栗香为优；淡薄、熟闷、低沉、粗老为差；有烟焦、霉气者为次品或劣变茶。

常见的绿茶香气特征如：毫香、嫩香、花香、清香、栗香、茶香等。

四、滋味

绿茶滋味以鲜、醇、甘为好，淡、苦、粗、涩为差；出现烟焦味、霉味或其他被沾染的异味，表明已是劣变或残次茶。

常见的绿茶滋味特征如：嫩鲜、清鲜、鲜醇、醇爽、醇厚、浓醇、浓厚、浓烈、醇和、淡、平和等。

五、叶底

绿茶的叶底，以原料嫩而芽多、厚而柔软、匀整、明亮的为好；以叶质粗老、硬、薄、花杂、老嫩不一、大小欠匀、色泽不调和为差；如出现红梗红叶、叶张硬碎、带焦斑、黑条、青张和闷黄叶，说明品质低下。叶底的色泽以嫩绿、鲜明一致为佳；其次是黄绿色；而深绿、暗绿表明品质欠佳（图10-20）。

图10-20　不同品种绿茶叶底对比

常见的绿茶叶底特征包括：

① 形态：如芽形、条形、雀舌形、花朵形、整叶形、碎叶形、末形等。

② 色泽：如嫩绿、嫩黄、翠绿、黄绿、鲜绿、绿亮、青绿、黄褐等。

第三节　绿茶常用审评术语

因绿茶花色、规格繁多，表述绿茶感官品质特征的审评术语也是最多的。需要注意的是，部分审评术语能够在多个审评因子的表述中出现，且部分审评术语可以组合使用，这相应扩大了审评术语的使用范围。部分常用于描述绿茶感官品质的术语如下。

一、外形审评术语

细嫩：芽叶细小，显毫柔嫩。多见于春茶期的小叶种高档茶。也用于叶底审评。

细紧：茶条细嫩，条索细长紧卷而完整，锋苗好。

细长：茶条紧细修长。

紧结：茶条卷紧而重实，嫩度稍低于细紧。多用于中上档条形茶。

扁平光滑：茶叶外形扁直平伏，光洁平滑。为优质扁炒青的主要特征。

扁片：粗老的扁形片茶。扁片常出现在扁形茶中。

糙米色：嫩绿微黄、鲜润的干茶颜色。用于描述早春杭州西湖产区加工的高档西湖龙井的外形色泽，与茶叶的自然品质有关。

嫩匀：细嫩，芽叶匀齐，大小一致，嫩而柔软。多用于高档绿茶。也用于叶底审评。

嫩绿：浅绿新鲜，似初生柳叶的颜色。富有生机。为避免重复，对同一只茶审评时，一般不连续使用。也用于汤色、叶底审评。

嫩黄：黄中泛出嫩白色，为白化叶类茶、黄茶等干茶、汤色和叶底特有色泽。

枯黄：色黄无光泽。多用于粗老绿茶。

枯灰：色泽灰，无光泽。多见于粗老绿茶。撩头茶经多次轧切后，常表现为色泽枯灰，只能作低档茶拼配使用。

肥壮：芽叶肥大，叶肉厚实，形态丰满，身骨重。多用于大叶种制成的各类条形茶，也用于叶底审评。

匀净：大小一致，匀称而洁净，不含梗及夹杂物。常用于采制良好的茶叶。也用于叶底审评。

灰绿：干茶色泽绿而稍带灰白色。多见于辉炒过分的绿茶。

灰白：色泽浅灰泛白。如绿茶辉炒充分，即有此特点。

银灰：茶叶呈浅灰白色而略带光泽。多用于外形完整的多茸毫、毫中隐绿的高档烘青型或半烘半炒型名优绿茶。

墨绿：干茶色泽呈深绿色泛乌，有光泽。多见于春茶的中档绿茶或炒制中茶锅上油太多所致。

绿润：色绿鲜活，富有光泽。多用于上档绿茶。

卷曲：茶条呈螺旋状弯曲卷紧。

粗老：茶叶叶质硬，叶脉隆起，已失去萌发时的嫩度。用于各类粗老茶。也用于叶底审评。

粗壮：茶身粗大而壮实。多用于叶张较肥大、肉质尚重实的中下档茶。

重实：茶叶以手感受有沉重感。用于嫩度好、条索紧结的上档茶。

茸毫：茶叶表层的茸毛。其数量与品种、嫩度和制茶工艺有关。茸毫丰富，表明嫩度良好。

颗粒：细小而圆紧的茶叶。用于描述绿碎茶形态以及颗粒紧结重实的茶叶。

身骨：描述茶叶质地的轻重。茶叶身骨重实，质地良好；身骨轻飘，则较差。身骨的轻重取决于茶叶的老嫩，“嫩者重，老者轻”。

上段茶：也称“面张茶”。同一只（批）的茶中体形较大的茶叶。在眉茶中，通常将通过筛孔4～5孔的茶称为上段茶。

下段茶：同一只（批）茶叶中体形较小的部分。

中段茶：茶身大小介于上段与下段茶之间。

起霜：绿茶表面光洁，带有银灰色光泽。用于经辉炒磨光的精制茶。

夹杂物：混杂在茶叶中无饮用价值的物质。如花蒂、木屑以及其他植物枝叶等（图10-21）。

盘花卷曲：茶条卷曲盘绕，形如圆珠。用于描述先将茶叶加工揉捻成条形，再炒制成圆形或椭圆形的颗粒。

片茶：梗叶分离的单片叶茶。

图10-21　茶类夹杂物

二、汤色审评术语

明亮：茶汤清洁透明，反光强。也用于叶底审评时表述颜色鲜明、色泽一致。

鲜明：新鲜明亮。也用于叶底审评。

清澈：洁净透明。多用于高档绿茶。

黄亮：颜色黄而明亮。多见于香气纯正、滋味醇厚的中档绿茶或存放时间较长的名优绿茶。也用于叶底审评。

黄绿：色泽绿中带黄。有新鲜感。多用于中高档绿茶。也用于叶底审评。

三、香气审评术语

嫩香：嫩茶所特有的愉悦细腻香气。多用于原料幼嫩、采制精细的高档绿茶。

清香：清新纯净。多用于高档绿茶。

栗香：又称板栗香，似熟板栗的茶香。多见于制作中火功恰到好处的高档绿茶及特定的品种茶。

季节香：在某特定一时期生产的茶叶具有的特殊香气。如秋茶香。

地域香：具有特殊地方风味的茶叶香气。如云南红茶特殊的糖香、西湖龙井茶独有的清香，皆属地域香。

高锐：香型突出而浓郁。多用于高档茶。

高长：香高持久。多用于高档茶。

清高：清香高纯而持久。多见于杀青后，经快速干燥的高档烘青和半烘半炒型绿茶。

海藻香（味）：茶叶的香气和滋味中带有海藻、苔菜类的味道。多见于日本产的上档蒸青绿茶。也用于滋味审评。

浓郁：香气丰富，芬芳持久。

高纯：茶香浓而纯粹。多用于高档茶。

纯正：香气正常、纯粹。表明茶香既无突出的优点，也无明显的缺点，用于中档茶的香气评语。

纯和：香气纯而正常，但不高。

足火香：茶叶香气中稍带焦糖香。常见于干燥温度较高的制品。

火香：焦糖香。多因茶叶在干燥过程中烘、炒温度偏高造成。在不同的茶叶销区，“火香”的褒贬含义不同，如北方地区常认为有火香的绿茶品种好，而江、浙、沪地区则相反。

平和：香味不浓，但无粗老气味。多见于低档茶。也用于滋味审评。

四、滋味审评术语

鲜爽：鲜美爽口，有活力。

鲜醇：鲜洁醇爽。

鲜浓：茶味新鲜浓爽。

嫩爽：茶味嫩鲜爽口。

浓爽：味浓而鲜爽。

浓醇：入口浓，有收敛性，回味爽适。

浓厚：入口浓，收敛性强，回味有黏稠感。

清爽：茶味浓淡适宜，清新爽口。

清淡：茶味清爽柔和。用于嫩度良好的烘青型绿茶。

柔和：滋味温和。用于高档绿茶。

醇厚：入口爽适，回味有黏稠感。用于中上档茶。

醇正：浓度适当，正常无异味。

醇和：醇而和淡。

收敛性：茶汤入口后，口腔有收紧感。

五、叶底审评术语

鲜亮：色泽新鲜明亮。多见于新鲜、嫩度良好而干燥的高档绿茶。

绿明：绿润明亮。多用于高档绿茶。

柔软：细嫩绵软。多用于高档绿茶。

芽叶成朵：芽叶细嫩而完整相连。

匀齐：芽叶均匀，整齐一致。

舒展：冲泡后的茶叶自然展开。制茶工艺正常的新茶，其叶底多呈现舒展状。

第四节　常见绿茶品质弊病

从田间到车间，影响茶叶品质的因素非常多。无论自然条件还是人为作用，一旦发生变化，品质差别都会在茶叶产品中体现出来，茶叶品质的一些缺陷、弊病，往往就是由此造成的。了解品质弊病，对于泡好一杯茶具有十分重要的意义。常见的绿茶品质弊病如下。

一、外形品质弊病

脱档：上、中、下三段茶比例失当。

扁瘪：茶叶呈扁形，质地空瘪瘦弱。多见于低档茶与朴片茶。

陈暗：色泽失去光泽变暗。多见于陈茶或失风受潮的茶叶。也用于汤色、叶底审评。

短碎：茶条碎断，无锋苗。多因条形茶揉捻或轧切过重所致。

露梗：茶叶中显露茶梗。多见于采摘粗放、外形毛糙带梗的茶叶。

图10-22　外形色泽花杂

露黄：在嫩茶中含较老的黄色碎片。多用于拣剔不净、老嫩混杂的绿茶。

毛糙：茶叶外形粗糙，不够光洁。多见于制作粗放之茶。

松散：外形松而粗大，不成条索。多见于揉捻不足的粗老长条绿茶。

松泡：茶叶外形粗松轻飘，茶条卷紧度较差。

灰暗：干茶色灰深暗，常见于陈化的炒青绿茶，或绿茶在加工过程中低温长炒，黏附于叶表的茶汁与机具长时间摩擦而造成的色泽弊病。

老嫩混杂：由于在同级茶叶或鲜叶中老嫩叶混合和不同级别毛茶拼配不适当等而产生。也用于叶底审评。

规格乱：茶叶外形杂乱，缺乏协调一致感。多用于精茶外形大小或长短不一。

花杂：茶叶的外形和叶底色泽杂乱，净度较差。也用于叶底审评（图10-22）。

焦斑：在干茶外形和叶底中呈现的烤伤痕迹。常见于炒干温度过高的炒青绿茶或杀青温度过高的制品。也用于叶底审评。

黄头：外形术语。色泽发黄，粗老的圆头茶。

轻飘（飘薄）：质地轻、瘦薄、容重小。常用于粗老茶或被风选机吹出的片茶。

爆点：绿茶上被烫焦的斑点。常见于杀青和炒干过程中锅温过高、叶表被烫焦成鱼眼状的小斑点。

焦边：也称烧边。叶片边缘已炭化发黑，多见于杀青温度过高、叶片边缘被灼烧后的制品叶底。

泛红：发红而缺乏光泽。多见于杀青温度过低或鲜叶堆积过久，茶多酚产生酶促氧化的绿茶。也用于叶底审评。

二、汤色品质弊病

红汤：绿茶汤色呈浅红色，多因制作技术不当造成。

浅薄：汤色浅淡，茶汤中水溶物质含量较少、浓度低。

混浊：茶汤中有较多的悬浮物，透明度差。多见于揉捻过度或酸、馊等不洁净的劣质茶。

起釉：指不溶于茶汤而在表面漂浮的一层油状薄膜。多见于粗老茶表层含蜡质和灰尘多，或泡茶用水含三价铁多，水的pH大于7时易出现。

三、香气品质弊病

异味污染：茶叶有极强吸附性，易被各种有味物质污染而带异味。常见异味有：烟味、竹油味、木炭味、塑料味、石灰味、油墨味、机油味、纸异味、杉木味等。

青气：成品茶带有青草或鲜叶的气息。多见于夏秋季杀青不透的下档绿茶。

生青：如青草的生腥气味。因制茶过程中原料摊放、杀青或揉捻不足，鲜叶内含物缺少必要的转化而产生。也用于滋味审评。

钝熟：香气、滋味熟闷，缺乏爽口感。多见于茶叶嫩度较好，但已失风受潮，或存放时间过长、制茶技术不当的绿茶。也用于滋味审评。

香短：香气保持时间短，很快消失。

高火：似炒黄豆的香气。干燥过程中温度偏高制成的茶叶，常具有高火特点。

老火：焦糖香、味。常因茶叶在干燥过程中温度过高，使部分碳水化合物转化产生。也用于滋味审评。

陈闷：香气失鲜，不爽。常见于绿茶初制作业不及时或工序不当。如青叶摊放时间过长的制品。

陈熟：指香气、滋味不新鲜，叶底失去光泽。多见于制作不当、保存时间过长或保存方法不当的绿茶。也用于滋味审评。

霉气（味）：茶叶霉变而产生的气味。多见于含水率大于10%，又处在适合霉菌生长的环境，在绿茶中出现陈霉气味，为次品劣变茶。也用于滋味审评。

陈气（味）：绿茶香气滋味不新鲜。多见于存放时间过长或失风受潮的茶叶。也用于滋味审评。

粗青气（味）：粗老的青草味（气）。多用于杀青不透的下档绿茶。也用于滋味审评。

粗老气（味）：茶叶因粗老而表现出的内质特征。多用于各类低档茶，一般四级以下的茶叶，带有不同程度的粗老味（气）。也用于滋味审评。

焦气：茶叶被烧灼炭化所产生的味道。多由杀青温度过高、部分叶片被烧灼释放出的烟焦气味被在制茶叶吸收所致。也用于滋味审评。

酸馊气：香气异味。腐烂变质茶叶发出的一种不愉快的酸味。在红茶初制中制作不当的部分尾茶可产生酸馊气。

水闷气（味）：陈闷沤熟的不愉快气味。常由雨水叶或揉捻叶闷堆不及时干燥等原因造成。也用于滋味审评。

四、滋味品质弊病

生味：因鲜叶内含物在制茶过程中转化不够而显。多见于杀青不透的绿茶。

生（青）涩：味道生青涩口。夏秋季的绿茶如杀青不匀透，或以花青素含量高的紫芽种鲜叶为原料制成的茶叶等，都会产生生涩的滋味。

浓涩：味道浓而涩口。多用于夏秋季生产的绿茶。杀青不足、半生不熟的绿茶，滋味大多呈浓涩，品质较差。

粽叶味：一种似经蒸煮的粽叶所带的熟闷味。多见于杀青时间长，且加盖不透气的制品。

平淡：味淡平和，浓强度低。

苦涩：茶汤味道既苦又涩。多见于夏秋季制作的大叶种绿茶。

乏味：茶味淡薄，缺少浓强度。

熟味：茶味缺乏鲜爽感，熟闷不快。多见于失风受潮的名优绿茶。

火味：干燥工序中锅温或烘温太高，使茶叶中部分有机物转化而产生似炒熟黄豆味。

辛涩：茶味浓涩不醇，仅具单一的薄涩刺激性。多见于夏秋季的下档绿茶。

酸味：含有较多氢离子的茶汤所带的味道。

粗淡（薄）：茶味粗老淡薄。多用于低档茶。如“三角片”茶，香气粗青，滋味粗淡。

粗涩：滋味粗青涩口。多用于夏秋季的低档茶。如夏季的五级炒青茶，香气粗糙，滋味粗涩。

苦味：茶汤显露苦的味感且持续不化。是特定品种、以夏秋季紫色芽叶为原料或部分病变叶片加工出的产品具有的滋味特征。

焦味：加工过程中叶片在高温下被炭化后散发的味道。

日晒味：原料或成品经阳光烤晒所致的一种风味特征，除晒青茶外，其他绿茶带日晒味表明品质低下。

五、叶底品质弊病

花杂：原料嫩度不一所致。

叶张粗大：大而偏老的单片、对夹叶。常见于粗老茶的叶底。

红梗红叶：绿茶叶底的茎梗和叶片局部带暗红色。多因杀青温度过低，未及时抑制酶的活性，致使部分茶多酚氧化成非水溶性的有色物质沉积于叶片组织中。

红蒂：茎叶基部呈红色。多见于采茶方法不当或鲜叶摊放时间过长。

生熟不匀：鲜叶老嫩混杂，杀青程度不匀的叶底表现。如在绿茶叶底中存在的红梗红叶、青张与焦边。

青暗：色暗绿，无光泽。多见于夏秋季的粗老绿茶。

青张：叶底中夹杂色深较老的青片。多见于制茶粗放、杀青欠匀欠透、老嫩叶混杂、揉捻不足的绿茶。

青褐：色暗褐泛青。一般用于描述下档绿茶。

花青：叶底蓝绿或红里夹青。多见于用含花青素较多的紫芽种制成的绿茶。

靛青：又称“靛蓝”。冲泡后的茶叶呈蓝绿色。多见于用含花青素较多的紫芽种所制的绿茶，汤色浅灰、香气偏生青、味浓涩的夏茶比春茶更多见。

瘦小：芽叶单薄细小。多用于施肥不足或受冻后缺乏生长力的芽叶制品。

单薄：叶张瘦薄。多用于生长势欠佳的小叶种鲜叶制成的条形茶。

摊张：摊开的粗老叶片。多用于低档毛茶。

黄熟：色泽黄而亮度不足。多用于茶叶含水率偏高、存放时间长或制作中闷蒸和干燥时间过长以及脱镁叶绿素较多的高档绿茶的叶底色泽。

卷缩：开汤后的叶底不展开。多见于陈茶或因干燥过程中火功太高导致叶底卷缩；条索紧卷，泡茶用水不开，叶底也会呈卷缩状态。

第十一章
五套修习茶艺

花茶玻璃盖碗泡法，绿茶玻璃杯上、中、下投泡法，白茶银壶煮茶法，黄茶瓷壶泡法和黑茶陶壶泡法为五套常用修习茶艺，与《茶艺培训教材Ⅰ》（第十六章）三套修习茶艺（绿茶玻璃杯泡法、红茶瓷盖碗泡法、乌龙茶紫砂壶双杯泡法），共八套茶艺，涵盖了六大茶类的代表性名茶与再加工茶类中花茶的冲泡方法以及常用茶具的使用方法。

熟练掌握八套茶艺，即可练就扎实的茶艺基本功。由于篇幅有限，本章只表述重点流程，详细内容参见《习茶精要详解 下册》。

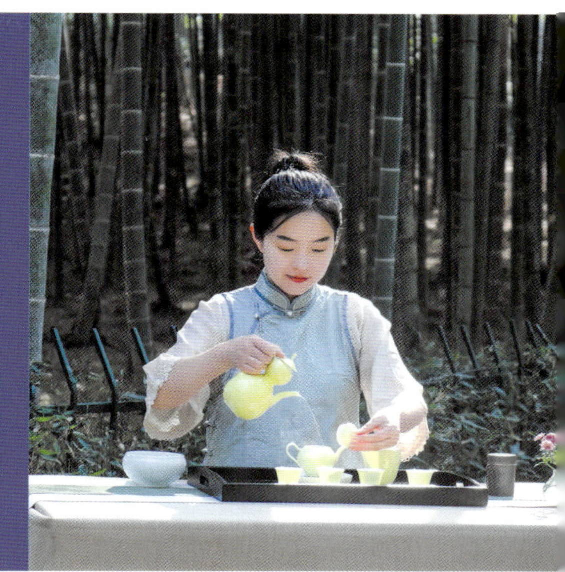

第一节　花茶玻璃盖碗泡法

花茶属再加工茶类，以绿茶、红茶、青茶、白茶等干茶为茶坯，用茉莉花、桂花、玫瑰花等鲜花窨制而成。花茶有茶的身骨，又有花的馨香，是诗一样美的茶。

花茶可以用盖碗泡、杯泡、壶泡等，器具质地以玻璃、瓷为主。为避免香气失散，花茶冲泡时需随时加盖。原料细嫩的花茶可选用玻璃盖碗，透明的玻璃盖碗既可欣赏茶叶的姿态，碗盖又有聚香的作用，可以用来闻香。

一、准备

备具　碗盖翻扣的三个玻璃盖碗成一个“品”字形，放于茶盘中间，茶匙搁于茶匙架上，叠在受污上，放于中间内侧，右下角放水壶，右上角放水盂，左下角放茶花，左上角放茶叶罐（表11-1）。

表11-1　花茶盖碗泡法茶器配置

器具名称	数量/个	质地	容量或尺寸
玻璃盖碗	3	玻璃	直径10厘米，高6厘米，容量200 毫升
茶叶罐	1	玻璃	直径7.5厘米，高14厘米
水壶	1	玻璃	直径15厘米，高16厘米，容量1400毫升
茶匙	1	竹制	长20厘米
茶匙架	1	竹制	长2厘米，高1厘米
受污	1	棉质	长27厘米，宽27厘米
水盂	1	玻璃	直径14厘米，高6厘米，容量600毫升
花器	1	瓷质	高10厘米
茶盘	1	木质	长50厘米，宽30厘米，高3厘米

备具

二、流程

上场→放盘→行礼→入座→布具→行注目礼→温碗→弃水→开盖→置茶→润茶→摇香→冲泡→奉茶→示饮→收具→行礼→退回

1. 上场

面向品茗者，双脚并拢，右脚上前一小步，左脚跟上并拢，脚尖与凳子的前缘平，身体紧靠凳子。

2. 放盘

右蹲姿，右脚在左脚前交叉，重心下移，身体中正，双手向左推出茶盘，放于桌面。双手、右脚同时收回，成站姿。

3. 行礼

行鞠躬礼，双手贴着身体，滑到大腿根部，头背成一条直线，以腰为中心身体前倾15°，停顿3秒钟，身体带着手起身成站姿。

4. 入座

入座。

5. 布具

从右至左布置茶具。移水壶。

移水盂至水壶后。

移茶匙及架放于茶盘后。

移受污至左侧，放于茶盘后。

移茶花至茶盘左侧前端。

移茶罐至茶盘左侧茶花后。

移盖碗，三个盖碗在茶盘内成“品”字形。

6. 行注目礼

行注目礼，意为“我准备好了，将用心为您泡一杯香茗，请耐心等待。”

7. 温碗

依次向3个盖碗的碗盖内逆时针注水，至满盖。

右手取茶匙，用茶匙尖部平压碗盖内侧6点至9点位置处，翻碗盖，让碗盖里的水流入盖碗中，碗盖合好。

茶匙尖在受污中压一下，拭干茶匙尖的水渍，水平旋转180°，搁于匙架上。

依次温烫3个盖碗。

8. 弃水

弃水。

9. 开盖

右手持盖，依次揭开，将碗盖搁于碗托边，成“品”字形。

10. 置茶

依次置茶。

11. 润茶

润茶，注水至四分之一碗，加盖。

12. 摇香

摇香。

13. 冲泡

左手持盖，右手提水壶，依次注水至八分满，盖上碗盖。

14. 奉茶

行奉前礼，品茗者回礼。

左手托茶盘，蹲姿。

奉茶，行奉中礼，品茗者回礼。

行奉后礼，品茗者回礼。

15. 示饮

右手持盖，在鼻前左右移动三次闻香，头不动。

小口品饮，以对方正面看不到习茶者的嘴为原则。

16. 收具

从左至右收具，器具返回的轨迹为“原路”，收茶罐、茶花、受污、茶匙与茶匙架、水盂、水壶至茶盘中原位。

17. 行礼

右脚向右一步，左脚并拢，左脚后退一步，右脚并上。行鞠躬礼。

18. 退回

身体为站姿，两脚并拢，双手端盘，肩关节放松，双手臂自然下坠，茶盘高度以舒服为宜，右脚开步。

三、收尾

器具收回，洗涤晾干，放于原位备用。有始有终，养成习惯。

四、提示与叮嘱

（一）提示

泡好花茶的关键点为泡茶水温、茶水比和时间的调控，以及如何聚香、呈现茶香。

1. 泡茶水温和时间依茶坯而定，但冲泡时间略短

如该款花茶以绿茶为茶坯窨制而成，那么水温、茶水比与该款绿茶相同；如该款花茶以红茶为茶坯原料，则水温、茶水比与该款红茶相同。不同的是，花茶冲泡的时间略短。

2. 随时加盖

冲泡花茶宜用带盖的杯或碗，在冲泡过程中随时加盖，以防香气失散。

3. 增加闻香环节

品味花茶重在闻茶的花香，因此流程中增加示饮闻香的环节。

（二）叮嘱

花茶一般可以泡三次，习茶者可提水壶为品茗者续水两次。

教授一套茶艺时，一般会分四步：

第一步，演示讲解分解动作，说明为什么要这么做，强调动作要领。

第二步，演示整套茶艺。

第三步，带着学员们一个动作一个动作一起练习。对外国茶友，由于语言、文化等不同，接受能力不同，一般把整套茶艺拆分成两段或三段教学。近二十年的教学实践结果显示，这样的教学方法，大部分学员能在短时间内掌握核心内容。

第四步，纠错。看学员练习，边看边纠错。

教，由老师来完成；学，必须由学员亲自动手练习、体验才能完成。初学者往往希望老师多演示，自己动手怕出错。其实“出错”是初学者必经的一步，必须多练习，在练习的过程中不断纠错，逐渐掌握正确的方法，日积月累，直至练习到身体记住这些动作——并非指无意识地练习，而是反复的精准练习，让身体自然而然产生韵律感和记忆，身体产生了记忆，动作就会接二连三地顺势做下去。

第二节　绿茶玻璃杯上、中、下投泡法

绿茶为不发酵茶，多用玻璃杯冲泡，以便观赏茶在水中芽叶舒展之美。选用三个玻璃杯一次冲泡三款茶，分别用上投、中投、下投三种投茶方法冲泡。如果三款茶适合两种投茶方法，也可以两款茶下投，一款茶上投作为一个组合，以此类推。另外，三款茶可以都是绿茶，也可以是绿茶、红茶、黄茶的组合。根据茶性，科学组合，以泡好三杯茶汤为前提，又增添情趣。

该套茶艺选用三款绿茶，上投法冲泡碧螺春茶，中投法冲泡羊岩勾青茶，下投法冲泡龙井茶。

一、准备

备具 三个玻璃杯倒扣在杯托上，与水盂放在茶盘右上至左下的对角线上，水壶放于右下角，三个玻璃茶荷内先备三款茶叶，每一款2~3克，放于左上角，茶匙搁于茶匙架上，叠在受污上，放于中间玻璃杯后面，各器具在茶盘中都有固定的位置（表11-2）。

表11-2 绿茶玻璃杯上、中、下投泡法茶器配置

器具名称	数量/个	质地	容量或尺寸
玻璃杯	3	玻璃	直径7厘米，高8厘米，容量220毫升
玻璃杯托	3	玻璃	直径11.5厘米，高2厘米
水壶	1	玻璃	直径15厘米，高16厘米，容量1400毫升
茶荷	3	玻璃	长16.5厘米，宽5厘米
茶匙	1	竹制	长18厘米
茶匙架	1	竹制	长3厘米，高2厘米
受污	1	棉质	长27厘米，宽27厘米
水盂	1	玻璃	直径14厘米，高6厘米，容量600毫升
茶盘	1	木质	长50厘米，宽30厘米，高3厘米

备具

二、流程

上场→放盘→行礼→入座→布具→行注目礼→温杯→下投置茶→润茶→中投注水→中投置茶→摇香→冲泡→上投注水→上投置茶→奉茶→收具→行礼→退回

1. 上场

端盘上场。

2. 放盘

左蹲姿，向右推出茶盘，放于桌面。

3. 行礼

双手收回成站姿，行鞠躬礼。

4. 入座

入座。

5. 布具

从右至左布置茶具。移水壶、水盂、茶匙和茶匙架、受污、三个茶荷，并逐一翻杯。

6. 行注目礼

目光平视，与品茗者交流。

7. 温杯

逐一温杯、弃水。

8. 下投置茶

取1号茶荷（装有龙井茶），下投置茶于1号茶杯。

9. 润茶

向1号杯注水至三分之一杯，润茶。

10. 中投注水

水壶移至2号杯上方，注水至三分之一杯。

11. 中投置茶

取2号茶荷（装有羊岩勾青茶），拨茶入2号杯。

12. 摇香

1号杯、2号杯摇香。

13. 冲泡

向1、2号杯注水至七分满。

14. 上投注水

水壶移至3号杯上方，注水至七分满。

15. 上投置茶

取3号茶荷（装有碧螺春茶），拨茶入3号杯。

16. 奉茶

行奉前礼，品茗者回礼。

奉茶，行奉中礼，品茗者回礼。

起身后退，行奉后礼，品茗者回礼。

17. 收具

放下茶盘，从左至右，器具按“原路”放回，最后移放出的器具第一个收回，依次收回茶荷、受污、茶匙与茶匙架、水盂、水壶。端盘起身。

18. 行礼

行鞠躬礼。

19. 退回

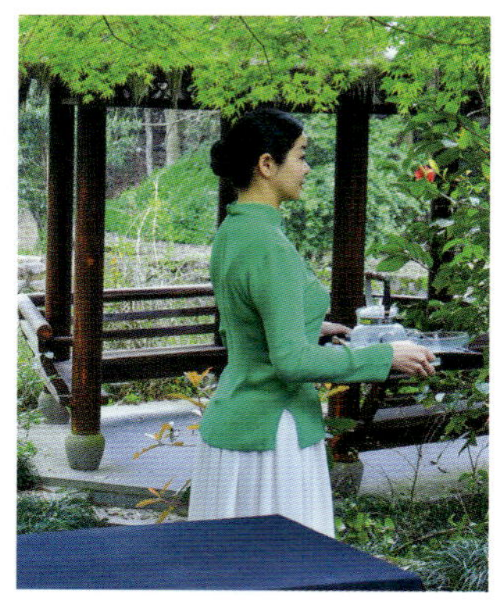
端盘转身退回。

三、收尾

器具收回，洗净晾干，放回原位备用。有始有终，养成好习惯。

四、提示与叮嘱

（一）提示

茶的上投、中投、下投泡法起源于明代。张源《茶录》中说："投茶有序，毋失其宜。先茶后汤，曰下投；汤半下茶，复以汤满，曰中投；先汤后茶，曰上投。春、秋中投，夏上投，冬下投。"这段话的大意是：四季喝茶用不同的泡法，春、秋季用中投泡法，夏季用上投泡法，冬季用下投泡法。可见古人最初是以季节不同而改变泡法。

绿茶是中国生产量和消费量最大的茶类，四大茶区都有生产，外形最丰富，品质有一定差异。为充分展现不同茶的特性，本套茶艺设计分别采用上投、中投、下投法冲泡，配合水温、茶量、冲泡时间等因子的综合调控，以泡好每一杯茶汤为目的，一次同时泡好不同的三款茶。

古人以季节来分上、中、下投泡法，现在则主要以茶的外形特征来选择上、中、下投泡法。

1. 适合上投泡法的绿茶

适合上投泡法的绿茶，其特征为外形细紧、卷曲、重实、显毫，如碧螺春、都匀毛尖、信阳毛尖等，这些绿茶毫多、细嫩，用上投置茶，茶叶以自身的重量慢慢沉入杯底，大部分茶毫依附在茶上，与茶一起下沉，极少漂在汤里，所以茶汤仍清澈、明亮。若用下投置茶，水的冲力使茶毫脱落、漂浮，茶汤就会混浊，视觉效果不够愉悦。原料较细嫩的茶用上投泡法，水温宜略低，70~80℃较为合适。

2. 适合下投泡法的绿茶

适合下投泡法的绿茶，其特征为外形、体积较大，芽叶肥壮，如扁形、兰花形、颗粒形等大部分绿茶，冲泡这些绿茶所需的水温较高，一般为90~95℃，冲泡时间略长，需2~3分钟。

3. 适合中投泡法的绿茶

茶的外形介于上投法与下投法两者之间的绿茶，似卷非卷，似扁非扁，如羊岩勾青等，可以选择中投泡法，水温以90℃左右为宜。

（二）叮嘱

奉给品茗者的玻璃杯中的茶汤还剩三分之一时，习茶者可提水壶去续水，一般可续水两次，绿茶泡三次，内含物质浸出为总量的90%左右。

如何学习茶艺？可概括为十二个字：动手动脑，仔细观察，用心记忆。

第一步：动手记录。记录茶艺流程和每个动作的要领，观察细节。

第二步：动手画图。画备具图和布具图，这两个图记录了茶具在茶盘内和席面上的固定位置。

第三步：用心记忆和练习。先练习单个动作，再练习连贯动作。同时关注茶汤，注意把握投茶量、水温、时间和节奏。

用心、脑和身体一起来记忆知识与技能，学习效果会更好。初学者往往喜欢拍照和录像记录学习的过程，以为都记下来了，实际上没有走心和动脑，学习的效果自然不会好。

第三节　白茶银壶煮茶法

煮茶法始于先秦，完善于唐朝。唐以前煮茶时加入葱、姜、橘皮等，陆羽称之为“斯沟渠间弃水耳”。陆羽《茶经·五之煮》中详细阐述了煮茶用水、炭火的选取和煮茶程序。唐朝的煮茶程序为：炙、碾、筛、罗、煮等。水有三沸，“如鱼目，微有声音，为一沸；缘边如涌泉连珠，为二沸；腾波鼓浪，为三沸。”一沸时加少量盐；二沸时，舀出一勺水，“用竹筴环激汤心，则量末当中心而下”；三沸时，用舀出的一勺水止沸，“育其华”。陆羽的煮茶法，选用二十余种茶器，煮饮蒸青团饼茶，在当时非常流行。由于现代团饼茶较少生产，器具准备比较烦琐，已很少用唐朝的煮茶法。

本节的煮茶法主要是为六大茶类中的白茶和黑茶设计的。因加工白茶时不炒也不揉，细胞破损少，茶汁浸出慢；制作黑茶的原料比较成熟，且加工过程中需要长时间的堆积发酵，因此，白茶和黑茶可以泡饮，也可以煮饮，特别是一些有点年份的白茶与黑茶，用煮茶法饮用，茶味更醇厚，陈香更浓郁，韵味更足。

一、准备

炭火炉烧旺，水壶装水，搁于炭炉上煮水，放于凳子右侧的备茶台上。茶盘内酒精炉加上酒精，备用。

五个品茗杯倒扣于杯托上，放于茶盘中间前端，茶荷叠于受污上，放于内侧，香盒与香插放在受污后，左侧依次放茶盅、水盂、茶叶罐，右下角放酒精炉，右上角放茶壶（表11-3）。

11-3　白茶煮茶法茶器配置

器具名称	数量/个	质地	容量或尺寸
煮茶壶	1	银质	高10厘米，直径8厘米，容量300毫升
酒精煮茶炉	1	陶质	高13厘米，直径9厘米
茶炉托	1	陶质	直径12厘米
品茗杯	5	瓷质	直径6厘米，高4.5厘米，70毫升
杯托	5	木质	直径8厘米
茶盅	1	银质	直径10厘米，高6.2厘米，容量170毫升
茶盘	1	木质	长50厘米，宽30厘米，高3厘米
茶叶罐	1	银质	直径10厘米，高7厘米
茶荷	1	银质	长15厘米，宽5厘米
水壶	1	陶质	直径14厘米，高12厘米，容量1200毫升
炭火炉	1	陶质	直径15.5厘米，高10厘米
水盂	1	瓷质	直径11厘米，高6厘米，容量300毫升
香盒与香	1	木质	长18厘米，直径2厘米
香插	1	瓷质	直径3厘米，高1.5厘米
打火机	1	塑料	长6厘米
受污	1	棉质	长27厘米，宽27厘米

备具

二、流程

上场→入座→行礼→布具→行注目礼→温壶→置茶→煮茶→点香→温杯→出汤→分汤→奉茶→收具→行礼→退回

1. 上场

端盘上场。

2. 入座

坐下，同时，放下茶盘。

3. 行礼

行鞠躬礼。

4. 布具

从右至左布具。移酒精炉。

移茶荷。

移受污。

移香盒与打火机。

移茶罐和水盂。

移茶壶和茶盅。

5. 行注目礼

行注目礼。

依次翻杯。

6. 温壶

注入沸水至三分之一壶，温壶，之后将水注入茶盅。

7. 置茶

取茶叶。

置茶。

8. 煮茶

向煮茶壶中注沸水至八分满。

点燃酒精炉。

将煮茶壶移到酒精炉上，煮茶。

9. 点香

取香和香插。

点香、插香，放于茶盘左前端。

10. 温杯

将茶盅中的水逐一注入品茗杯。

逐一温烫茶杯、弃水。

11. 出汤

燃尽香，出汤。

12. 分汤

逐一分汤入每个茶杯。

13. 奉茶

起身奉茶。

行奉前礼，品茗者回礼。

奉茶，行奉中礼。

后退一步，行奉后礼。

14. 收具

从左至右收具，先收茶盅。

收水盂和茶叶罐。

收香插和受污。

收茶荷、香盒和打火机。

收茶壶，放于受污上。

收酒精炉后，端盘、起身。

15. 行礼

行鞠躬礼。

16. 退回

转身，退回。

三、收尾

器具收回、洗净、晾干，放于原位备用。善始善终，养成好习惯。

四、提示和叮嘱

（一）提示

煮好一壶白茶的关键点为：选好煮茶壶和水、掌握投茶量和煮茶时间。

1. 选好煮茶容器

在高温下，茶与容器较长时间直接接触，优质、安全的容器尤其重要。就材质来说，高温烧制的陶瓷壶、玻璃壶均可，金属壶最好选用符合标准的银壶或不锈钢壶。

2. 投茶量

依人数而定，人多宜多投，人少宜少投，以寿眉为例，每人约1克茶叶，3人3克茶叶，水量为200毫升左右。

3. 煮茶用水

煮茶宜选用硬度低的山泉水。

4. 煮茶时间

一般用急火先把水煮开，投茶注入沸水后煮3、4分钟即可沥汤，不可文火慢炖。可用一段3、4分钟燃尽的线香计时。

（二）叮嘱

3克白茶第一次煮3、4分钟，第二次煮5分钟，茶叶的有效成分基本全部浸出，再煮已没有多少营养物质。

习茶者把品茗者邀入茶室，为的是亲自献上一盏浓度和温度都适宜、蕴含一份诚意和敬意的茶汤，让品茗者满足。浓度正好适合品茗者的口感；汤温不烫也不冷；恭敬的礼仪和规范的流程，是为了让这盏茶装满心意；茶汤的浓度、温度、心意三者都同等重要。事先充分准备，选用合适的茶和茶具，行茶过程中调整茶量、水温以及控制动作快慢的节奏，才能让品茗者感受恰到好处的口感和诚敬的心意。

第四节 黄茶瓷壶泡法

黄茶是六大茶类中相对品类和产量都较少的茶类，主要分为黄大茶、黄小茶和黄芽茶三类。黄茶具有黄汤黄叶特征，冲泡时可选用奶白瓷壶、黄釉瓷盖碗和品茗杯，或以黄、橙为主色的器具，与黄茶色泽相呼应，品茗杯内壁釉色以奶白、米白、粉白、乳白等色为佳，更利于呈现茶汤色泽。如冲泡君山银针之类的黄芽茶，主泡茶器也可选用玻璃的小壶或者盖碗，以便欣赏汤色的透亮和茶叶上下翩跹的姿态。

一、准备

上场前先将沸水注于水壶内。

茶盘内器具摆放分前、中、后三行：前排4个品茗杯呈一字排开；中间由左至右为茶罐、茶盅、壶承和茶壶、水盂；后排从左及右为茶花，茶匙搁置于茶匙架上叠放于受污之上，水壶置于右后方。

表11-4 黄茶瓷壶泡法茶器配置

器具名称	数量/个	质地	容量或尺寸
茶壶	1	瓷质	容量130毫升
壶承	1	瓷质	直径14厘米
品茗杯	4	瓷质	直径4.5厘米，高6厘米，容量70毫升
杯托	4	瓷质	直径8厘米
茶盅	1	瓷质	直径10厘米，高11厘米，容量250毫升
茶罐	1	银质	直径7厘米，高10厘米
水壶	1	瓷质	容量400毫升
水盂	1	瓷质	直径11厘米，高6厘米，容量300毫升
茶匙	1	银质	长12厘米
茶匙架	1	银质	长4厘米
受污	1	棉质	长27厘米，宽27厘米
茶盘	1	木质	长50厘米，宽30厘米，高3厘米

备具

二、流程

上场→行礼→入座→布具→翻杯→行注目礼→温壶→置茶→润茶→冲泡→温盅→温杯→出汤→分汤→奉茶→示饮→收具→行礼→退场

1. 上场

右脚开步，行至茶桌前，面对品茗者。

2. 行礼

以腰为中心身体前倾15°，行鞠躬礼。

3. 入座

礼毕入座。

4. 布具

按茶盘右、后、左、内的顺序布具。取水壶、水盂、茶匙和茶匙架、受污、茶花、茶罐，调整茶壶、茶盅位置。

5. 翻杯

依次单手翻杯。

6. 行注目礼

向品茶者行注目礼。

7. 温壶

注入三分之一壶热水，温壶，弃水于茶盅。

8. 置茶

开茶罐，取茶匙拨取适量茶叶入茶壶。

9. 润茶

润茶。

10. 冲泡

向壶中注水至八分满。

11. 温盅

温盅。温盅后，将水依次注入各品茗杯。

12. 温杯

逐一温烫品茗杯，弃水。

13. 出汤

将茶汤倒入茶盅。

14. 分汤

按翻杯顺序分汤。

15. 奉茶

将3杯茶和茶托移入奉茶盘，留1杯给自己。端奉茶盘至品茗者前，行奉前礼；奉茶，行奉中礼；奉茶后后退一步，行奉后礼，转身归位。

16. 示饮

赏汤色、闻香气、品滋味。

17. 收具

依照后取先放回的顺序，依次将桌上的茶器收回至茶盘上原来的位置。

18. 行礼

端盘，行鞠躬礼。

19. 退场

转身，退场。

三、收尾

器具收回、洗净、晾干，放回原位备用。有始有终，养成好习惯。

四、提示和叮嘱

（一）提示

1. 品茗杯的选用

不宜选用内壁为冷色调的品茗杯品饮黄茶，冷色调易使茶汤呈色发暗，也不宜选用透明的玻璃品茗杯，淡黄色汤色在玻璃杯中难以显现。

2. 依据黄茶品类确定冲泡参数

本节的冲泡方法适用于黄小茶或黄芽茶等嫩度较高的芽型黄茶。以特级莫干黄芽为例，水温为80~85℃，茶水比约1∶60。如冲泡多叶型黄大茶，因其芽叶成熟度高，冲泡水温宜95℃以上，冲泡时间、投茶量也需要调整。

（二）叮嘱

如冲泡黄小茶或黄芽茶，空间布置可以选用轻松明快的亮色系为基调。

如冲泡黄大茶，空间布置可以选用稍稳重一些的黄色（如棕黄色）为基调。

冲泡前调整情绪，冲泡黄茶宜以愉悦轻快的心情，面部保持轻松明媚的微笑。衣着宜选择明亮的颜色以及轻柔的质地。

第五节　黑茶陶壶泡法

广西、云南、四川是我国主要的黑茶生产地，分别盛产六堡茶、普洱茶、雅安藏茶，同时各地又盛产知名的陶器，如普洱茶产地的云南建水紫陶，六堡茶产地的广西钦州坭兴陶，两者与江苏宜兴陶、四川荣昌陶被誉为中国“四大名陶”。选择当地出产的陶壶冲泡当地的黑茶，更显原汁原味。同时，黑茶一般以中、大叶种茶叶为原料，因其投茶量较大，常选用容量稍大一些的壶或盖碗，便于控制茶汤浓度，壶口也需大一些，便于置茶。

一、准备

上场前在陶壶中准备好沸水。

茶盘内器具摆放分左、中、右三列：左列由远及近为水盂、茶叶罐；中列由远及近为5个品茗杯倒扣于杯托上，茶盅、茶壶居中，茶匙、茶匙架叠放于受污之上；右列居中摆放陶壶。准备一个炭炉或电炉，放置于茶盘右侧或茶桌右后小茶几上，用于煮水，以保证高水温。另准备一个小奉茶盘，还可备一些茶点等，置于小茶几上。

表11-5　黑茶陶壶泡法茶器配置

器具名称	数量/个	质地	容量或尺寸
茶壶	1	钦州坭兴陶	容量250毫升
茶盅	1	玻璃质	直径10厘米，高11厘米，容量250毫升
茶罐	1	金属	直径7厘米，高10厘米
品茗杯	5	瓷质	容量70毫升
杯托	5	瓷质	直径7厘米
茶匙	1	铜质	长12厘米
茶匙架	1	铜质	长4厘米
水壶	1	瓷质或陶质	可加热
水盂	1	瓷质	直径约15厘米，高10厘米
受污	1	棉质	约35厘米×45厘米
茶盘	1	竹或木质	约35厘米×45厘米

备具

二、流程

上场→行礼→入座→布具→翻杯→行注目礼→温壶→温盅→温杯→置茶→润茶→冲泡→出汤→分汤→奉茶→示饮→收具→行礼→退场

1. 上场

端盘上场。

2. 行礼

行鞠躬礼。

3. 入座

礼毕入座。

4. 布具

依次移动水壶、茶匙及茶匙架、受污、茶罐、水盂，调整茶壶、茶盅的位置。

5.翻杯

依次翻杯，置于杯托上。

6. 行注目礼

行注目礼。

7. 温壶

注入三分之一壶热水，温壶，温壶毕弃水于茶盂。

8. 温盅

温盅，之后将水依次注入各品茗杯。

9. 温杯

按照翻杯顺序依次温杯，弃水。

10. 置茶

开茶罐盖，取适量茶叶入茶壶。放回茶匙和茶罐。

11. 润茶

注入沸水至四分之一壶，润茶。

12. 冲泡

向壶中注满沸水，盖好壶盖。

13. 出汤

将茶汤倒入茶盅中。

14. 分汤

左手持茶盅，按照翻杯顺序将茶汤依次分入品茗杯中。

15. 奉茶

将品茗杯均匀分布在茶盘中，起身奉茶。行奉前礼、奉中礼、奉后礼。

16. 示饮

赏茶汤、闻香气、品滋味。

17. 收具

按照后取先放回的顺序，依次将器具按“原路”放回至茶盘上原来的位置。

18. 行礼

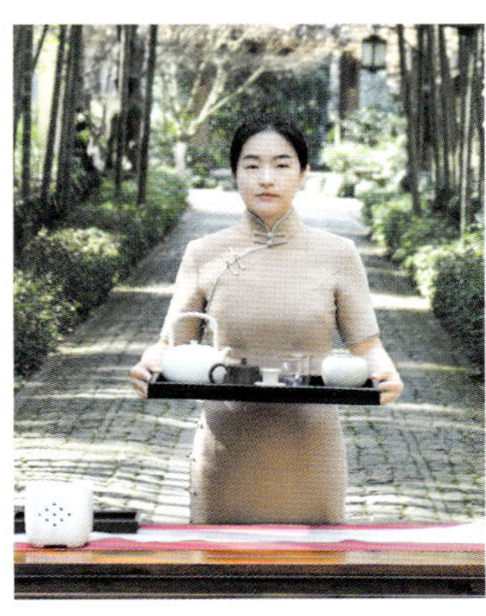

端盘起身，行鞠躬礼。

19. 退场

转身，退场。

三、收尾

器具收回、洗净、晾干，放回原位备用。有始有终，养成好习惯。

四、提示和叮嘱

（一）提示

① 黑茶冲泡需要较高的水温，以刚烧开的沸水为宜。

② 冲泡黑茶散茶，第二和第三泡茶汤浸出速度很快，一定要注意浸泡时间，尽快出汤，且每一道茶尽量将茶汤沥完。如不将茶汤沥完，下一泡可能会过浓。

③ 如冲泡紧压茶，第一泡需要适当延长时间，等待茶叶适当舒展。

④ 紧压茶比散茶相对更耐泡。

（二）叮嘱

切忌投茶量过大或冲泡时间过长，如浓度过高，茶汤可能会形成色泽黑褐的“酱油汤”。

普洱茶具有较强的消食作用，佐以一些茶点风味更佳。

第十二章
茶的调饮

调饮茶是指在饮品制备过程中，添加配料进行调和后饮用的一种混合饮品。根据配料主要功能的不同，调饮茶主要有调味型（奶类、糖、盐、蜂蜜、胡椒等）和调香型（香料、水果、花草等）两类。调味型调饮茶根据添加配料滋味的不同，主要分为甜味调饮和咸味调饮。调香型调饮茶根据添加配料香气的不同，有清雅型和浓郁型等不同风格。茶调饮可添加的配料较为丰富，但需要遵循一定的科学原则设计配方，采用正确的调饮方法进行调制，用现代审美与趣味来呈现其独特的美与风味。

第一节 调饮的原则

调饮茶可以根据人们的喜好和口味进行制作。作为一种时尚饮品，既需要保证其配方的质量与安全，又需要满足消费者（品饮者）的风味需求。

一、配方科学

配方科学是饮品调制的基本原则，主要指配方设计与操作方式的科学合理。配方中各种原料的比例要求合理，既要追求饮品的风味，更要注意饮品的营养，应该符合食品卫生安全标准，忌原料之间有不宜搭配的元素同时存在而有损饮用者身体健康。

制作调饮茶，要求操作环境清洁卫生；调饮器具应保持干净整洁；器具摆放美观合理；符合操作要求。制作者应着专门的调饮服装，避免服饰影响操作。调饮操作要遵循基本的操作规范，符合技术要求。

二、风味协调

风味协调是饮品风味呈现的关键原则。调饮茶的茶叶与配料的基本味道主要有苦味、甜味、酸味、辣味、咸味等。在调制时，需要考虑配方中各种味道的相容性，力求调制出清凉爽口、甜香醇厚、滋味丰富、细腻绵柔等各种口感风味。

风味协调主要表现为：

① 配方的组合融洽和谐，要求有明显茶味，各种配料的比例协调，做到多样、融合、平衡，避免配料喧宾夺主。

② 香气与滋味协调性好，整体风味令人舒适，没有明显刺激感。

③ 饮品色泽搭配合理，颜色比重平衡，具有美感（图12-1、图12-2）。

图12-1 遇见

图12-2 夏日

三、外形美观

外形美观是调饮茶作品设计的重要原则。一款优质的调饮茶饮品应秉承创新融合的理念，运用创新的元素，结合现代茶艺的审美意向设计作品。调饮作品应该具有一定的观赏性，饮品装饰与摆盘设计要契合主题。

调饮茶最大的魅力就在于它是茶与各种元素的融合升华，创新本身就可以丰富人们的想象，带给人们美的体验。以下三点为提升饮品美感的要素：

① 命名。从调饮作品独有的色泽、口味、造型、寓意等角度来命名，以诠释该作品的创作意义。

② 装饰物。为增添调饮作品的艺术性，烘托作品的主题，可以选择配料中存在的某一元素作为作品的装饰物，同时需要考虑到其口感、香气、色彩等元素的协调感。

③ 摆盘。饮品摆盘的场景设计需要考虑到作品的主题，以及选用的元素之间的协调与美感（图12-3、图12-4、图12-5、图12-6）。

图12-3 晓星沉

图12-4 饮露

图12-5　沉睡魔咒

图12-6　蓝蓝的天空金色的梦

第二节　调饮的方式与技术

调饮技术以“中和”思想为指导，注重配方比例，强调手法和技巧，并结合时尚与流行元素，对饮品进行科学设计与技术创新。

一、调饮方式

按饮用方式不同，调饮茶大致可分成两种，即热饮与冷饮；以滋味区分，主要有甜味和咸味。

历史上，以游牧、肉食为主的少数民族喜饮热饮的调饮茶。比如蒙古族的奶茶，主要是由砖茶与牛奶、食盐、小米、黄油等各种配料熬制出的饮品，配料充足，咸里透香，既有饱腹感又能暖身御寒、补充营养。此外，我国藏族地区的酥油茶、怒族的盐巴茶都是热饮（咸味）调饮茶的典型代表。热饮调饮茶方式也通过对外文化与商贸的交流影响世界饮茶的风尚。比如俄罗斯盛行的茶炊煮茶，风味偏甜；以英国下午茶为代表的欧洲部分国家，也流行甜味热饮奶茶；还有摩洛哥用绿茶作为茶基底，调和薄荷煮饮的“薄荷绿茶”，是甜味热饮调饮茶的代表之一。

冷饮的调饮茶以美国的冰红茶为代表，一般以速溶红茶为主，泡出茶汤后，放入冰箱中冷却，饮时再加冰块，可以根据喜好加入方糖、柠檬、蜂蜜、甜果酒调饮，口味甜而酸香，开胃爽口。调饮的技术有将冰块、茶汤、糖浆或酒等置于调饮壶内，运用摇壶手法调和的；也可以使用冰块融化，来维持饮品冷饮的风味。有些茶叶内含物质丰富，茶汤浓度较高，茶汤冷却后，苦涩感增强，加入冰块可以适当稀释茶汤的浓度，调和口感。冷却后有“冷后浑”现象的传统红茶并不适宜用来调制冷饮。一般选择中档茶叶为冷饮的原料。冷饮宜在夏季品饮，风味多样，受到年轻饮茶群体的认可。

调饮茶作品（热饮）赏析：遇见阿莉埃蒂

这款调饮茶饮的灵感源自日本动画电影《借东西的小人阿莉埃蒂》。阿莉埃蒂和翔相遇、相知，经历了误会、体谅、理解、共生、感恩、珍惜等各种情感，正如温热的茶汤遇上松枝、桂圆，不同的元素在此相遇，彼此独立又相互融合。

正山小种香气高长带有松烟香，滋味醇厚，带有桂圆味。新鲜松枝和新鲜桂圆肉将正山小种自有的特质夸张放大，凸显其品质风味。不同颜色、口味的果味糖浆在杯底慢慢化开，用滋味描绘出一场香甜的遇见。阿莉埃蒂和翔就像我们身边的平凡人，他们可能拥有不同的生活方式，但对于美好的向往却是一致的。借由这个关于遇见的故事，祝愿人们都能遇见自己的阿莉埃蒂，拥有自己期盼的美好。

茶基底：正山小种。

主要配料：新鲜桂圆肉、果味糖浆冻（图12-7）。

茶水比：1：60。

操作器具：仿宋玻璃水注（壶）、调匙（勺）。

饮品载杯：郁金香形高脚玻璃杯。

品饮季节：夏、秋季。

装饰材料：松枝。

步骤：

① 果味糖浆冻制作：选取石榴味糖浆（鲜红色）、蜜桃味糖浆（金黄色）、蓝柑糖浆（宝蓝色）三种，将2.5克明胶溶解于20毫升温水中，分别滴入3、4滴不同糖浆，搅拌均匀后放入模具，置入冰箱至凝固（图12-8、图12-9、图12-10）。

② 取7、8克正山小种，用500毫升沸水浸润冲泡，静置1.5分钟左右（图12-11、图12-12）。

③ 在杯中加入去核的新鲜桂圆果肉。

④ 用调和法将正山小种的茶汤注入杯中，用调匙搅拌桂圆肉与茶汤，激发新鲜水果的甜与茶汤融合（图12-13）。

⑤ 等茶汤稳定后，沿杯壁轻缓放入3、4粒不同颜色的果味糖浆冻，待其逐渐溶化（图12-14、图12-15）。

⑥ 在杯口点缀松枝。

⑦ 载杯摆盘，奉饮（图12-16）。

图12-7 配料

图12-8 果味糖浆冻制作

图12-9 果味糖浆冻制作

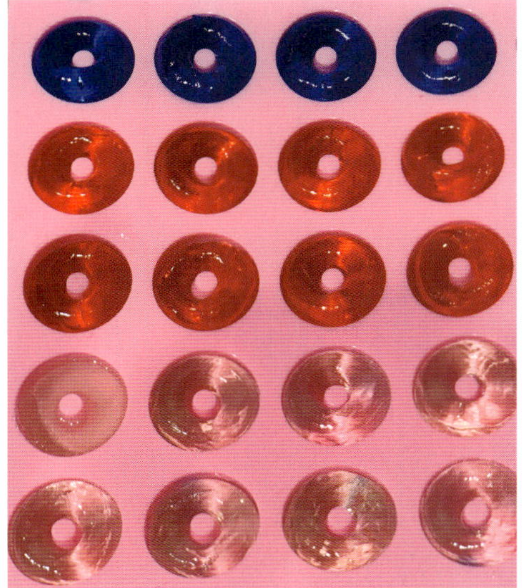

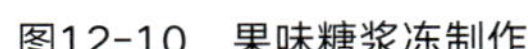
图12-10　果味糖浆冻制作

图12-11　大壶冲泡正山小种

图12-12　分离出茶汤备用

图12-13　搅拌桂园肉与茶汤

图12-14　加入果浆冻

图12-15　果浆冻逐渐溶化

图12-16　加松枝进行提香，摆盘装饰

图12-17　兑和法

图12-18　兑和法

图12-19　调和法

图12-20　摇和法—双手摇和

图12-21　摇和法—单手摇和

二、调饮技术

茶调饮技术主要包括酾茶法、兑和法、调和法、摇和法等。

1. 酾茶法

酾茶法主要是萃取茶汤。运用茶汤分离的冲泡方法，获取浓度适宜的茶汤。要注意茶水比、冲泡温度、出汤时间等技术参数。

2. 兑和法

将配料按所需的分量，以比重大的配料优先于比重小的配料为原则，依次倒入饮杯中，用调匙棒紧贴杯壁慢慢地倒入，不可以搅拌，使饮品分出层次，比重小的原料漂浮在上面。配方中有酒和牛奶时，需要选用密度低的脱脂奶，避免全脂牛奶与酒精发生作用，打乱饮品的分层效果（图12-17、图12-18）。

3. 调和法

按配方要求的分量，将原料与几种配料依序倒入饮杯中，用调匙棒顺着同一方向搅拌均匀。调和时动作要轻、稳、快，防止溅出。如果是冷饮，可加入冰块一起搅拌，然后用滤冰器过滤冰块后，斟入事先用冰块冷却的饮杯中（图12-19）。

4. 摇和法

在调饮壶中放入适量冰块，按配方要求依次放入原料和各种配料，按技术要求摇晃调饮壶，摇均匀后过滤冰块，倒入饮杯中。配方中如有含有碳酸饮料的配料，不能放入调饮壶中摇动，应在其他原料调好后直接加入。

摇和法的手法有双手和单手之分。双手摇的方法是左手中指托住底部，食指、无名指及小指握住器身，用力摇晃。单手摇晃时使用右手，食指压住壶盖，其他四指和手掌握住壶身，运用手腕的力量来摇晃，使饮品原料得到充分的混合（图12-20、图12-21）。

5. 搅拌法

把原料和碎冰按配方要求放入搅拌机中，启动电动搅拌机高速运转8～10秒，使各种原料充分混合后，连冰块带原料一起倒入饮杯中。配料加入的顺序一般为果蔬、浓茶汤、糖浆、冰块。

第三节　调饮红茶的制作

红茶是比较适合调饮的茶类之一，经全发酵的工艺，茶多酚氧化成茶黄素、茶红素、茶褐素等物质，降低了茶叶的刺激感。红茶调和不同的配料，可呈现出不同的风味。

一、加奶调饮红茶制作

奶茶是中国西北方游牧民族的日常饮品。自元朝起向世界各地传遍，目前在中国、也门、印度、英国、新加坡、马来西亚等国和中亚地区等地都有奶茶的芬芳。有单一调和牛奶（奶精）和糖的原味奶茶，也有与果汁、咖啡、巧克力等搭配调制的多味奶茶等。

图12-22　锡兰奶茶

1. 锡兰奶茶（原味）

原料：鲜奶500毫升，锡兰红茶15克，白糖适量。

分量：两人份。

步骤：

① 将鲜奶倒入锅中煮沸。

② 放入红茶，小火煮1分钟。

③ 过滤茶叶，将茶汤倒入饮杯中。

④ 均匀调和适量奶、白糖后品饮（图12-22）。

图12-23　英式奶茶

2. 英式奶茶（多味）

原料：红茶4克，牛奶120毫升，巧克力酱15克，蜂蜜15毫升。

分量：两人份。

步骤：

① 将牛奶倒入锅中煮沸。

② 将巧克力酱倒入牛奶中进行搅拌直至溶解。

③ 放入茶叶，用小火煮1分钟。

④ 熄火后，过滤茶叶，将茶汤倒入饮杯中。

⑤ 加入蜂蜜搅拌均匀后品饮（图12-23）。

3. 香料奶茶

原料：红茶4克，牛奶200毫升，热水200毫升，肉桂、小豆蔻、白糖各适量。

分量：两人份。

步骤：

① 把水倒入锅中煮沸。

② 水开后，将肉桂掰碎后放入锅中，然后放入碾碎的小豆蔻。

③ 加入茶叶和牛奶。

④ 将红茶煮开后，改小火继续煎煮1分钟，汤色变浓后停火。

⑤ 加入适量白糖，滤除茶叶，将茶汤倒入饮杯品饮（图12-24）。

4. 鸳鸯奶茶

原料：红茶3克，热水150毫升，奶精粉3勺，炼乳10毫升，果糖10毫升，无糖意式浓缩咖啡50毫升，冰块适量。

分量：一人份。

步骤：

① 热水冲泡茶汤，注意浸泡时间约2～3分钟。

② 将奶精粉、热红茶汤放入调饮壶中搅拌均匀。

③ 加入炼乳、果糖和冰块（放满调饮壶）后，摇壶至壶外壁产生雾气。

④ 将调饮壶中茶汤倒入饮杯。

⑤ 慢慢将咖啡倒入饮杯（图12-25）。

图12-24　香料奶茶

图12-25　鸳鸯奶茶

二、果味调饮红茶的制作

果味型调饮红茶大多颜色鲜艳，风味清新，散发水果清香，水果富含大量抗氧化物质，与红茶中的茶红素、茶黄素相得益彰。

1. 柠檬冰红茶

原料：红茶6～7克，水250毫升，绿柠檬1/3个，黄柠檬1/3个，黄柠檬糖浆30毫升，黄糖浆20毫升，冰块250克。

分量：1～2人份。

主要器具：茶壶、公道杯、果汁机。

步骤：

① 按1：35的茶水比、90℃水温冲泡红茶5分钟左右，出汤备用。

② 将柠檬清洁后擦干，切小块备用。

③ 依序将柠檬块、茶汤放入果汁机中，高速搅打10秒，过滤果汁渣，倒出茶汤至饮杯中。

④ 将果汁机清洗干净，倒入滤出的茶汤，依序加入黄柠檬糖浆、黄糖浆、冰块，用高速搅打2～3秒（呈碎冰状）。

⑤ 倒入饮杯中品饮（图12-26）。

图12-26　柠檬冰红茶

2. 石榴山竹红茶

原料：红茶6克，水200毫升，新鲜山竹，新鲜石榴。

分量：多人份。

主要器具：茶壶、茶盅3只、手动榨汁机、调匙棒、搅棒、调饮壶、斗笠型玻璃饮杯。

步骤：

① 按1：35的茶水比，沸水冲泡，闷泡10分钟出汤至茶盅。

② 将茶盅中的茶汤放置冰碗中冰镇。

③ 掰开石榴取出果肉，用手动榨汁机榨汁2～3次，倒入茶盅中备用。

④ 掰开山竹，取出果肉放置调饮壶中，用搅棒捣碾山竹，用调匙去除果核后，将果肉倒入茶盅备用。

⑤ 将20毫升茶汤、50克鲜山竹肉、50毫升鲜石榴汁倒入调饮杯中，用搅拌棒顺时针搅拌均匀，倒入饮杯（图12-27）。

图12-27　石榴山竹红茶

三、养生调饮红茶制作

养生调饮红茶主要指用红茶茶汤调和其他具有一定功效成分的配料制作成的健康养生茶饮。其配料主要有中草药和芳香花草，以热饮为主。比如姜红茶是用红茶、生姜和红糖调制的茶饮，既好喝又具有一定的保健功效。此外，红枣、枸杞、西洋参、菊花等原料都是常见的配料，制作方法相对比较传统、简单。

图12-28 甘草枸杞红枣茶

1. 甘草枸杞红枣茶

原料：红茶1克，沸水200毫升，甘草3片，枸杞8～10粒，红枣3颗，冰糖适量。

主要器具：茶壶、盖碗。

步骤：

① 将原料清洗干净，红枣切片。

② 将所有原料放入壶内，用沸水闷泡8～10分钟。

③ 出汤至品杯中，加入冰糖调味品饮。也可以用撮泡法，直接在盖碗中冲泡品饮（图12-28）。

图12-29 芦荟椰香红茶

2. 芦荟椰果茶

原料：袋泡红茶1包，400毫升沸水，芦荟椰果，冰糖。

主要器具：茶壶、搅拌棒、饮杯。

步骤：

① 将芦荟洗干净，去皮取肉后切成小丁，用清水冲洗后备用。

② 红茶包放入茶壶中，加入400毫升沸水闷泡5分钟。

③ 出汤至饮杯后，加入芦荟丁、椰果搅拌均匀。

④ 根据喜好加入适量冰糖调味品饮（图12-29）。

第十三章
生活茶艺

柴米油盐酱醋茶，千百年来，茶已深深融入老百姓的生活中。日常生活中泡茶与茶艺演示不同，通过巧妙调节投茶量、冲泡水温、冲泡时间等参数，用简单、快速、便捷的方法，就能泡出一杯美味的茶。

第一节　白茶生活茶艺

制作白茶时不揉不炒，叶细胞破碎率较低，干茶体积较大，茶汁浸出速度较其他茶类慢，因而投茶量较大，一般5克茶用100毫升水；泡茶水温较高，常需要90℃以上，特别是冲泡白毫银针，需要95℃以上的水；冲泡时间较其他茶类稍长。白牡丹、寿眉等干茶叶形较松散，一般选用容量较大的壶或盖碗冲泡。老白茶可以选用大壶煮饮，风味更佳。因白茶汤色较浅，品饮时宜选用白瓷品茗杯，以便观赏汤色。

一、器具选配

泡茶器：瓷壶或盖碗、银质煮茶壶均可。

盛汤器：茶盅、内壁白色的瓷质品茗杯。

泡茶用水：天然饮用水或纯净水。

二、冲泡参数

以冲泡白牡丹为例：

泡茶基本要素					
茶	水	器	茶水比	冲泡水温	冲泡时间
特级白牡丹（产于福建省福鼎市）	天然饮用水	瓷质茶壶、茶盅、瓷质品茗杯	1∶20	90℃	第一泡60秒
					第二泡30秒
					第三泡40秒
					第四泡70秒
					第五泡90秒

三、冲泡步骤

1. 温具

用热水温烫茶壶、茶盅和品茗杯。

2. 投茶

将茶叶投入瓷壶。此时可嗅闻干茶香。

3. 冲泡

注入热水至壶满，注水时须淋湿茶。

4. 沥汤

将壶中茶汤沥至茶盅，再均匀分至各品茗杯中。

5. 奉茶

向客人奉茶，留一杯给自己。

6. 品饮

一同品饮茶汤，交流感受。

7. 续泡

冲泡2~5道，重复步骤3~6。

8. 收具整理

及时清理器具，保持席面清洁。

第二节　黄茶生活茶艺

黄茶一般使用盖碗冲泡，也可选用杯泡或壶泡。黄芽茶（芽型）、黄小茶（芽叶型）等外形优美细嫩的黄茶可以参照绿茶冲泡方法，选用玻璃杯或瓷盖碗冲泡。冲泡黄茶一般茶水比为1：30。黄小茶一般用75~85℃的水温冲泡，滋味较甘鲜；黄芽茶用80~90℃的水温冲泡，滋味甘醇；黄大茶（多叶型）须用沸水冲泡，滋味浓厚醇和。

一、器具选配

泡茶器：瓷质同心杯、盖碗、带滤网的壶、玻璃杯均可。

盛汤器：茶盅、内壁白色的瓷质品茗杯。

泡茶用水：天然饮用水或纯净水。

二、冲泡参数

以冲泡芽叶型黄茶为例：

泡茶基本要素					
茶	水	器	茶水比	冲泡水温	冲泡时间
莫干黄芽（产于浙江省德清县）	天然饮用水	瓷质盖碗、茶盅、瓷质品茗杯	1：30	80℃	第一泡85秒
					第二泡50秒
					第三泡60秒
					第四泡90秒
					第五泡130秒

三、冲泡步骤

1. 温具

用热水温润盖碗、公道杯和品茗杯。

2. 投茶

将茶叶投入盖碗，嗅闻干茶香。

3. 冲泡

加入热水至八分满。

4. 出汤分茶

将盖碗中的茶汤沥至茶盅，再分斟至品茗杯。

5. 奉茶

向客人奉茶，留一杯给自己。

6. 品饮

一同品饮茶汤，交流感受。品饮时先看汤色、次闻香气、再尝滋味，此外还可嗅闻茶盅或品茗杯的杯底香。

7. 续泡

重复步骤3~6。

8. 收具整理

及时清理器具，保持席面清洁。

第三节　黑茶生活茶艺

冲泡黑茶需要较高温度的水，故常选用陶壶冲泡以保持水温。以六堡茶为例，选用产自广西的坭兴陶壶，茶水比为1：20，水温为90℃。冲泡黑茶时，第一道茶汤需要等待茶叶舒展，特别是经过压制的黑茶，舒展所需时间较长，可以在冲泡之前将紧压茶解散，注意尽量不破坏茶叶的完整性。黑茶茶叶一旦舒展开，茶汁浸出速度便会很快，所以冲泡第二至四道茶汤时，一定要注意控制浸泡时间，以防茶汤过浓。第一泡20~40秒，第二泡缩短至10~20秒，第三泡与第二泡时间相近，之后每泡延长10~20秒。黑茶较耐泡，一般可以冲泡6次以上。

一、器具选配

泡茶器：陶壶，瓷质盖碗均可。

盛汤器：茶盅、瓷质或玻璃质地的品茗杯。

泡茶用水：天然饮用水或纯净水。

二、冲泡参数

以冲泡六堡茶为例：

泡茶基本要素					
茶	水	器	茶水比	冲泡水温	冲泡时间
一级六堡茶（8年陈，散茶，产于广西梧州）	天然饮用水或纯净水	坭兴陶壶、茶盅、瓷质品茗杯	1：20	90℃	第一泡40秒
					第二泡10秒
					第三泡15秒
					第四泡20秒
					第五泡25秒
					第六泡35秒
					第七泡60秒

三、冲泡步骤

1. 温具

翻杯后，用热水温润坭兴陶壶、茶盅和品茗杯。

2. 投茶

将茶叶投入壶中，嗅闻干茶香。

3. 冲泡

确定水温后，注水入壶至八分满。

4. 出汤分茶

将壶中的茶汤沥至茶盅，再分斟至品茗杯。

5. 奉茶

向客人奉茶，留一杯给自己。

6. 品饮

一同品饮茶汤，交流感受。

7. 续泡

冲泡2~7道，重复步骤3~6。

8. 收具整理

及时清理器具，保持席面清洁。

第四节　花茶生活茶艺

冲泡花茶水温应较高，以利于茶叶香气的挥发，使得茶香花香相得益彰。一般等级较高、芽叶细嫩的花茶冲泡水温为85~90℃，等级较低的茶坯窨制的花茶可用沸水冲泡。冲泡过程中，注意及时加盖，以免香气的散发。

一、器具选配

泡茶器：瓷质盖碗、同心杯均可。

泡茶用水：天然饮用水或纯净水。

二、冲泡参数

以冲泡茉莉花茶为例：

泡茶基本要素					
茶	水	器	茶水比	冲泡水温	冲泡时间
特级茉莉花茶（产于广西横县）	天然饮用水或纯净水	瓷盖碗	1：30	90℃	第一泡55秒
					第二泡50秒
					第三泡75秒
					第四泡110秒

三、冲泡步骤

1. 温具

用热水温烫盖碗。

2. 投茶

将茶叶投入盖碗。

3. 温润泡

先加少许热水，浸润茶叶。

4. 闻香

将盖碗向内打开一个小口，嗅闻茶叶热香。

5. 冲泡

加入热水至七分满。

6. 奉茶

向客人奉茶，留一杯给自己。

7. 品饮

一同品饮茶汤，交流感受，先看汤色，再嗅闻盖香，后尝滋味。

8. 续泡

冲泡2~4道，重复步骤5和7。

9. 收具整理

及时清理器具，保持席面清洁。

温馨提示

1. 此冲泡步骤为茶水不分离式冲泡，可适当降低投茶量和冲泡水温，避免茶汤过浓、过烫。
2. 若采用茶水分离式冲泡，可参考表一“花茶生活茶艺泡茶基本要素”。

第五节　生活茶艺之“说茶”

在日常生活中，为家人、好友泡茶时，常常会围绕所泡之茶聊一些相关的话题，如茶品的来历、茶的香气、滋味以及冲泡方法等，这便是“说茶”。

“说茶”不能靠死记硬背，需要随机应变。这对泡茶者的知识储备、沟通能力、应变能力、心理素质以及个人礼仪都提出了更高的要求。

一、“说茶”的内容

生活茶艺的“说茶”要说的内容大致可分为三个层面。

1. 正确描述茶品特征

茶品特征包括茶样的外形、汤色、香气、滋味、叶底等。泡茶者需具备一定的茶叶审评技能，能判断茶样所属茶类，并用通俗的语言对茶样进行描述。这是最基础的层级，类似于看图说话。

2. 正确阐述冲泡原理

冲泡原理包括茶具选择的理由，投茶量、冲泡时间、冲泡温度等参数设计思路。这可反映泡茶者的基本功，相比于第一层次要求更高。

3. 拓展延伸相关知识

相关知识包括茶样的起源历史、饮茶习俗、产地区域、适制品种、加工工艺、健康功效等。这是基础说茶内容的拓展和延伸，反映了泡茶者学识的广度和深度。

二、“说茶”的设计

以一种茶冲泡三道为例，生活茶艺的流程以及说茶的设计如下，供参考。

备具→上场→行礼→（开场介绍）→布具→（了解饮茶习惯）→置茶→（介绍器具选择）→冲泡→（介绍外质、汤色特征）→奉茶→品饮→（介绍历史文化）→冲泡→（介绍香气特征）→奉茶→品饮→介绍滋味特征→冲泡→（介绍加工工艺等）→奉茶→品饮→收具→（表示感谢）→行礼→退场

泡茶者勤加练习，平时注意茶知识的积累，就能做到胸有成竹、淡定自然地说好茶。

三、“说茶”注意事项

1. 注意卫生

人们在讲话的过程中难免会有唾沫飞溅出来。泡茶的过程首先要做到卫生干净，泡茶者在做注水冲泡或者分斟茶汤等一些茶汤敞露的步骤时，不宜说话，以免飞沫溅入茶汤，给人以不洁的感觉。

2. 适时说茶

说茶要把握时机，说的要符合逻辑。这需要泡茶者通过合理设计冲泡过程，有意识地穿插说茶，说茶内容与冲泡环境紧密配合。比如在赏茶的步骤时，一般是介绍干茶外形、色泽等特征，如果这时介绍这款茶的香气，便会让人感到突兀；又比如在注水后等待茶叶舒展、茶汤浸出的时候，为避免等待的尴尬，就需要穿插一些说茶的内容。

3. 适量说茶

生活茶艺中，说茶是一项重要的考察内容，有些泡茶者做了充分的准备，收集了大量资料，从开始泡茶到冲泡结束一直不停地说，这也不可取。生活茶艺的核心还是泡好茶汤，要给品饮者留下感受茶汤的空间。

第十四章
茶空间与茶席布置基础

传统文化的体现形式需紧跟时代的发展而变化，在保持自身特色的同时，也要适应受众审美的需求，进而继续保持鲜活的生命力，与时代共同进步。舒适雅致的茶空间，既是商业和文化活动的场所，又能满足人们提升审美能力、陶冶情操的诉求，其发展与表现形式越来越受到人们的关注。

第一节　茶空间的界定

一、茶空间的概念

人们在洁净雅致的空间活动，会感到身心愉悦。当下，“茶空间”一词被广泛提及。那么，什么是茶空间？

1. 空间的概念

空间是与时间相对的一种物质客观存在形式，一般可划分为自然空间、社会空间和历史空间等，它们联系在一起，构成了人的活动空间的总体。人类社会的发展，就是对理想空间形态的追求。能否自觉地建构人的活动空间，取决于人对这三重空间的认识。

（1）自然空间

自然空间是大自然的杰作，是不带有主观目的性的天然作品，是自然的显现，没有优劣之分，如自然界的山水空间。

（2）社会空间

社会空间是为社会群体感知和利用的空间。作为一种社会性的产品，它是以自然空间作为资源和原材料，按照社会群体不同的价值观念、偏好与追求所建立的空间。每个社会空间的建构都符合一定社会关系的具体需求，特定身份的群体将符合自身地位、阶层的信息投射到空间里，对利用者起到润物细无声的作用。像园林空间、居室空间、茶空间，都属于社会空间范畴（图14-1）。

图14-1　当代茶空间

（3）历史空间

历史空间是历史的舞台，是在空间维度下的历史分析，其场所通常凝聚着某一社群或共同体的集体记忆或文化观念，随着时间的累积，会左右历史进程中人或共同体的情感与行动，如世界文化景观遗产。

2. 茶空间的概念

人们通过饮茶强身，并在一定空间内以茶雅志、以茶会友，协调人际关系，沟通情感，赋予茶精神品质和社会属性。所谓茶空间，即根据茶文化内涵布置出来的、室内或室外、由茶文化元素构成的审美空间，是专门为品茶而设计营造的、将日常生活与茶文化结合的场所。

（1）茶空间是人们进行饮茶活动的场所

中国古代没有专门的茶空间概念。但，有人，有茶，也便有了饮茶的空间环境。宋代开始流行的茶馆，插四时花，挂文人画，让饮茶活动赏心悦目。历代文人雅士寓茶于乐，寓道于茶，寄情山水，修身养性。营造茶室、茶寮、茶亭，他们对饮茶空间的理解和利用是纯粹为饮茶而服务。晚唐至五代的《宫乐图》展示了唐代宫廷仕女奢华的饮茶场景。宋徽宗《文会图》则呈现了宋代文人的一次园林雅集。至明代，饮茶习俗发生了重大变革，流行散茶与叶茶冲泡，使饮茶风气焕然一新，唐宋以来以末茶为主的品饮习惯，以及团饼茶独领风骚的局面渐行消逝。文士饮茶以拥有属于自己的茶室为要。明代文人陆树声《茶寮记》中记载的小茶室："园居敞小寮于啸轩埤垣之西。中设茶灶，凡瓢汲罂注，濯沸之具咸庀，择一人稍通茗事者主之，一人佐炊汲。客至，则茶烟隐隐起于竹外。"文震亨在其《长物志》中亦云："构一斗室，相傍山斋，内设茶具，教一童专主茶役，以供长日清谈，寒宵兀坐，幽人首务，不可少废。"通过文字，可以了解明代文人对茶事环境的美学思想。唐寅《品茗图》、丁云鹏《玉川子煮茶图》等茶画就将这些理想饮茶空间具象化，后人可以借此直观欣赏明代文人心手闲适，听歌闻曲、鼓琴看画、明窗净几、茂林修竹、课花责鸟、小院焚香、清幽寺院、名泉怪石的品茶意趣。

日本茶人学习中国茶与禅宗思想，将饮茶生活提升到空灵美妙的哲学高度。在茶人的意识中，茶空间只是一个借由饮茶活动提升心灵境界的纯粹的饮茶场所。

（2）茶空间是专门为品茶而设计营造的、将生活与茶文化结合的场所

随着社会的发展，茶空间越来越成为人们喜欢的沟通交流的场所。茶叶店、茶楼、茶馆、酒店会所、茶艺演绎厅、茶文化主题公园、博物馆等场所设有茶空间，甚至居家装修，都布置了专门饮茶的地方（图14-2、图14-3）。品茗与环境相得益

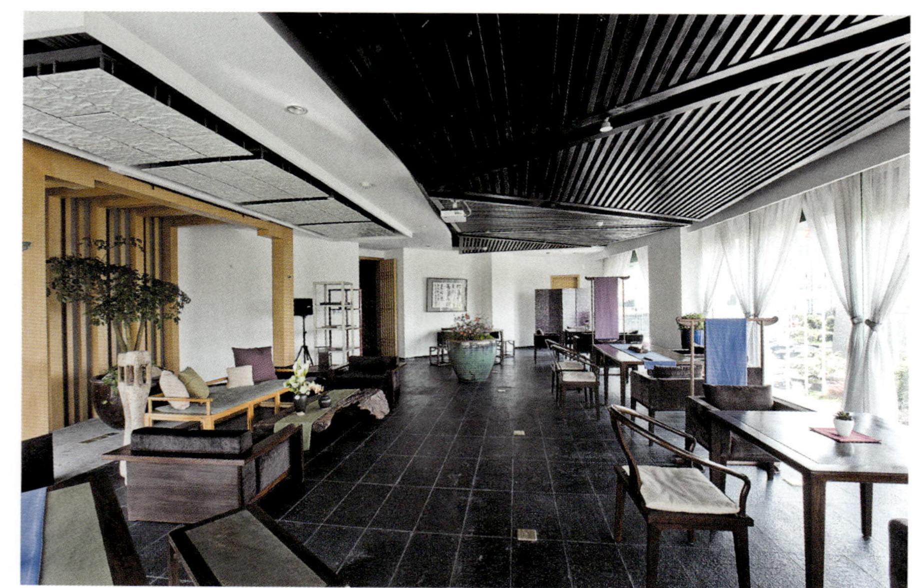

图14-2　当代茶空间形态

彰，设计装饰或中式或西式，或仿古或现代，或简朴或繁复，自然清新，雅丽洁净，体现人性，彰显个性，让人喝茶交流时有更美好的感受。

茶空间正是将当下生活与茶文化结合，包含着茶文化元素，人工布置成的具有审美意味的功能空间。

图14-3　家庭茶空间

二、茶空间的功能及要求

茶空间的设计需考虑空间的功能性，一般包括休闲消费区，如饮茶区、演艺区、销售区等；后勤保障区，如门头、走廊、备茶（水、点心）区、卫生间等功能区域。

1. 茶空间的功能

茶空间的入口即门头是首先进入客人视野的区域，在设计时，要考虑空间的主题和文化属性，既有艺术性，又能精准地诠释空间内涵，从而让客人对该空间的消费属性有直观的感受。

连接茶空间内外的连廊、楼梯等区域，是让客人从喧嚣的室外穿越到静雅的室内空间的过渡区域，可摆放一些草木，插应季的时花，播放舒缓的音乐，调节室温与光线的柔和度，通过调动视觉、听觉、触觉令客人感到身心放松。

休闲消费区，是空间主题精神表达的重要功能区。材质特殊、款式独特的茶桌椅，雅致的器具，匹配空间个性的字画、文玩、手工艺品，包括为客人精心准备的茶、茶点，以及妥帖文雅的服务，都有助于保持茶空间内在的和谐，使客人的精神、心灵获得审美的愉悦。

2. 茶空间的要求

（1）符合自然之美

茶空间不分室内、室外，大多追求自然、闲适与古朴。一般将茶空间设置在环境清幽的风景区或比邻名胜，远离喧嚣。品茶之余，有山水、林木、花草等自然物，可供小憩、赏景，在茶香中享受天然情趣。

（2）符合建筑之美

北方的四合院、南方的园林，是我国传统的居住、游览场所，可直接作为茶空间。亭、台、楼、榭以及建筑上的廊檐、梁栋、门窗装饰精美，亦可缩微装饰空间。小桥流水，曲径通幽，茶空间的营造，让中国建筑之美尽收眼底。

（3）符合格调之美

茶空间的设计要有格调，使用的器物要有质感。所谓的质感，并不是价格带来的，而是有其独特的审美价值。比如古典茶楼里，红木八仙桌、大理石圆台、古香古色的宫灯、洁净雅致的茶具、装裱精致的字画、古雅清幽的音乐，无不体现中国古典雅丽的风韵，使人油然而生亲切自然、心情畅适的美好感受。

第二节　茶空间的主题与设计理念

当代的茶空间是以茶文化为主导的时尚主题式空间，注重消费心理，强调空间的主题性与文化体验感成为茶空间设计的发展趋势。

一、茶空间的主题

茶空间主题是指茶文化空间专门提炼、营造的思想核心和形式特色。一般一个茶空间突出一个主题，这个主题决定了空间的风格、色彩、器用特色、氛围意境，并对消费者的心理情绪具有引导作用，体现了设计者的个性与对茶文化思想理念的理解。

主题的确定是营造一个好的茶空间的先决条件。一个有主题的茶空间，不仅是一个物理空间，更是一个有生命、有情绪、让心性得以安定的场所。

博大精深的中华茶文化给予设计者诸多的灵感火花。比如以“返璞归真、回归自然”为主题的茶空间，设计师常常会将山林、原野、溪流等自然景物融入空间设计中；“悠然自得、休闲放松”主题的茶空间，闲、静，淡雅，气氛温馨，注重品茗休闲的舒适感；文化主题的茶空间，则将中华传统文化的精髓通过空间结构、装饰元素解析文化，满足人们对文化的深层追求；“品茗悟道、精神升华”主题的茶空间，重在品茶、品人生的境界，一个知己、两杯淡茶、三句偈语，茶香袅袅中，参悟的过程即是精神愉悦的享受。

二、茶空间的呈现形态

数千年来，中国传统茶文化以一种特殊的文化空间形态影响着人们的生活方式。

1. 古代品茗空间形态

（1）文人品茗空间形态

古代文人的审美喜好决定了品茗空间的形态。传统文人审美思想与中国传统儒、释、道思想渗透所形成的人文哲思、价值取向、审美情感及生活态度直接关联。他们对品茗空间都有相似的要求，即清静幽雅、富有情趣（图14-4）。

古代，品茗是文人雅事，对环境的要求体现了这一特殊阶层的独特审美。唐代诗僧皎然《饮茶赋》云：“晦夜不生月，琴轩犹为开。墙东隐者在，淇上逸僧来。茗爱传花饮，诗看卷素裁。风流高此会，晓景屡裴回。”赏花、吟诗、品茶、听琴、对弈、清谈是文人雅会的重要内容，因此，既要择素心茶侣，还要有好的环境。这样的雅集宴乐活动，往往安排在风景幽雅的园林里。钟情自然山水、园林清室，有情调有氛围的环境，正是文士追慕古雅、修养心性、适宜自觉反省的精神空间。

（2）市井茶馆空间形态

在古代，茶馆是一种以饮茶和社交为主要活动内容的群众性活动场所。唐宋时称茶肆、茶坊、茶楼、茶邸，明清以后多称为茶馆。唐代的茶馆尚无浓郁的文化氛围。宋代的茶肆、茶坊已遍及城市大街

图14-4　文人茶空间

小巷。北宋孟元老《东京梦华录》、张择端的《清明上河图》等书籍、绘画作品中生动地展现了宋代茶馆的样貌。南宋吴自牧的《梦粱录》记载了杭州的茶肆："插四时花，挂名人画，装点门面，四时卖奇茶异汤，冬月添七宝擂茶、撒子、葱茶，或卖盐豉汤，暑天添卖梅花酒。"可见，早在南宋，杭州的茶肆已将名人书画悬挂于茶空间中。

明清以降，市井文化发展，茶馆走向大众，尤其成为曲艺活动场所，北方的大鼓评书、南方的弹词评话在茶馆演绎最受欢迎。也有简朴的茶摊，摆起粗瓷大碗，喝大碗茶。这些茶馆既卖茶，兼营茶点、茶食，也卖酒以迎合顾客口味。

2. 当代茶空间形态

（1）宫廷式

宫廷式茶空间在空间上采用传统宫廷建筑格局，造景模仿宫廷陈设，室内器用考究、陈列豪华，展现雍容华贵的气度。一般在宫廷式茶空间中进行重要高端的外事接待、茶事活动，举行仿古宫廷茶会、宫廷茶艺演绎等活动。

（2）厅堂式

厅堂式茶空间在建筑形制和室内陈设上，以古代贵族士大夫的正厅客堂为原型，呈现高贵典雅的空间风格。厅堂式茶空间使用的器物庄静雅致，符合儒家中正沉静的气质。厅堂式的茶空间比较适合文士茶艺。

（3）庭院式

庭院式茶空间的主要特征是移天缩地，将自然山水花木融入庭院，微缩造景。也有的直接在园林的亭榭中布置品茗空间，假山回廊、流水花窗，人在其中迎风邀月、临水把盏，表达返璞归真、天人合一的追求。

（4）书斋式

书斋式茶空间是适合读书品茶的空间，蕴满中国文人的“书卷”气。书斋式茶空间往往以书和茶为元素，从格局上看是一间传统书房，陈设书案、书柜、文房四宝、品茗器具和文玩，花以蕙、兰、文竹等及雅致瓶花为宜，茶空间体现幽雅、清静的特点。

（5）茶楼式

茶楼式茶空间为大众化的茶空间，体现雅俗共赏的空间氛围。茶楼式茶空间往往设有贴近大众、供百姓集聚饮茶聊天的茶座，桌椅茶几有的古香古色，如可围合的八仙桌、太师椅；也有改良的新古典主义竹制茶桌茶凳。有些茶楼还设有民间曲艺，评书、戏曲、丝竹等节目以助茶兴。

（6）乡镇和城市社区式

乡镇和社区式茶空间是为社区居民服务的公益茶空间，比较简朴，提供简单茶水，或居民自带茶杯茶叶，可聊天、看报、下棋、听讲座等的社区休闲活动场所。

（7）休闲娱乐式

诸如音乐吧、咖啡店、奶茶铺、陶艺吧、网吧等空间，名为茶空间，实是休闲娱乐综合体，是新生活方式与茶文化结合的新形式茶空间。空间布局灵活多变，风格兼容，呈现多元素组合，体现年轻人轻松活泼的消费特点。

（8）自助式

这类茶空间除饮茶区外，还需要辟出自助茶点台，提供数十种时鲜水果、干果、点心、小菜以佐茶。自助式茶馆分场次，在一定时间段内不限次数、随意取食，适合团队茶客茶聚活动。

（9）茶餐式

茶餐式茶空间是兼喝茶与用餐功能于一体的茶餐馆。一般要求交通方便，装修雅致，地域特色明显，比较适合商务会谈，符合快节奏、多元化的时代生活特色。

（10）异国风情式

当代茶文化呈现多元化发展，体现异国情调的欧式、日式（图14-5）、韩式茶空间也常出现在人们的视野中。异国风情的茶空间提取不同国家或背景的茶文化元素，尽可能原真再现，使顾客不出国门就能享受原汁原味的异国茶文化。

（11）家庭式

家庭茶空间是体现主人精神追求和文化品味的私密场所，是家人享受品质生活、交流情感的地方。在家居有限的空间内寻找适宜的位置，摆放茶桌茶几，陈设茶器具、文玩，布置盆栽，营造轻松清静、闲雅舒适、既有亲情又表敬意的氛围。

当代茶空间形态呈现出丰富多样性。宫廷式和厅堂式等茶空间讲究对称之美，空间氛围整洁雅致，空间布局常体现传统中国“客来敬茶”的儒家尚礼观；庭院式、书斋式等茶空间追求自然自由，遵生养生，体现道家超然物外和释家清静空灵的精神境界；娱乐休闲式茶空间提倡自我价值的实现，空间色彩

图14-5　日式茶空间

明丽、风格时尚轻松，体现休闲生活方式；异国风情的茶空间又是对外来文化包容互鉴的休闲生活需求的体现。

三、茶空间设计理念

当代茶空间呈现出茶文化涵盖范围越来越广的趋势。广义的茶空间是所有与茶有关的活动的空间形态；狭义上也可理解为供人赏鉴品茗、了解茶文化，满足茶的物态消费与精神享受的文化空间环境。当代茶空间设计理念归结起来主要有以下几个方面。

1. 回归

回归和传承优秀文化传统，重塑中华民族儒雅遵生的生活品质。“新中式”设计风格正是经济繁荣、社会渴求重塑文化自信的产物。一些自然元素被运用到茶空间设计中，使空间设计从机械美转向自然美、生态美，有的茶空间还利用全息投影创造虚拟自然的情景。

2. 意境

意境是中国古典美学的核心概念，通过书法、绘画、文学、舞蹈以及空间艺术等，将其独特的审美意境渗透入中国人的精神世界。

设计师把握茶空间的主题，对空间元素进行择选、组合，营造出茶空间的意境之美，引导消费者通过联想，调动审美情绪，与场所“对话”，并融入共通的精神场域。这就要求对空间消费者的精神层次、文化诉求以及审美能力进行分析研判，设计出传承历史审美、记录当下需求、展示未来前景、符合社会人群实际审美需求的茶空间。

3. 感悟

好的茶空间不仅是一个物理的空间，更是一个有生命、有个性的空间。在这样的空间里进行茶文化活动，能让人自觉内省、从容体验，在这个过程中情感与精神得以升华，心生喜悦之感。

设计师需深入生活，了解茶文化内涵，从心出发，创造一个心灵渴望的空间，将当代人能理解并需要的生活方式设计出来，融入空间氛围中。

4. 传承

茶自有其文化，亦是其他文化的载体。不少茶空间有着传承文化的自觉，从主题到风格定位，通过器用、展陈方式、活动形式的设计实现文化的传承与创新。

5. 地域特色

中国不同地域积淀着不同特色的茶文化，各地茶空间也存在较大的风格差异。在设计中，融合当地的人居空间特征及历史、人文、风俗美学，能使茶空间别具个性，品位不俗。比如江南茶空间融入古典园林的元素，使饮茶活动更有贴近自然山水的惬意；四川盖碗茶结合巴蜀文化特征，在品茗时感悟天府之国的文明。各少数民族亦有各自的文化、服饰、建筑等装饰符号以及音乐等元素，这些都是设计者表达本地地域文化的方式。

6. 多元素融入

随着经济全球化和消费多样化的发展，茶空间的设计要考虑当今多元的文化语境，如受年轻人喜爱的休闲娱乐风、形成交流互鉴的异域风情茶空间等，均符合当代消费形式的多元化发展。

以人为本，为人服务，这是茶空间设计社会功能的基石。设计者需要把消费者对空间环境的需求放在设计的首位，确保人们身心安全健康，综合解决使用功能、经济效益、舒适美观、环境氛围等种种要求，重视对人体工程学、审美心理学等方面的研究，把人的生理特点、行为心理和视觉感受、审美体验融入设计理念，营造符合人类美好情感、令人身心愉悦的茶文化空间。

第三节　茶空间布置的基本要求

茶空间是人们体验茶所带来的物质与精神享受的场域，不仅满足饮茶的需求，并且逐渐发展成集休闲、商谈、购物等于一体的功能空间。

一、茶空间的实用性要求

从空间功能区划分看，完善的茶空间环境一般包括提供服务的门厅区、商品展示区、品茶区、茶艺演示区、后台操作区、卫生间等功能空间。这些区的合理划分与利用，以基本功能齐全、设备器具完善为要。

从空间便利服务条件看，要注重品茗舒适度。泡茶者要方便行动、能顺利备具泡茶，品茗者要感觉身心愉悦。

从空间消费氛围营造看，要有令人满意的销售平台和商品陈列，良好的消费氛围可以让消费者认同空间主人的品位，进而对产品产生好感，激活潜在的消费行为。

二、茶空间的审美要求

开放型空间：一般为室内外过渡空间，强调与周围环境的交流、互渗，相互借景、对景等设计手段，将空间与大自然及相邻空间和谐融合。

封闭型空间：有较好的独立性和私密性，但室内空气流动差，容易产生压抑、沉闷感，可采用灯光、假窗、人工造景、镜面等设计手法，扩大室内空间感与层次感（图14-6）。

图14-6　茶空间窗饰

结构型空间：充分展示空间结构的力度与几何形动势，使空间富有设计感、观赏性，具有较强的视觉感染力。这种空间不可太过繁复，以免造成心理上的紧张与迫近感。

在茶空间设计中，整个环境设计与氛围的营造要符合茶人对功能与审美的需要，空间中的人、物、音乐、服饰等要素复杂多样，如果没有和谐统一的思想去规范，很难成为舒适的品茗空间。

此外，茶空间审美还要与社会环境和谐统一。不同时代有不同的精神追求、风格倾向，也即空间的时代特征，它反映了特定的社会政治经济制度，空间审美也要符合当下的审美，甚至更有前瞻性、引领性。

第四节　茶空间器物的配置

为满足服务对象的需求，茶空间需配置相应的器物。这些器物有的具有实用性，如各种家具、设施设备；有的配合空间陈设，以审美功能为主，如各类工艺品；还有的兼具实用和审美功能，如各式茶具、绿植花卉等。茶空间内的各类器物应有它适宜的摆放位置和搭配组合形式，有些器物甚至有出场先后次序。

一、茶空间的配置

茶空间在确定好位置、大小、基本功能区域后，设计上以崇尚自然、俭朴、舒适、经济为原则。

1. 墙面设计与装饰

墙面是营造茶空间氛围的良好介质。为表现崇尚自然、回归本真的茶文化理念，可以留白或选用一些自然材料处理墙面。

如选用立体草编纹墙纸、采用竹木或陶质的花器装饰壁间。窗帘可选用升降式竹或芦苇帘，既可自由调节通风、透光效果，又可以增强自然气息，还可以用原木、竹木等原材料做些吊柜、书架，放置供客人随手取阅的书籍，合理利用空间，但不宜设置过多、破坏墙面整体效果，风格以简约为要。

2. 茶席

茶席是茶空间重要的功能区。配备与空间风格适宜的茶桌椅，还要选择相应的茶器具。茶具的配置最能体现茶空间的品位。从饮茶生活和茶事活动的实际出发，可以将茶具分为主茶器、辅茶器、备水器和储茶器具等。这里以家庭茶室与依据不同宾客需求两种情况来介绍茶席茶具的选择与搭配。

（1）家庭茶室茶具选配的基本要求

除家庭茶室外，不少以盈利为目的的茶空间，为了达到“宾至如归”的服务效果，也会设计成具有家居亲和风格的茶空间。

① 储水的器具：净水的容器或直饮水设备，能在茶席边顺手的位置。此外，还有温杯净具用的水盂、弃置茶渣用的渣桶、各种煮水器，也是必备的器具。

② 主泡器：以茶壶、盖碗、泡茶碗为主。可根据主人的偏爱，配备常用的泡茶器。瓷壶具有普适性，使用方便，比较适合家庭使用。紫砂器具有较高的文化品位，也是许多家庭追慕的茶具。瓷质盖碗普适性好，但使用有一定技巧要求。

③ 品杯：与主泡器可以成套，也可根据主人爱好，选择体现自己审美风格的茶杯。为客人准备的茶杯可以多几种款式，便于客人选择使用，人多的时候也不会认错茶杯。

为便捷泡茶，体现茶汤审美，茶盅（又称公道杯、匀杯）、壶承、茶托（船）、盖置、奉茶盘等也可根据需要选择配备。

④ 储茶器：用以存放茶叶或茶末（粉）。茶席上的茶罐、茶瓮以小型为宜，兼而考虑储茶器与其他茶具的造型款式匹配组合。

⑤ 辅助茶具：为了方便泡茶，还可根据需要配置一些辅助茶具，如茶荷、茶匙、茶巾、计时器等。

⑥ 个性化茶器具：作为个性化、私密的茶空间，有家庭特殊记忆的私藏茶具也很有特色（图14-7）。

图14-7　茶空间　烹茶

（2）根据不同宾客需求选配茶器具

不同个性功能的茶空间，往往会有不同的顾客前往，因此有根据不同宾客需求选配茶具的必要。

① 根据地域文化特色来配备茶器具。每个人都有各自的家乡和饮茶习惯。台湾茶客来，可以选配一套台式乌龙茶具；潮州朋友来，可用潮汕工夫茶具招待；江南的客人喝绿茶多，可用玻璃器具；北方客人来，瓷壶泡花茶更有家乡的亲切感。

② 根据不同性别、年龄、体质、爱好、文化层次等因素，为客人选配茶器具。了解个体差异，依此

为客人选择茶与茶器具，亦会获得客人意想不到的好感。一般的，女士比较适合喝红茶、单丛、白茶；男士则喜欢喝绿茶、岩茶、普洱；年轻人对各式调饮茶感兴趣，老年人则更爱喝一些口感醇厚的茶。不同的茶用不同的茶具来冲泡更显风味与特色，同时也要考虑客人的审美偏好，方便他们取用茶具。

③ 根据接待礼仪及规范来配备茶器具。茶空间的社会功能越来越被认可，有些外事接待被安排到茶空间举行，这就要求对被接待方的风俗、禁忌等事先有所了解，要照顾客人的喜好与禁忌，以免引起不快。

茶席布置除了以茶为核心、以茶具为主体外，还会有花器、香道具、茶点和茶果盘、茶宠等其他物件（图14-8），都要服务于空间茶席的主题，不贪多，务求实用、精俭、洁净、雅致。

3. 茶空间其他器物配置

茶空间要根据不同主题功能配置相关器物，以满足展示、贮藏、分隔，体现人性化的服务需求。试列举以下器物及功能配置：

① 储物柜、茶柜靠墙或沿窗边放置。可存放茶具、文房用具和插花、熏香道具等。顶层设计为开放式展示区，可放置茶缸、茶罐，便于顾客参观鉴选。柜体可以有抽屉或用布帘防尘遮杂。

② 花架置放插花或盆景用，一般放在过廊、厅堂长几边、座椅边（图14-9）。

③ 香几置香炉、香熏，焚香用。

④ 屏风可折叠，作为空间隔断或背景装饰用。

⑤ 灯具照明用，为空间营造气氛。

图14-8　茶空间　燃香

图14-9　茶空间　插花

⑥ 衣架。置于进门玄关处，供客人挂置衣帽用。

⑦ 换鞋凳。置于进门口，供客人更换室内外鞋子用。

二、茶空间器物陈列原则与方法

茶空间器物陈列宜少而精，宜素雅，与空间整体和谐。物品陈列要保证安全、美观，若为商品要标识清晰，易见、易赏、易取用。

茶空间布置既要合理实用，又要具备审美情趣。

1. 名家字画的悬挂

书画是空间里很受关注的艺术品。常依季节或空间主题悬挂不同的绘画、书法作品，以增加空间宁静雅致的文化氛围。书画一般为画框与卷轴两种形式。门厅字画可大幅，开门见山，清新宜人。走廊字画应保持画与画之间的距离，宁疏勿密，高度一致，同色调相隔，注意轻重、冷暖起伏，节奏有变化又有整体和谐感。楼梯侧壁字画以小幅为宜，画框高低要考虑视觉平均水平线。柱子字画悬挂可丰富空间层次，宜选用书画卷轴进行悬挂。品茶区字画可根据茶室设计布置成中国传统厅堂式，中间一幅中堂国画，两旁配以对联书法作品，也可挂条幅。室内悬挂字画可根据实际情况，尽可能照顾到所有茶客的位置和视角。

2. 工艺美术品陈列

中国传统工艺美术品也在烘托茶空间的文化韵味方面发挥着重要作用。空间中的工艺美术品可分为两大类，一类是日常工艺品，即经过装饰加工的生活实用品，如染织、陶瓷、工艺家具等；另一类是陈设工艺品，常见的有玉器、石雕、木刻、竹制品、装饰绘画等。这些工艺品的陈列要与茶空间的主题与氛围统一起来，其对于空间而言应是锦上添花，避免画蛇添足。

3. 茶具展示

茶具之于空间，既可增添品茶的情趣，又可烘托茶空间内的文化氛围。有些空间专辟茶具陈列室，供茶客参观选购；有的还可在现场制壶演示观摩，方便客人当场定制。茶具陈列时品牌、类别、性能、规格应有标识，让顾客一目了然（图14-10）。

图14-10　茶空间茶具展示

图14-11　茶空间的光影

4. 名茶新茶的出样

茶空间可发挥自身优势，在厅堂的博古架或玻璃橱柜内陈列展示各类名茶、新茶，不仅可为茶客提供茶的信息，推动茶品销售，而且还可以借助琳琅满目的中国茶品，构筑一道中国茶文化的风景线。

5. 绿色植物的点缀

绿植有净化空气、美化环境、陶冶情操的作用，通过绿植可营造赏心悦目、舒适整洁的品茗环境，消解茶客烦躁的心情。室内可选择吊兰、绿萝、万年青、龟背竹及苔藓等阴生植物，也可用插花、盆景来增添空间的雅趣。

6. 音乐的烘托

有的茶空间设有专业的丝竹乐现场演奏，有的茶空间播放古典名曲、民族音乐等符合茶空间氛围的音乐。在茶席与茶艺演示时，还可以根据茶席设计的要求选择相宜的音乐，达到茶席与茶艺欣赏的完美统一。

7. 照明艺术

光线是满足人的视觉对空间、色彩、质感、造型等审美要素进行照明的必要条件。在茶空间中要处理好自然光与人造光，一般照明、局部照明与混合照明的关系。主照明灯、屋顶射灯、壁灯、台灯、隐形灯、展示柜灯等要配置各自独立的组合开关，以满足不同情景的不同需求（图14-11）。

总之，茶空间的陈列要根据空间的个性选择相宜的物件，既不宜多而繁杂，也不宜色彩过于绚烂，要让客人能安静下来，在其中慢品茗，得到生活艺术的享受，身心感到愉悦。

第五节　实用茶席的布置

茶席有广义与狭义之分。广义的茶席是包括实用茶席在内的茶主题空间。狭义的茶席则是专指实用茶席，是为展示和泡好一杯茶而设置的操作席面。

一、茶桌的选择与定位

根据人们饮茶坐姿的不同，茶桌椅可以分为高、中、低位三种类型。高位型茶桌多自带茶台功能，一般高650～800毫米，与餐桌高度相似；高位型茶椅常设有靠背和扶手，坐面高度400～450毫米，与餐椅相似。中位型茶桌有抽屉或设计简约，一般高500～650毫米；座椅坐面高度300～400毫米。低位型茶桌造型简单，桌面板下方多为开敞设计，茶桌高度350～400毫米；茶椅坐面高≤100毫米，常用的有蒲团（软垫）、无腿椅等（图14-12）。

茶桌应能实现以下基本功能。

1. 上水与加热功能

通过上水管一端连接水源，另一端通向茶桌上的烧水装置，水引至煮水器，提供泡茶用水。

2. 下水及茶渣回收功能

通过下水管一端与桌面或泡茶盘疏水孔相连，另一端与渣桶相连，就可以将废水引流至渣桶，茶渣直接倒入渣桶。用干泡法时，可忽略此功能。

图14-12　茶空间桌椅

3. 辅助功能

茶桌除泡茶、饮茶、奉茶外，还可以增加储物功能。

茶椅以舒适、放松身体为宜，一般主泡席设无扶手茶椅，宾客位置设造型风格与茶椅相同的茶凳，沙发则供人们在茶空间中休息时使用。

二、器具布置

对一个茶艺师来说，熟悉茶席上的器具，并布置一个既有实用性又兼具审美意蕴的茶席是一个需要逐步精进的过程。茶席布置可以先从简单入手，循序渐进。

图14-13 茶空间茶席器具布置

1. 熟悉茶席器具

首先要熟悉茶席上器物的名称、用途、出场顺序。如煮水器是能拿来煮水冲泡的烧水器具；主泡器是用来放入干茶、冲入热水并倒出茶汤的器具；品茗杯用来品尝茶汤；茶则与茶匙配合使用，从茶瓶、茶罐中取出茶叶，以茶荷赏茶，置茶入壶；茶巾又叫洁方，是保持席面整洁清爽之物；水盂是存放温杯、洁具、多余之水的容器；若茶席上插花，还要备置花器；欲让主泡器的盖子洁净、安稳地置于席面上，则可备一枚盖置；要让茶汤均匀需要有茶盅；要让茶席更美观、更有层次感，还可以挑选各种材质、品位高雅的茶席布，通过不同的铺垫方法，使茶席上的器物更加安全，与杯垫、茶船、壶承相协调，衬托出茶器具的品质感（图14-13）。

在熟悉茶席器具的基础上，先精简选用，摆出泡茶必需的茶器具，并将器物置于最易于取用的位置，调整座位、坐姿，气定神闲地泡好茶。在简单茶席上泡茶练至心领神会，左右手都能持泡茶器泡出好喝的茶时，再来关注茶席上其他器物相宜之美。

2. 茶席布置的要求

茶席布置要考虑动静结合，静态时整洁美观，动态时方便行茶，动静转换时保证安全，气氛温馨静雅，符合传统礼仪规范。

① 将备水、泡茶、贮茶、辅助器具等分别置于茶席的相应位置，坐于席前操作各种器具，确定摆放的位置是否适宜。要求器物摆放美观，有设计感，且方便操作者取用，又不会彼此碰撞。

② 以客为主，以礼相待。茶席上的插花或器物最美的一面应朝向客人。茶壶嘴不可对着客人。储茶罐有标签的一面朝向客人，方便客人了解所品之茶。所有器具要洁净，茶巾要叠平整，茶席布折痕需事先熨烫平整，注重细节。

③ 安排客人座位时，尊者、长者或行动不便者宜坐在离热源、水源远的位置。靠近操作者的位置可安排给茶席助手，以方便配合传递茶杯或其他辅助工作。茶席操作者要注意自己的动作，轻、缓、静、安，尽量让每一件器物都处于安全的、方便欣赏的位置。

④ 茶、花、香、茶挂（书画）、相关工艺品都是独立审美的主体，在茶席上茶是主角，花、香、书画要配合茶。茶席上插花不宜香味过浓、颜色过艳、体积过大。焚香要适时，可在客人来之前焚香，泡茶时不宜焚香，可设置单独的品香时间，茶空间也不宜用气味浓烈的香或化学香。焚香炉具摆放的位置要不抢眼，香气不夺茶香，也不挡眼。书画可作为茶席的背景，要符合主题，以淡雅水墨为上，不宜选用猛兽、怪诞、惊悚主题的绘画作品。茶席上的器物不宜过多，与主题不相关的器物，不必出现在茶席上。

⑤ 茶果、茶点要与茶相得益彰，不宜多，不宜杂。最好选用无壳的茶果，讲究茶席卫生整洁。注意茶果、茶点出场的时间，应安排专门的点心时间。

⑥ 茶席周边要整洁，通道的位置不得有杂物妨碍出入。周边不得放置有碍观瞻、影响视觉美感的物品，要注意美化、净化环境。

服务篇

第十五章
服务接待礼仪

茶艺馆服务接待工作是茶艺馆服务的中心环节。要一丝不苟，做好每一个服务接待事项，使每一个环节都符合礼仪的要求。接待得体，服务周到，给顾客留下好的印象，提高顾客的满意度，展示茶艺馆的文明程度、精神风貌，使茶艺馆树立良好的服务接待形象，提高茶艺馆在行业中的竞争力。

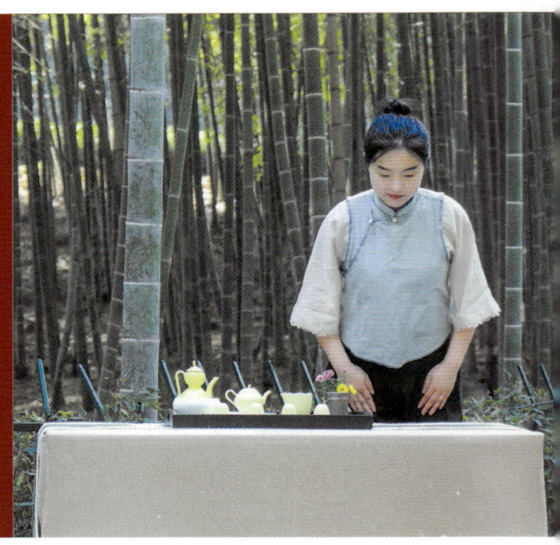

第一节　服务礼仪概述

服务礼仪是服务行业人员必备的基本素质和基本条件。出于对客人的尊重与友好，在服务中注重仪表、仪容、仪态以及语言、操作的规范，发自内心地向客人提供细致、周到的服务，从而表现出服务员良好的风度与素养，提升茶艺馆的良好形象。

一、服务礼仪的概念

服务是指服务人员为满足被服务方需求而提供相应满意活动的过程。任何一位顾客光顾茶艺馆时，总希望能获得整体性的满足，包括优质的茶品和满意的服务。服务礼仪就是服务人员在工作岗位上通过仪容、仪表、言谈、举止、行为等对顾客表示尊重和敬意的行为规范。

作为服务人员必须明确和掌握服务行为规范。服务人员的服务包括、服务语言、服务态度、服务仪表、服务技能、服务质量、服务效率、服务纪律和为客户提供服务过程中必须具备的站、行、坐等基本姿态。简单地说，就是服务人员在工作场合适用的礼仪规范和工作艺术。服务礼仪是体现服务的具体过程和手段，使无形的服务有形化、规范化、系统化。

二、服务礼仪的原则

满足顾客需求是服务人员的最高行为准则，在服务接待过程，服务员应遵守以下原则：

1. 一视同仁的原则

顾客千差万别，但“来的都是客”，必须一视同仁，不能凭外表的差别、主观之好恶而区别对待。无论是外宾或内宾、本地人或外地人、男顾客还是女顾客，都得同等对待，切忌以貌取人。让每一位客人在服务人员的招待下，需求得到同等程度的重视和关心，决不能让顾客有被冷落、被歧视、受到不平等接待的感觉。然而，一视同仁并不意味着所有的顾客应得到完全一样的服务，它并不排斥对顾客的个性化服务。

2. 亲和微笑的原则

微笑是最起码的礼貌，也是最好的礼貌。对服务行业来说，微笑则尤为重要，微笑能使自己和茶艺馆拥有良好的形象，易于让客人接纳，使客人有宾至如归之感，从而与顾客建立良好的沟通渠道和良好的关系，有利于做好服务工作。

3. 顾客至上的原则

把顾客当成上帝，以顾客为中心。服务人员对于顾客提出的任何正当、合理的要求都应想方设法、尽最大努力去满足。应让顾客感觉到，服务人员是愿意效劳的、是尽了最大努力的。

三、服务礼仪的功能

服务礼仪的作用内强素质、外强形象，具体表述为四个方面。

1. 提升个人素质

礼仪在行为美学方面指导着人们不断地充实和完善自我，并潜移默化地熏陶着人们的心灵。它能帮助个人树立良好的形象，提升个人的素养，使人们的谈吐越来越文明、举止仪态越来越优雅，装饰打扮更符合大众的审美，体现出时代的特色和精神风貌。礼仪会使人变得情趣高尚、气质优雅、风度潇洒、受人欢迎。

员工素质的高低反映了一个公司的整体水平和可信程度。教养体现于细节，细节展示了素质。因此加强服务礼仪训练，有助于提高服务行业从业人员的个人素养和自身的职业竞争力。

2. 建立良好的顾客关系

服务礼仪有助于满足客人的心理需求，能够使服务人员与顾客更好地进行服务交流与沟通，有助于妥善处理服务纠纷问题。服务礼仪是服务关系和谐发展的调节器、润滑剂。注重服务礼仪有利于促使服务各方保持冷静，缓和、避免不必要的服务矛盾冲突和情感对立，有助于建立起和谐的服务关系，从而使客人、服务人员之间的服务交往获得成功。

3. 塑造良好的服务形象

只有具备良好的服务礼仪素养才有利于企业形象提升。一句亲切的问候，一个理解的微笑，犹如春风吹拂顾客的心，缩短了服务者与顾客的距离。规范化的礼仪服务能够最大限度地满足顾客的精神需求。服务礼仪展示了茶艺馆的文明程度、管理风格、道德水准，从而塑造出良好的茶艺馆服务形象。

4. 提高竞争力

对服务性行业而言，高素质的员工提供的高质量的服务有助于企业创造更大的经济效益和社会效益，同时有利于提升企业的文化内涵和品牌形象。因此，每一位员工的礼仪修养都十分重要。服务礼仪不仅可强化企业的道德要求，还可树立优质服务的企业形象。服务是无形的，但是服务礼仪体现在服务人员的一举一动、一笑一言之中。因此，服务礼仪可以树立良好的形象，是茶艺馆无形的广告，在提高服务质量的同时，能提高茶艺馆在行业中竞争的附加值。

第二节　服务接待的礼仪

美国一市场研究公司的调查显示，在受到非礼貌对待的顾客中，96%的人不直接向公司表示不满和抱怨，但是91%以上的人不会再来该公司，而且平均每个人会讲述自己的遭遇9遍，约13%的人讲述20遍。这个调研结果提示茶艺馆在接待顾客时必须遵守一系列的行为规范，把接待礼仪贯穿于整个接待活动，平等、热情、礼貌、周到地接待顾客，使顾客满意、舒心。

一、接待宾客的程序

茶艺馆服务人员应为客人提供一系列的服务，从迎客到送客的任何一个环节都应周到、热情，让客人高兴而来，尽兴而返。

1. 热情迎客

迎宾体现了茶艺馆的服务水准、形象及格调，是茶艺馆的门面，是客人对茶艺馆的第一印象。作为迎宾员，应精神饱满、面带微笑。

迎宾员首先应掌握和了解每天预订用茶安排及供应品种情况。其次以标准礼仪站姿站在茶艺馆进口处，微笑拉门迎宾，使用礼貌用语“您好，欢迎光临”并身体前屈30度鞠躬。然后，询问客人人数及预订等情况，把客人交给前来迎接的领座员。若没人领座，应指引客人至正确位置。若宾客随身携带较多物品或行走有困难，应征询宾客并给予帮助。如遇雨天，要主动为宾客套上伞套或寄存雨伞。若客满，应向客人诚恳解释，先安排客人在等候区，有空位时立即安排，并耐心解答客人有关询问。客人离馆，应主动拉门道别，说“谢谢光临，请慢走”，并目送客人远去。应婉言谢绝衣冠不整者入内。

2. 规范引领

领座员应走在客人左前方2～3步即1米左右的距离，步伐要不疾不徐，态度要从容自然，五个手指并拢，用曲臂式动作加语言，引领客人至合适的座位。首先要问清楚客人“请问您一共是几位？”“是喜欢坐大厅还是包厢?”。如遇天气炎热或寒冷，应主动询问客人“是喜欢凉快还是暖和一些的座位？”

领座员应合理安排客人的座位，若生意繁忙，要进行最经济的安排。若客人人数较少，只有1～2位客人时，尤其生意繁忙时不能安排在大桌上。若人数较多座位不够时，则要立即加位或合理拼桌，以满足客人需求。

领座员在安排客人座位时应见机行事。一个优秀的服务员应能揣摩客人的心理，知道客人需要怎样的座位，即应了解客人来茶艺馆消费的目的，是谈公务、同学聚会还是恋人相会。如能正确引领客人至满意的座位，就可以为后面的服务环节创造一个比较好的开端。有一些老顾客会喜欢比较固定的座位，领座员可以不必询问而直接带客人去其熟悉的座位。

安排座位非常有讲究，一般来说，有以下几点可供参考:

① 情侣或公众人物应安排在角落不明显处。

② 行动不便的顾客应安排在出入口处。

③ 携带孩童的顾客应安排在角落、不碍通道的座位上，以免孩童任意奔跑，妨碍服务工作或吵扰其他顾客。

④ 年纪较长的顾客应安排在灯光较亮或冷气不太强的地方。

⑤ 如顾客对所安排的座位不满意、要求更换，应尽快安排顾客至其满意的座位就座。

3. 拉椅让座

把客人带到茶桌边时，应拉椅让座，注意女士优先，方式为站在椅背后面，双手握住椅背的两侧，后退半步，同时将椅子拉后半步，用右手做“请坐”手势，示意客人入座。在客人即将坐下时，伸手扶住椅背两侧，将椅子往前送，用右腿顶住椅背，手脚配合使客人舒适地落座，动作要迅速敏捷，力度适中。

客人坐好后，应礼貌地说“请稍等”“请稍候”再离开。离开客人座位时，不能掉头就走，应后退一步再转身离开。

4. 递单点茶（点单）

当领座员引导客人至座位后，点单员应立即送上迎客茶和点茶单，小毛巾或湿巾纸也可以一起送上，并告诉客人：“您好!这是我们免费的迎客茶。”或者说：“您好!先喝杯迎客茶暖暖身子解解寒。”“这是我们的茶单，请点茶。”点单时，应站在客人右后方，侧身对客，并弯腰，与客人保持45厘米的距离为宜，轻声询问。若客人等人，暂不点单，可以告诉客人需要时按服务铃。

点茶员应主动引导或及时为客人点茶。可以询问客人“请问您喜欢喝什么茶？绿茶、红茶，还是乌龙茶？”“喜欢喝浓一些还是淡一些的茶？”可以给客人做一些推荐。给客人做推荐时，不能推荐最贵的茶，那样容易引起客人的反感；但又不能建议最便宜的，那样会影响茶艺馆的营业额，也容易让客人觉得没面子。所以一般建议选择中间价位的茶做推荐。所有客人点完茶以后，应复述一遍客人所点的茶及茶点，包括数量、口味及特殊要求，征得客人同意后下单备茶或茶点。若客人点茶过程较长或等人时间较长，要记得及时给客人添加迎客茶。

5. 泡茶奉茶

当客人点单后，服务员就要根据客人所点的茶进行备具冲泡。茶艺馆一般有两种泡茶方式。一是现场冲泡，要求服务员具备一定的冲泡技艺；二是在吧台或操作台把茶沏好后送给客人。奉茶时说:“这是您点的某某茶，请用茶。”并配合使用伸掌奉茶礼。奉茶注意先后顺序，先长后幼，先女后男，先客后主，先尊后卑。若客人点的不是同一种茶，则注意按所需的水温高低进行冲泡，先沏好的茶先奉。若客人点的茶是乌龙茶或普洱茶，备具时间比较久，可以先给客人上茶点和水果，以免客人空等而不耐烦。

6. 奉上茶点

有些茶艺馆以自助茶经营为主，在茶艺馆内会设有食台。客人可以去食台自由选择水果和点心，也可以让客人选好后由服务员送上。非自助茶消费的茶艺馆，可以根据客人所点的茶配送茶点；有的则有茶点消费单，让客人自主选择茶点消费。一般称以上两种消费为套茶消费和零点消费。服务员给客人上茶点时应摆放整齐、美观，每上一道茶点要及时调整桌面，切忌叠盘。如顾客食用有果壳食物，应及时递上果壳篮，桌面有水迹或者杂物要及时拭干或清理，保持桌面清洁。如果自助茶消费的客人不愿意自己去食台选取茶点，服务员就需要主动替客人配置茶点，在配置茶点的时候，一般要干果、水果搭配，甜点、咸点搭配，色泽也要搭配。不同的消费者还应有不同的选配要求。一般来说，男士不喜甜食，可以多配一些干果，如瓜子、花生米、开心果、松子等；女士喜欢酸、甜味的食品，可以多配些话梅、蜜饯、水果等；小孩可以配些果冻、饼干等茶点；年龄大一些的茶客可以选配些绿豆糕、糍团、核桃糕等口感偏软的茶点。若遇老顾客，则可根据其口味要求多上一些其爱吃的茶点。客人选点主食、点心，服务员应及时给客人送上筷子、调羹和碗碟，必要时还要给客人配上调味品，如酱油、醋等。

7. 巡视台面

巡台的目的是检查客人需要哪些即时服务。一般要求区域服务员每隔15分钟巡一次台。客人杯内的茶水量到三分之一杯时，就应及时添水，客人有特殊要求时除外，有些客人喜欢等茶水全部喝完再续水。若客人桌上有空的茶点盘，应及时撤走并礼貌地询问客人是否需要添加茶点。水盂内的垃圾过半时，应及时撤换。撤换时应先换上干净的水盂，再撤走脏的水盂。巡台时，还应特别注意烧水壶内是否需要续水，若续水不及时，可能会导致水壶烧干酿成事故。

8. 结账买单（埋单）

客人买单时，服务员应先询问客人是否有折扣卡或优惠券，然后和客人说“请稍等”，去吧台让收银员把算好的消费清单放在收银夹内送到客人面前，唱收唱付，以免差错，“您好!您的消费金额是……元。”询问客人用何种方式付款，是否需要开发票，如需开发票让客人把发票抬头等写在纸上。当客人支付现金时，应礼貌地说:“谢谢，收您……元，请稍候。”记得一定要在客人面前确认金额，还应仔细地看下所收的钱，若有疑问，及时礼貌地请客人调换，可以说:“对不起，能帮我换一张吗？”而不要生硬地说:“您的这张纸币有问题。”或“您的纸币是假的。”若客人刷卡消费，则应礼貌地请客人输密码和签字确认，客人输密码时应转头注视别处。若遇客人在买单时给小费，可以按照店里规定婉言谢绝，或者礼貌地收下并道声“谢谢!”

9. 热情送客

客人买完单后，应随时注意客人的动向。若客人起身，则应及时送客，送客的时候应提醒客人别忘了随身携带的物品，微笑道别并鞠躬，说：“请带好您的随身物品，谢谢光临，请慢走。”迎送宾客应主动为客人拉开门，帮提重物。

10. 收拾桌面

需等顾客离开后再收拾桌面杯具。若有未拆封的小包装食品可回收，其余的需全部清理干净。擦净台面，椅凳按原位摆放整齐，地面清扫干净。水盂、台卡按规定摆放整齐。若备有牙签盅和纸巾盒，应检查牙签和纸巾是否需要添加。若发现客人有遗留物品，应及时告知客人；若客人已走远，则应将遗留物品统一交吧台或经理处，不得私自藏匿。

二、礼宾次序

礼宾次序就是国际交往中对出席活动的国家、团体或个人的位置按某些规则和惯例进行先后次序排列。位次是否规范、是否合乎礼仪的要求，不仅反映了接待人员的素养、阅历和见识，而且反映了对交往对象的尊重程度及给予宾客的礼遇。

1. 行进中的位次

① 常规：以右为尊，以左为卑。并行时讲究内侧高于外侧，右侧高于左侧；单行时讲究前方高于后方。

② 上下楼梯：上楼时，尊者、女士在前；下楼时则相反。服务人员引领客人到达目的地，应该有正确的引导方法和引导姿势，服务人员在走廊引领宾客时，走在客人的左前方1米左右的位置，配合步调，让客人在右后方；服务人员引领客人上楼时，应该让客人走在前面，接待人员走在后面；若是下楼时，应该由服务人员走在前面，客人在后面。上下楼梯时，服务人员应该提醒客人注意安全。

③ 出入电梯：服务人员引导客人乘坐电梯时，电梯如果有人值守，一般请客人先进、先出；电梯无人值守，接待人员需要先进、后出，客人后进、先出。转弯、上楼梯时，要回头以手示意，有礼貌地说声“这边请”。

④ 出入房门：出入房门的标准做法是请客人先进、先出。但是如果有特殊情况，如室内无灯、昏暗时，接待人员先进，为客人开门、开灯后再请客人进去。

2. 上下车

上下车时要请客人先上车、后下车。低位者应让尊者由右边上车，然后再从车后绕到左边上车。

3. 会谈位次

接待中，客人会谈时如果长桌横放，面门为上座，背门为下座。如果长桌竖放，以进门方向为准，右方为上座，左方为下座。茶艺师在上茶时，应懂得宾客的位次关系，以面门为上座、以中为上座、以右为上座、以远离门为上座。

第三节　服务接待的沟通技巧

茶艺馆作为服务性行业，要做好服务接待工作。规范的服务语言是做好服务接待的保证，茶艺馆服务员和宾客通过语言交流来表达感情、交流思想、沟通信息。规范服务语言，可以带给顾客亲切感、愉悦感、信任感。

一、接待顾客的语言艺术

接待顾客、介绍茶品、解答询问的语言要文明、礼貌、准确，音量适中，语音清晰，语言简洁，态度谦恭，做到客到有请、客问有答、客走道别。服务过程中的各个环节使用不同的礼貌用语。

1. 欢迎用语

顾客进店主动打招呼，使用欢迎用语:“您好！欢迎光临！”“欢迎您！”“欢迎你们光临某某茶艺馆！”“您好，某某先生，我们一直恭候您的光临！”“您好！很高兴见到您。”

2. 称呼用语

使用称呼语的原则：根据对方的年龄、职业、地位、身份、辈分以及与自己关系的亲疏、感情的深浅来选择恰当的称呼。与顾客对话时讲礼貌，使用称呼语“先生”“女士”“小姐”等。

3. 问候用语

如果能按每天不同的时刻问候客人，会显得更加人性化和专业化，如“您早”“您好”“早上好”“下午好”“晚上好”等。

4. 请求用语

服务过程中使用相请语、询问语，如“请用茶”“请用毛巾”“请往这边走”“请问您贵姓”“请问您爱喝什么茶”“请问您有什么事”等。

5. 应答用语

有问必答是一种耐心，听取顾客要求时，要微微点头，使用应答语，比如“好的”“请稍等”“马上就来”“明白了”等。

6. 道歉用语

服务不足或顾客有意见时，使用道歉语，向顾客说“对不起”“打扰了”“抱歉”“请原谅”等。

7. 感谢用语

得到帮助、理解、支持时，必须使用感谢语，如“谢谢”“太感谢您了”“谢谢您的提醒”等。

8. 道别用语

客人离店时，应主动使用道别语，如“再见”“谢谢光临，请慢走”“期待您再次光临”“祝您愉快”等。

9. 禁用语

在服务过程中，严禁用“哎”“喂”等不礼貌语言代替称呼。如客人所提问题确实不清楚，可以告诉客人“对不起，因为我是新来的，很抱歉不能回答您的提问，请您稍候。”不能回答“不知道”，也不应漫不经心、怠慢不理，更不可粗声恶语、高声喊叫。

在接待顾客过程中，五句基本礼貌用语：您好、请、谢谢、对不起、再见，必须人人熟记、人人使用、经常挂在嘴边。应用迎客声、关照声、应答声、致歉声、道谢声、告别声做好服务。

二、与顾客沟通的方法

沟通的顺畅程度与服务人员的言谈举止关系密切，与顾客沟通要注意方式方法。

1. 建立良好的第一印象

接待员在与顾客的交流沟通中，前5秒非常重要，因此，要仪表整洁，用得体的礼貌语言问候，目视对方，获得好印象。

2. 认真仔细聆听

在沟通中要充分重视“听”的重要性。善于表达自己的观点与看法、抓住客户的心、使客人接受自己的观点与看法，这只是沟通成功的一半。成功的另一半就是善于“听”客人的诉求，做一名忠实的听众，同时，让客人知道你在听，不管是赞扬还是抱怨，你都得认真对待。宾客与服务员交谈时，服务员应停下手中的一切，给对方以应有的重视，即使是短暂的关注，都会让人觉得你在认真地倾听，你对宾客十分重视。

3. 用身体语言配合口头语言

为拉近与顾客的距离，我们需要用肢体语言来配合口头语言。比如：在倾听过程中，要点头表示你在听；帮客人脱外衣、为他开门、雨天帮忙收放雨伞；客人坐着时你用蹲姿与他交谈；客人感到冷时主动递上披肩等，这一系列的服务细节和动作，能赢得顾客的好感，有利于与顾客进一步的沟通。

4. 付出你的真诚与热情

俗话说“人心换人心”，你只有对顾客真诚，客人才可能对你真诚，“真诚”是沟通取得成功的必要条件。在真诚对待客人的同时，还要有工作热情，调动自己的主动性，如记住客人的名字，可以让对方感到愉快且能有一种受重视的满足感，这在沟通交往中是一个非常有用的方法。

第四节 服务接待注意事项

作为茶艺馆服务员，每天要接待来自不同地区、不同民族的客人，只有做到尊重不同地区、不同民族的风俗习惯，才能更好地做好服务接待工作，让客人有宾至如归的感觉。

一、不同民族宾客的服务接待

我国是多民族的国家，在接待中应尊重各民族的风俗习惯和传统礼节，更好地做好接待工作。

1. 接待汉族顾客

汉族大多推崇清饮，茶艺服务人员可根据宾客所点的茶品，采用不同方法为宾客沏茶。用玻璃杯、盖壶沏泡时，当宾客饮茶至茶水只余三分之一杯时，需为宾客添水。为宾客添水3次后，需问宾客是否换茶。

2. 接待藏族顾客

藏族人喜喝酥油茶，喝茶有一定的礼节，喝第一杯时会留下一些，当喝过三杯后，会把再次添满的茶汤一饮而尽，这表明宾客不再喝了，这时茶艺人员就不要再添茶了。

3. 接待蒙古族顾客

接待蒙古族宾客时，要特别注意双手敬茶，以示尊重。若宾客将手平伸，在杯口上盖一下，表明宾客不再喝茶，茶艺服务人员可停止斟茶。

4. 接待傣族顾客

茶艺服务人员在为傣族宾客斟茶时，只斟浅浅半小杯，以示对宾客的敬重。另外斟茶要斟三道。

5. 接待维吾尔族顾客

茶艺服务人员在为维吾尔族宾客服务时，尽量当着宾客的面冲洗杯子，以示清洁。为宾客端茶时要用双手，忌用单手递接东西。

6. 接待壮族顾客

茶艺服务人员在为壮族宾客服务时，应了解“酒要斟满、茶斟半碗”这个习俗，斟茶不能过满，否则会被视为不礼貌。另外要注意双手捧上香茶。

7. 接待回族顾客

回族顾客喜欢喝茶，华北地区喜欢茉莉花茶，西北地区爱喝砖茶，西南地区以红茶和花茶为主，东南地区多饮清茶。

茶事服务中，对于一些不同地域、不同民族的服务要做到区别对待，只有这样才能够让客户最大限度地感受到被尊重。

二、不同性别、不同年龄宾客的服务接待

不同性别、不同年龄的宾客对茶和饮食会有不同的要求，应针对不同的要求做好服务接待。

1. 不同性别宾客的服务接待

茶艺师在接待不同性别的客人时，应针对一般男士、女士饮茶的习惯加以引导推荐。接待人数较多的男性客人时，安排他们坐在包间较合适，以方便他们商谈事务。

从消费特点看，男性喝茶追求品质，买茶时多为理性购买，自尊心、好胜心较强，喜欢选购高档、气派的产品，不愿讨价还价。在女性眼里，喝茶可以达到美容养生的目的，获得良好的修养和内涵，优雅地生活，选茶时多是亲朋好友推荐，注重直观和情感，喜欢精致的外观。

2. 不同年龄宾客的服务接待

茶艺师在接待不同年龄段的宾客时，应了解他们的需求。年老体弱的宾客，尽量安排他们坐在离出入口较近的位置，便于出入，并帮助他们就座，以示服务周到。老年顾客大多喜欢清淡的茶品和茶点，茶点不宜脆、硬。接待他们时与他们说话音量不可过低，要和颜悦色，表示尊敬，要表示谦虚，说话速度不宜过快。中年人中的高薪人群注重品牌档次和环境，注重细节和品质；一般收入者喜欢价格公道、亲民的茶品和环境。年轻人个性鲜明，喜欢新奇新潮事物，喜欢冰饮或创新茶，茶点也应搭配年轻人喜欢的品种。在为小朋友服务时，应保持蹲姿、平视，按需要提供白水或淡茶，可推荐饮料，茶点考虑儿童喜爱、安全的食物。在为VIP宾客提供服务时，应提前20分钟将茶品、茶食、茶具摆好，确保茶食的新鲜、洁净和卫生，同时全程配合服务。

第十六章
茶点的种类及搭配

茶点是在饮茶过程中发展起来的一种佐茶食品，茶点与茶的合理搭配可以促进茶饮艺术的提升。

第一节　茶点的分类与特点

茶点是在品茶过程中逐渐发展起来的茶食中的一类。茶点精致小巧，口味多样，营养丰富，目前已经形成了许多风格各异的茶点品类，并具有丰富的历史文化内涵。

一、茶点的概念

茶点是佐茶的点心、小吃，也包含了用茶来制作的点心。

茶点精致小巧、口味多样、营养丰富，比普通点心的制作更为精细，在口味上更注重与茶的搭配，在外形上更为玲珑美观。茶点既可以果腹，也可以增进对茶的体味。

二、茶点的起源

茶点的起源和发展与点心和茶饮的发展息息相关。

1. 点心的发展历史

距今6000～7000年以前，稻米作为人们的主要食物，被加以保存以供长期食用，为点心的出现奠定了物质基础。西周时期，《周礼》中就有“羞笾之实，糗饵粉餈”的记载，尽管是简单的加工，但已是点心的雏形。随着生产和经济的不断发展，制作点心的原料更加丰富，制作技术也不断提高，诗人屈原在《楚辞》中所说的“粔敉蜜饵，有餦餭些”，粔敉和餦餭就是后来的麻花和馓子，《齐民要术》中详记其成分和制法。重阳糕始见于晋人葛洪的《西京杂记》，以后每当重阳节“黍秫并收”之时，民间“以黏米加味尝新”以庆丰收。南北朝时已有带馅点心工艺“馅揄法”的记载。秦汉统一政权的建立，使各地饮食相互沟通，差异很快地缩小。西汉时南北往来进一步加强，为点心制作提供了更多的原料。东汉初期佛教传入，素食点心随之发展。据史书记载，汉代已有发酵面、胡饼（麻饼）、蒸饼（馒头）、汤饼等食品。

“点心”一词起源于唐朝，唐宋时期点心的制作也由一般的小吃制作发展到精细的点心生产，从小规模的现做现卖发展到具有一定规模的作坊式生产。专业性糕点作坊生产开始形成，面坯调制种类增多，水调面应用广泛，出现兑碱酵子发面，油酥面已趋成熟，南方米粉面盛行。馅心品种丰富多样，动、植物原料均可用于制馅，甜咸酸口味均有。至此，一套较全面的点心制作技术和较丰富的品种规模已基本形成。如白居易的诗句：“胡麻饼样学京都，面脆油香新出炉。”元稹的诗句：“彩缕碧筠粽，香粳白玉团。”宋代的《东京梦华录》《梦粱录》《都城纪胜》《武林旧事》等古籍中，记载当时的糕类有蜜糕、乳糕、重阳糕等；饼类有月饼、春饼、乳饼、千层饼、芙蓉饼等；糕饼的馅料有枣泥、豆沙、蜜饯、笋肉等数十种之多。

明清时期，我国点心制作的工艺达到相当高的水平，出现了以点心为主的筵席。传说清嘉庆的“光禄寺”（皇室举办宴会的部门）做一桌点心筵席，用面量达约60千克，可见品种繁多和丰富多彩。元、明、清除继承和发展唐、宋的饼技外，还有少数民族糕点流入中原，元代的《饮膳正要》第一次阐述营养知识。明戚继光抗倭时，将粒饼作为军用干粮。到了清代，点心作坊遍及城乡，点心制作工艺达到较高水平。鸦片战争后，西式食品和西式食品工业技术大量传入中国，扩大了食品市场。这个时期，中式点心的重要品种大体定型，各个面点风味流派基本形成。面团调制比较讲究，成型技术多样。馅心制作变化多端，成熟方法多种并用，点心制品更加精美，达到“登峰造极”的地步。

2. 茶点的发展历程

据史料记载，唐代茶饮兴盛，茶点也较为丰富。例如粽子，其制法与今相似，唐玄宗有诗句“四时花竞巧，九子粽争新”；再如馄饨，类似现在的饺子，或蒸或煮，味道极美；还有饼类，皮薄，内有肉馅，煎制而成，外酥内嫩；其他还有面点、糕饼、胡食等。据史料记载，宋元时期有了专门制作茶食的行业。宋代是茶食茶点发展的一个高峰，茶食茶点制作精美，有各种果子和面食。宋元时期的人在点茶时常在茶杯中放一些果品，称为点心。这种点茶方式对后世影响很大。士大夫的茶宴上，精美的点心成了主角，如甘露饼、玉屑糕、天花饼等，听上去就很诱人。

明、清时期，各种茶点层出不穷。明代人喜好茶，经营茶能带来利益，因此，明代各类茶肆、茶坊、茶屋、茶摊、茶铺、茶馆等林立，与宋代相比，数量上更为可观。茶馆里供应各种茶点、茶果。其茶点因季因时各不相同，品种繁多，有饽饽、火烧、寿桃、蒸角儿、艾窝窝、芝米面、枣糕、荷花饼、乳饼、玫瑰元宵饼、檀香饼等，共40余种。茶果有柑子、金橙、红菱、荔枝、马菱、橄榄、雪藕、雪梨、大枣、荸荠、石榴、李子等。

茶点的真正鼎盛时期是清朝。康乾盛世时，清代茶馆呈现出集前代之大成的景观，不仅数量多，且种类、功能亦蔚为大观。如杭州城，当时已有大小茶馆八百多家。太仓的璜泾镇，全镇居民只有数千户，而茶馆就有数百家。茶馆的佐茶小吃有酱干、瓜子、小果碟、酥烧饼、春卷、饺儿、糖油馒头等。

现代人讲究茶点的科学性与艺术性结合。茶点的花色品种随着季节翻新，即所谓的“春饼、夏糕、秋酥、冬糖”。一月至三月（指农历，下同）主要供应春饼，有酒酿饼、油缒饼、雪饼、杏仁饼、闵饼、豆仁饼；四月至六月主要供应夏糕，有黄松糕、松子黄千糕、五色方糕、绿豆糕、清水蜜糕、薄荷糕、白松糕等；七月至九月供应秋酥，有巧酥、豆仁酥月饼、酥皮混荤素月饼、太史酥、桃酥、麻酥等；十月至十二月供应冬糖，有黑切糖、各色粽子糖、寸金糖、梨膏糖、芝麻交切片糖、松子软糖、胡桃软糖等。茶馆常选择在景色宜人之处，没有城市的喧闹嘈杂，供人们静心品茗尝点，谈心聊天。

三、茶点的分类

茶点的种类众多，目前没有很规范的分类方法，以下的分类方法供参考。

按照制作茶点的原料的不同，将茶点分为用茶叶及其制品制作的茶点和不用茶叶制作的茶点。

1. 用茶以及茶制品制作的茶点

（1）用茶叶制作的茶点

直接用茶叶制作的茶点，如安徽的“炸雀舌”，色泽金黄，玲珑精致，形似雀舌，口感细嫩，清香甘甜。还有将茶叶掺入主食的面粉和米中制作出来的各种茶粥、茶饭、茶面、茶水饺等。

（2）用茶汤制作的茶点

将茶叶或茶粉冲泡取其汁，再掺入面粉、米粉或其他原料中制作而成的茶点。如各种茶糕、茶冻等，茶香味浓郁，口感或细腻柔软或香甜可口。

（3）用茶叶制品制作的茶点

用茶叶的再制品如末茶等制作的茶点，如末茶饼干、末茶蛋糕等，具有茶叶的自然清香，又可以与其他原料很好地融合，是目前点心的流行趋势。

2. 不用茶制作的茶点

（1）水调面团茶点

水调面团指面粉掺水调制的面团，这种面团的特点是组织严密、质地坚实，内无蜂窝孔洞（体积也不膨胀），故又称为“实面”“死面”“呆面”，但富有劲性、韧性和可塑性。熟制的成品，爽滑、筋道有咬劲，富有弹性而不疏松。这种面团制成的茶点品种花色也极多。如形态各异的花式蒸饺、皮薄馅大的小笼包等。

（2）膨松面团茶点

膨松面团是在调制面坯过程中加入适量膨松剂调制的面团，成熟后使面团中产生空洞，变得膨大疏松。膨松面团制品松软或松酥适口，有特殊的风味。

（3）油酥面团茶点

油酥面团即油脂与面粉调制的面团。这种面团制成品的主要特点是体积膨松，色泽美观，口味酥香，营养丰富。

（4）米粉面团茶点

米粉面团是以米粉和成的面团。用米粉面团制作的点心种类很多，如糕类、团类等。这类产品具有鲜明的江南特色。

（5）果蔬面团茶点

果蔬类面团一般以根茎类的水果和蔬菜为主原料，将原料去皮煮熟，压烂成泥，过箩，加入糯米粉或生粉、澄粉等和匀制成。果蔬类面团制作的点心都具有主要原料本身特有的滋味和天然色泽，一般甜点爽脆、甜软；咸点松软、鲜香、味浓。

（6）西式茶点

西式茶点源于欧美地区，具有浓厚的西方民族风格和特色，用料讲究，配料科学，营养丰富，工艺性强，口味清香、咸甜酥松，变化繁多。

（7）其他茶点

其他点心包括各地的风味点心，如杭州的葱包烩、湖州的千张包子、广州的艇仔粥等。

四、茶点的特色

茶点不同于普通的点心，具有其鲜明的特色。

1. 佐茶性

饮茶时佐以茶点，不同的茶类搭配不同的茶点，两者相得益彰，可以互相增进口感，使饮茶者获得更佳的体会。

2. 果腹性

茶点一般以粮食为主料制作而成，可以在饮茶中缓解饮茶带给人的饥饿感，防止出现低血糖带来的不适感。

3. 营养性

茶点的原料由各种粮食与杂粮、瓜果蔬菜、乳蛋类等组成，这些原料内含人体需要的营养成分。多种原料组成的茶点，符合人体对杂食的需求。而含茶的茶点中含有茶叶中的矿物质元素、儿茶素、茶多糖等多种功能成分，具有一定的保健功效。

4. 地域性

我国地域辽阔，饮食风俗各异，也形成了地方特色的茶点。各地均有代表性茶点，独具特色。近年来西式点心的流行，也带来了具有世界各地不同特色的风味茶点。

5. 观赏性

茶点与普通点心相比，在造型上更为精致美观，在规格上更为玲珑小巧，在色彩上更为淡雅清新。因此，茶点与一般的点心相比，更具有赏心悦目的特点。

6. 文化性

茶点在魏晋南北朝时期就开始出现，发展至今已与茶文化一样具有深厚的文化内涵。在《世说新语》《梦粱录》《随园食单》《竹屿山房杂部》等多种古籍中都有关于茶点的记载；在《红楼梦》等名著中有茶点的详细描述；在《韩熙载夜宴图》绘画作品、白居易的《招韬光禅师》诗词中，对茶点也有形象生动的描画。

第二节　茶点与茶的搭配

好茶配美点是人生绝妙的一种享受，茶点与茶的搭配是茶艺师需要掌握的重要内容。

一、搭配原则

1. 依茶性搭配

茶的种类众多，不同的茶具有或清淡或浓郁、或寒凉或温热等不同的特性，因此，在茶点的搭配上也需要考虑到茶的特性，要依茶来配茶点。如绿茶、白茶性清凉，可以选择暖性或温性的茶点；红茶性温，可以选择稍性凉的茶点；黄茶性平和，搭配茶点相对随意一些；青茶香浓味醇，可以搭配低糖和咸味茶点；黑茶消脂解腻，可以搭配稍高热量、甘甜、肥美的点心。好茶配上适宜的茶点，才能相互映衬，起到“1+1＞2”的效果。

2. 依口感搭配

茶点或绵软、或酥松、或柔韧、或细腻，不同的口感给予品尝者多种体会。茶点有甜香、咸鲜、椒盐、酸甜等丰富的滋味，让品尝者在细嚼慢咽中唇齿留香。茶点丰富的种类和口感，为其与茶的搭配提供了多样性，需以搭配后的口感协调为宜。

3. 依色彩搭配

茶点与普通点心相比，更需要注重整体视觉上的美观度，并且要考虑其与茶的色调的搭配。首先，茶点与茶的整体色调要和谐，与盛器和茶席的色调一致或是互为映衬。其次，茶点与茶汤的颜色要相配合，绿茶、白茶、黄茶和轻发酵的青茶，茶汤颜色浅亮轻盈，可以搭配深色或者是暖色调的茶点；而红茶、黑茶以及重发酵的青茶，茶汤色偏重，可以选用色彩令人感到轻快、颜色较浅的茶点来进行搭配。

4. 依地域搭配

我国茶点品种十分丰富，从地方风味而言，有黄河流域的京鲁风味、西北风味；有长江流域的淮扬风味、川湘风味；有珠江流域的粤港风味；还有东北、云贵等其他地方风味，以及素点、西式点心等。因此，茶点的搭配既要考虑当地的饮食习惯，选用本地的点心。也可以考虑推陈出新，适当、适时选用一些其他地方的特色点心来进行搭配，给消费者一种新鲜感。

5. 依需求搭配

考虑到不同人群对茶点的不同需求来搭配茶点。如女性体质多为虚寒，可以搭配食性温和偏暖的茶点。茶点还可以更为小巧和多样化，以满足女性食量小但又喜爱茶点的需求。

6. 依季节搭配

考虑到季节的变化对人们身体和情绪的影响，茶点搭配上要考虑到四季时节。春季的茶点多以养阳气、避风寒和养脾胃为主；夏季的茶点清热利湿，并多补充维生素、无机盐、水分等；秋季则需要滋阴润燥的茶点；冬季可以选用增加热量和滋阴的茶点。

7. 依内涵搭配

茶点不仅要讲究色、香、味、形等感官的体验，更要注重茶点的文化内涵。因此，在茶点的搭配中需要更多地了解茶点的历史渊源和文化内涵。

二、茶点搭配

茶点搭配因茶而异，不同的茶叶茶性不同，口感各异，搭配的茶点也不同。

1. 绿茶的茶点搭配

绿茶的种类很多，但味道大多清鲜淡雅，如果茶点滋味太过浓郁，会盖住茶味，体会不到绿茶原有的雅致。因此，与绿茶搭配可选择以下茶点：

① 可以选择清淡柔和的点心，如传统点心绿豆糕、豌豆黄、芸豆卷、豆沙包等以豆类原料为主制作的点心；

② 可以搭配江南特色的精致的花式蒸饺、烧麦等；

③ 咸味点心可以更好地衬托绿茶的清鲜，又能提升点心的滋味，属于互相映衬的搭配。但要注意味道要清淡，不能过咸。

④ 搭配西点可以用红豆鲜奶蛋糕、时令水果制作的水果挞，清甜有致，不过于腻人，不会盖过茶味。

2. 红茶的茶点搭配

红茶的茶味醇厚，可以用一些甜味较重的点心来盖住茶中的苦涩味。可以搭配龙井茶酥、定胜糕等传统点心；西点可以选用柠檬蛋糕、车厘子蛋糕等。柠檬蛋糕甜中带着柠檬的酸和清香，与红茶的醇厚搭配非常适宜。这些茶点的色彩比较鲜亮，适宜与红茶搭配。

3. 青茶的茶点搭配

乌龙茶可以促进脂肪的代谢、解除油腻，可以选用具有较高热量的茶点与之相配。

① 选择椒桃片、瓜子酥等，与乌龙茶相搭配，有很好的互补作用，口味甜咸结合，与乌龙茶的醇厚相得益彰。

② 西点推荐酥皮泡芙和布朗尼蛋糕，两者都是美味、热量相对较高的点心，在乌龙茶的配合下，可以小小地享受一下高热量的美味甜点。

4. 黄茶的茶点搭配

黄茶因其性平和，比较容易搭配茶点。推荐搭配椰奶糕、紫薯蛋黄酥、马芬蛋糕等茶点。这些茶点有蔬菜、鸡蛋、紫薯、糖、面粉等多种原料，营养搭配合理，且比较容易消化和吸收。

5. 白茶的茶点搭配

白茶性比较寒凉，可以搭配燕麦巧克力饼干、核桃挞等。此外，还可以搭配粗粮类茶点，两者相得益彰。既香甜可口，又不过分油腻，很适合白茶清淡回甘的茶味。

6. 黑茶的茶点搭配

黑茶有解腻降脂的作用，可以佐以一些香甜肥美的茶点。比较适合黑茶的茶点有糖果酥、乳酪蛋糕、黄油蛋糕等。

第三节　茶点制作示例

茶点在制作上有其独特之处，若能动手制作一些茶点，再与茶合理搭配更有意义。

一、瓜子酥制作

瓜子酥制作精细，成品小巧精致，口感酥松香，被称为最小、最可爱的中式点心。

1. 原料

面粉、猪油、竹炭粉、盐、沸水、瓜子仁。

面粉　猪油　竹炭粉

盐　瓜子仁　沸水

2. 制作流程

① 取250克面粉加入10克猪油、50克竹炭粉、3克盐，加沸水125克和匀为第一块面团；再用面粉250克、猪油10克、盐3克，加沸水125克和匀为第二块面团，即一块白色面团一块黑色面团。

② 将调好的面团放在案板上醒20分钟。

③ 用刀将两大块黑白面团分为白色3份、黑色2份，每份面团用擀面杖擀至厚薄一致。

④ 面团表面抹水，将擀好的黑白面片间隔叠在一起，再擀成大约1厘米厚的均匀面皮，再用刀切薄片。

⑤ 取两片薄片，中间夹瓜子肉。

⑥ 用手捏出瓜子的形状，放入冰箱冻硬。

⑦ 将做好的瓜子生坯放入烤箱中烤制，上火150℃、下火130℃烘烤20分钟左右至表面微黄。

成品图

二、柠檬挞制作

柠檬挞是法式西点的一个代表品种，口感皮酥松，内馅细腻清香，具有浓郁的柠檬香气，造型精巧美观。

1. 原料

（1）皮层原料

低筋面粉450克、泡打粉2克、糖粉150克、黄油300克、鸡蛋50克。

面粉　　泡打粉　　糖粉

黄油

鸡蛋

（2）馅心原料

鸡蛋150克、浓缩橙汁120毫升、黄油150克、柠檬2个、幼砂糖18克。

鸡蛋　幼砂糖　浓缩橙汁

黄油　柠檬

（3）表面装饰原料

蛋白泡沫100克、幼砂糖150克。

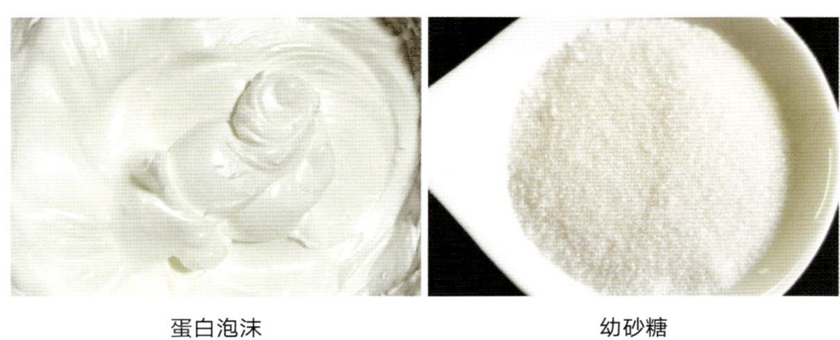

蛋白泡沫　幼砂糖

2. 制作流程

① 黄油软化，加入糖粉、鸡蛋、面粉等混合均匀，置冰箱里冷却至硬。然后将面团擀开，厚薄均匀，切成小块面皮。用专用模具为托，将面皮按入挞模中，置烤箱用上火180℃、下火200℃烤制15分钟成挞皮，冷却后取出待用。

② 将馅心原料搅拌在一起，放入锅中，用中小火加热直至浓稠，离火，加入事先切好的黄油，搅拌均匀放入冰箱冷藏。

③ 表面装饰：将蛋白泡沫放入裱花袋待用。

④ 组合成型：将冷却的柠檬馅放入烤好的挞皮中至1/3满，再挤入蛋白霜，用喷火枪喷上色装饰即可。

成品图

三、茶点欣赏

图16-1 茶点欣赏一

图16-2 茶点欣赏二

图16-3 茶点欣赏三

图16-4 茶点欣赏四

图16-5 茶点欣赏五

图16-6 茶点欣赏六

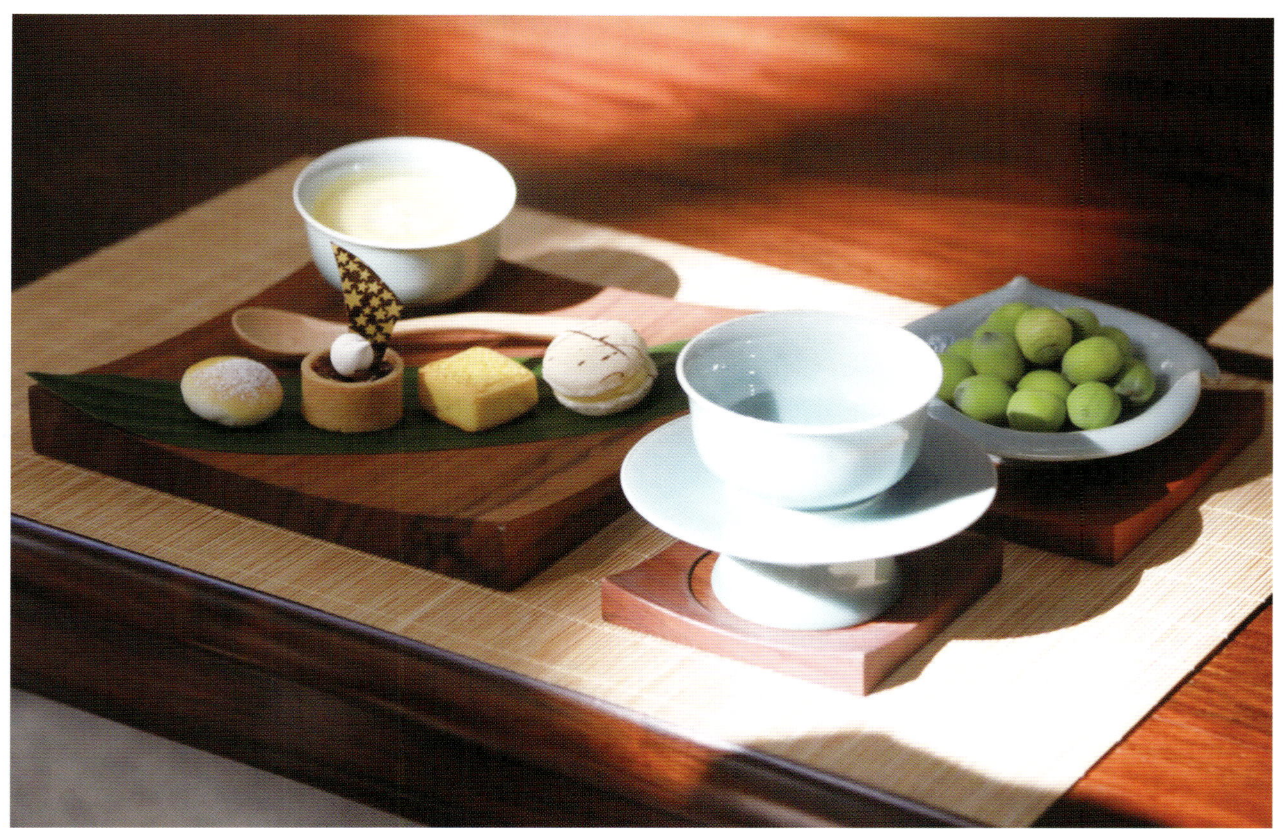

图16-7　茶点欣赏七

在漫长的发展历程中，茶点形成了自己独特的韵味，将茶点与茶进行完美结合是茶艺从业人员的一个必备的技能。而好茶配上美点，将会是人生美好的享受。

参考文献

安徽农学院，2014．制茶学（第二版）[M]．北京：中国农业出版社．

陈泉宾，王秀萍，邬龄盛，等，2014．干燥技术对茶叶品质影响研究进展 [J]．茶叶学报，(3): 1-5．

封演，1975．封氏闻见记[M]．台北：台北新兴书局．

关彤，1996．接待礼仪[M]．海口：南海出版公司．

郝铭鉴，孙为，1991．中国应用礼仪大全[M]．上海：上海文化出版社．

滑金杰，江用文，袁海波，等，2015．闷黄过程中黄茶生化成分变化及其影响因子研究进展 [J]．茶叶科学，35(3): 203-208．

黄瑜萍，王赞，郭雅玲，2017．乌龙茶烘焙技术原理分析[J]．福建茶叶，(2): 24-26．

金正昆，2005．社交礼仪[M]．北京：北京大学出版社．

江用文，童启庆，2008．茶艺师培训教材[M]．北京：金盾出版社.

李光涛，张杰飞，梁涛，等，2014．普洱市茶叶加工技能竞赛中七子饼茶压制质量剖析 [J]．热带农业科技，(4): 20-23．

李丽华，周玉璠，2019．世界红茶发展史略初探 [J]．福建茶叶，(4): 215-217．

李日华，1989．味水轩日记[M]．上海：上海古籍出版社．

李永，2017．空乘礼仪教程[M]．北京：中国民航出版社．

廖宝秀，2002．历代茶器述要[M]．台北：台北故宫博物院．

廖宝秀，2002．也可以清心—茶器・茶事・茶画[M]．台北：台北故宫博物院．

廖宝秀，1991．从考古出土饮器论唐代的饮茶文化[J]．故宫学术季刊，8(2)：3-10．

廖宝秀，1996．宋代吃茶法与茶器之研究 茶盏[J]．（台北）故宫丛刊，77．

廖宝秀，2009．从色地画珐琅与洋彩瓷器谈文物定名问题[J]．（台北）故宫文物月刊，（321）：47-49．

刘晓，2011．蒙顶黄芽加工及品质成分变化的研究 [D]．四川农业大学硕士学位论文．

刘毅政，2000．实用礼仪大全[M]．呼和浩特：内蒙古人民出版社．

林智，尹军峰，吴剑民，等，2006．出口炒青绿茶品质提升加工技术研究 [J]．食品科学，27(3): 161-165．

罗凤来，黄晓虹，周有良，等，2011．乌龙茶产业发展现状及对策 [J]．农业工程技术，(4): 20-24．

倪郑重，何融，1995．乌龙茶工艺史考证 [J]．中国科技史杂志，(3): 92-96．

欧丽兰，2006．重庆地区蒸青绿茶加工中的关键工艺研究 [D]．西南大学硕士学位论文．

清室善后委员会，2004．故宫物品点查报告[M]．北京线装书局．

速晓娟，郑晓娟，杜晓，等，2014．蒙顶黄芽主要成分含量及组分分析 [J]．食品科学，35(12): 108-114．

施兆鹏，2010．茶叶审评与检验 [M]．北京：中国农业出版社．

王胜鹏，李飞，龚自明，2016．近五年茶鲜叶摊青工艺研究进展及展望 [J]．湖北农业科学，55(14): 3543-3545．

王健华，2001．试析故宫旧藏宫廷紫砂器[J]．故宫博物院院刊，3（95）： 70-71．

吴颖，戴永峰，张凌云，2013．做青工艺对乌龙茶品质影响研究进展 [J]．广东茶业，(5): 10-13．

许心青，胡振长，尹军峰，等，2018．我国抹茶生产技术及应用现状 [J]．中国茶叶，40(11): 29-33.

许咏梅，施云峰，2018．中国红茶出口国际市场的竞争力比较分析—中国与斯里兰卡、印度、肯尼亚、印度尼西亚等国的比较 [J]．茶叶，44(04): 6-9．

徐奕鼎，丁勇，黄建琴，等，2014．不同杀青与揉捻工艺对名优绿茶品质的影响 [J]．农学学报，4(4): 86-90．

杨坚，张节明，欧丽兰，等，2008．蒸青绿茶加工工艺改进研究 [J]．中国茶叶，(12): 30-31．

杨亚军，2009．评茶员培训教材 [M]．北京：金盾出版社．

余志，倪德江，卢志和，2008．揉捻时间对梯田秀峰茶品质的影响 [J]．中国茶叶加工，(2): 17-19．

邹锋扬，金心怡，王淑凤，等，2012．速溶茶粉产品的研究进展 [J]．饮料工业，(3): 11-16．

赵璘，1983．因话录（影印文渊阁四库全书）[M]．台北：台湾商务印书馆年．

张思成，1996．现代饭店礼貌礼仪[M]．广州：广东旅游出版社．

周智修，2018．彩图版习茶精要详解 下册 茶艺修习教程[M]．北京：中国农业出版社．

郑旭霞，毛宇骁，余继忠，等，2019．粉茶生产加工技术研究进展 [J]．中国茶叶加工，(3): 39-43．

中华人民共和国国家质量监督检验检疫总局，中国国家标准化管理委员会，2014．GB/T 30766—2014 茶叶分类[S]．北京：中国标准出版社．

朱宪良，2014．影响绿茶杀青质量的主要因素 [J]．农机科技推广，(1): 41．

Afterword

后记

经过近四年的筹备，由中国茶叶学会、中国农业科学院茶叶研究所联合组织编写的新版“茶艺培训教材”（Ⅰ～Ⅴ册）终于与大家见面了。本书从2018年开始策划、组织编写人员，到确定写作提纲，落实编写任务，历经专家百余次修改完善，终于在2021—2022年顺利出版。

我们十分荣幸能够将诸多专家学者的智慧结晶凝结、汇聚于本套教材中。在越来越快的社会节奏里，完成一套真正“有价值、有分量”的书并非易事，而我们很高兴，这一路上有这么多“大家”的指导、支持与陪伴。在此，特别感谢浙江省政协原主席、中国国际茶文化研究会会长周国富先生，陈宗懋院士、刘仲华院士对本书的指导与帮助，并为本书撰写珍贵的序言；同时，我们郑重感谢台北故宫博物院廖宝秀研究员，远在海峡对岸不辞辛苦地为我们收集资料、撰写稿件、选配图片；感谢浙江农林大学关剑平教授，在受疫情影响无法回国的情况下仍然克服重重困难，按时将珍贵的书稿交予我们；感谢知名茶文化学者阮浩耕先生，他的书稿是一字一句手写完成的，在初稿完成后，又承担了全书的编审任务；感谢中国社会科学院古代史研究所沈冬梅首席研究员、西泠印社社员于良子副研究员，他们为本书查阅了大量的文献古籍，伏案着墨整理出一手的宝贵资料，为本套教材增添了厚重的文化底蕴；感谢俞永明研究员、鲁成银研究员、陈亮研究员、朱家骥编审、周星娣副编审、李溪副教授、梁国彪研究员等老师非常严谨、细致的审稿和统校工作，帮助我们查漏修正，保障了本书的出版质量。

本书从组织策划到出版问世，还要特别感谢中国茶叶学会秘书处、中国农业科学院茶叶研究所培训中心团队薛晨、潘蓉、陈钰、李菊萍、段文华、马秀芬、刘畅、梁超杰、司智敏、袁碧枫、邓林华、刘栩等同仁的倾力付出与支持。他们先后承担了大量的具体工作，包括丛书的策划与组织、提纲的拟定、作者的联络、材料的收集、书稿的校对、出版社的对接等。同样要感谢中国农业出版社李梅老师对本书的组编给予了热心的指导，帮助解决了众多编辑中的实际问题。此外，还要特别感谢为本书提供图片作品的专家学者，由于图片量大，若有作者姓名疏漏，请与我们联系，将予酬谢。

“一词片语皆细琢，不辞艰辛为精品。”值此“茶艺培训教材”（Ⅰ～Ⅴ册）出版之际，我们向所有参与文字编写、提供翔实图片的单位和个人表示衷心感谢！

中国茶叶学会、中国农业科学院茶叶研究所在过去陆续编写出版了《中国茶叶大辞典》《中国茶经》《中国茶树品种志》《品茶图鉴》《一杯茶中的科学》《大家说茶艺》《习茶精要详解》《茶席美学探索》《中国茶产业发展40年》等书籍，坚持以科学性、权威性、实用性为原则，促进茶叶科学与茶文化的普及和推广。“日夜四年终合页，愿以此记承育人。”我们希望，“茶艺培训教材”（Ⅰ～Ⅴ册）的出版，能够为国内外茶叶从业人员和爱好者学习中国茶和茶文化提供良好的参考，促进茶叶技能人才的成长和提高，更好地引领茶艺事业的科学健康发展。今后，我们还会将本书翻译成英文（简版），进一步推进中国茶文化的国际传播，促进全世界茶文化的交流与融合。

茶艺培训教材编委会

2021年6月

云南茶乡